21世纪高等学校计算机专业实用系列教材

网站建设与管理基础及实训

（PHP版）（第3版）

吴代文　　　　主　编

刘金山　罗邓华　副主编

清华大学出版社
北京

内 容 简 介

本书模拟网站建设的真实流程，以电子商务网站"易购商城"和高校科研项目申报管理系统为例，详细介绍网站和管理信息系统设计、开发和管理的全过程。内容包括网站策划、PHP开发环境搭建、网页排版布局、网站制作、网站测试、网站发布和管理维护等，涉及网站建设的整个流程。书中的模块代码由编者严格按照统一代码缩进、统一命名规范的原则精心编写而成。代码注释规范且全面，对关键代码和函数几乎每行语句均有注释。

本书采用模块式的教材编写方式，每个模块基本根据"知识储备""模拟制作任务""知识点拓展""实训""职业技能知识点考核""练习与实践"的结构来组织内容，全方位剖析了网站设计制作中的各个步骤和拓展领域。

本书既适合作为高等院校计算机及其他相关专业"网站建设与管理维护"课程的教材或参考书，也可作为其他各类、各层次学历教育和短期培训的教材，以及网页后台代码编写人员的参考书。

本书封面贴有清华大学出版社防伪标签，无标签者不得销售。
版权所有，侵权必究。举报：010-62782989，beiqinquan@tup.tsinghua.edu.cn。

图书在版编目(CIP)数据

网站建设与管理基础及实训：PHP版/吴代文主编．—3版．—北京：清华大学出版社，2022.8(2024.2重印)
21世纪高等学校计算机专业实用系列教材
ISBN 978-7-302-61071-7

Ⅰ.①网… Ⅱ.①吴… Ⅲ.①网站建设－高等学校－教材 Ⅳ.①TP393.092.1

中国版本图书馆CIP数据核字(2022)第099727号

责任编辑：闫红梅
封面设计：刘　键
责任校对：李建庄
责任印制：杨　艳

出版发行：清华大学出版社
网　　址：https://www.tup.com.cn，https://www.wqxuetang.com
地　　址：北京清华大学学研大厦A座　　邮　编：100084
社 总 机：010-83470000　　邮　购：010-62786544
投稿与读者服务：010-62776969，c-service@tup.tsinghua.edu.cn
质量反馈：010-62772015，zhiliang@tup.tsinghua.edu.cn
课件下载：https://www.tup.com.cn，010-83470236

印 装 者：三河市东方印刷有限公司
经　　销：全国新华书店
开　　本：185mm×260mm　　印　张：23.25　　字　数：567千字
版　　次：2013年8月第1版　2022年9月第3版　　印　次：2024年2月第3次印刷
印　　数：3001～4500
定　　价：69.00元

产品编号：095302-01

前言

随着因特网的迅猛发展,网络已深入世界的各个角落。网站作为因特网的主要组成部分,其数量和质量都在迅速发展,同时基于 B/S 模式的管理信息系统也受到了广泛的关注和应用。越来越多的政府部门、企业、组织和个人,都在通过制作网页、建立网站来发布信息和宣传自己,同时也有很多政府部门和企业建立了管理信息系统来处理各类业务需求。

本书以电子商务网站"易购商城"和高校科研项目申报管理系统为例介绍网站和管理信息系统设计、开发、管理的全过程。本书采用了模块式的教材编写方式,每个模块基本根据"知识储备""模拟制作任务""知识点拓展""实训""职业技能知识点考核""练习与实践"的结构来组织内容,全方位剖析了网站和管理信息系统设计开发管理中的各个流程和拓展领域。

1. 本书特点

1) 强调技术应用能力、学习能力和工作能力

本书侧重综合职业能力与职业素质的培养,融"教、学、做"为一体,尽可能适应以"能力本位"为主旨的学生为主、教师为辅的新型教学模式的需要。

每一个模块的开始部分都对本单元应掌握的能力目标、知识目标提出了明确的要求,让学生每学完一个模块都感觉很有收获,根据模块提供的任务即可举一反三地编写相应功能模块代码。

大部分任务都包含任务背景、任务要求、任务分析和操作步骤详解等部分,以启发学生思考。学生可以在解决问题中学习知识,运用所学知识解决现实问题、积累经验,从而提高动手能力和解决问题的能力。

2) 注重解决方法

本书以电子商务网站"易购商城"和高校科研项目申报管理系统为例,带领学生一起进行网站和管理信息系统的设计开发,培养学生解决问题的能力,使学生学会使用其中的核心技术实现网站和管理信息系统所需要的功能,并且可以举一反三地应用于其他网站和管理信息系统。

3) 注重实训和可操作性

本书相对传统编书方式更加注重实训和可操作性,更加关注教师教学的可演示性和学生上机的可操作性,注重培养学生的实际动手能力。对于过多的相关理论知识,采用知识拓展的方式展示给学生。

4) 代码规范,注释全面

书中的模块代码在注重执行效率的同时,是编者严格按照统一代码缩进、统一命名规范的原则精心编写的。代码注释规范且全面,关键代码和函数处都有注释。

5) 以真实项目为载体,以模块化和任务驱动方式编写

本书根据编者的实际教学和开发经验,由浅入深、循序渐进地讲解了网站和管理信息系

统设计、开发、管理的全过程。讲解过程以模块为单位,将一个复杂任务划分为多个子模块分别进行详细讲解。模块讲解过程中使用了大量的实例和代码,使学生在学完每个模块后就能进行实践。

每个模块的讲解都力求做到"学以致用",学生通过本课程所有模块的学习之后,都能自己动手设计、开发网站和管理信息系统。

2. 本书内容

全书共分为 12 个模块,具体内容如下。

01 模块:绪论。介绍了与网站相关的基本常识和概念,详细讲解了网站建设的基本原则和网站规划的基本流程。最后,以"易购商城"为例设计了一份电子商务网站规划书。

02 模块:PHP 开发环境搭建。主要介绍了在 Windows 下 AppServ 组合包的安装,以及如何使用 Dreamweaver 配置本地 PHP 站点和创建 PHP 网页等内容。

03 模块:静态网页基础。主要介绍网页设计工具 Dreamweaver CS5 的常用操作,如插入表格、图像、视频和 Flash 动画等网页元素,同时介绍了 HTML 的常用标签。另外,讲解了 CSS(层叠样式表)的基础知识,以及如何用 CSS 设计超链接的样式和实现网页换肤效果等。

04 模块:网页的排版布局。主要讲解页面的基本构成、常见的页面结构、页面布局设计的基本流程和常用网页布局方法等内容。

05 模块:PHP 语言轻松入门。主要讲解 PHP 语言的基础知识,包括 PHP 语言基础、变量和常量、数据类型、运算符、流程控制语句、字符串处理、数组、日期时间函数、图像处理函数和 PHP 面向对象功能等。

06 模块:PHP 与 Web 页面交互。主要讲解表单及常用表单元素、表单数据的提交方式、表单参数值的获取方式、PHP 中获取各种表单元素值、复杂表单的设计、Cookie 和 Session 等相关知识。

07 模块:PHP 数据库编程。主要讲解 SQLyog 的常用操作、如何用 PHP 语言操作 MySQL,利用 ADODB 类库操作 MySQL 数据库等内容。

08 模块:注册登录。通过一个简单的注册和登录过程,介绍一般网站注册和登录模块实现的基本方法。

09 模块:商品发布、购物车和订单。主要以实例的形式讲述商品发布、购物车和订单等功能的实现。

10 模块:前端开发 layui 框架和 jqGrid 控件。主要以实例的形式讲述 layui 框架、layer、layDate 组件和 jqGrid 控件的使用。

11 模块:高校科研项目申报管理系统设计开发。主要介绍 PHP 版的 PDF 库 TCPDF 的使用、高校科研项目申报管理系统的需求分析和系统设计,基于 TCPDF、PHP、MySQL 和 jQuery 等技术设计开发科研项目在线申报功能以及科研项目获批、评审、验收和结题等管理功能。

12 模块:网站测试发布与宣传推广。主要讲解网页测试、网站发布管理和网站宣传推广等方面内容。

3. 参编人员

本书由渭南师范学院的吴代文任主编,西安石油大学的刘金山和玉林师范学院的罗邓华任副主编。01～04模块由刘金山编写,05～11模块以及附录由吴代文编写,12模块由罗邓华编写。全书由吴代文拟定纲要和统一定稿,刘金山和罗邓华参与部分章节的稿件审核工作。在本书编写的过程中,郭军军、李娟利、高彩容和范鸿明等老师提供了大量帮助,另外本书还获得了陕西卓软网科技有限公司的技术支持,在此一并表示感谢! 本书的电子课件和源程序可以从清华大学出版社网站(http://www.tup.com.cn)免费下载。所有程序均上机调试通过。

书中不足和疏漏之处,恳请各位专家、老师和读者批评指正。

编 者

2022 年 1 月

目 录

01 模块　绪论 ·· 1

知识储备 ·· 1
　　知识 1　Web 概述 ·· 1
　　知识 2　网站的基本概念 ·· 2
　　知识 3　网站的分类 ·· 3
　　知识 4　网站建设的常用动态网页语言 ································ 4
　　知识 5　网站建设的整体规划 ··· 5
　　知识 6　电子商务网站的解决方案 ······································ 7
　　引例：欣赏三种不同类型网站的首页 ··································· 9
模拟制作任务 ··· 11
　　任务　编写一个电子商务网站规划书 ································ 11
知识点拓展 ··· 14
职业技能知识点考核 ·· 15
练习与实践 ··· 15

02 模块　PHP 开发环境搭建 ··· 16

知识储备 ·· 16
　　知识 1　在 Windows 下使用 AppServ 组合包 ···················· 16
　　知识 2　使用 Dreamweaver 配置本地 PHP 站点 ················ 21
知识点拓展 ··· 24
职业技能知识点考核 ·· 25
练习与实践 ··· 26

03 模块　静态网页基础 ·· 27

知识储备 ·· 27
　　知识 1　Dreamweaver CS5 的工作环境 ···························· 27
　　知识 2　样式表的优点 ·· 29
　　知识 3　CSS 的基本语法 ·· 29
　　知识 4　常用 CSS 选择器 ·· 30
　　知识 5　CSS 的使用方式 ·· 32
　　知识 6　CSS 选择器的嵌套与继承 ···································· 33
模拟制作任务 ··· 33

任务 1　插入和编辑表格 ………………………………………………………… 33
　　任务 2　插入图像 ………………………………………………………………… 35
　　任务 3　插入音频和视频 ………………………………………………………… 36
　　任务 4　插入 FLV 格式视频 ……………………………………………………… 37
　　任务 5　插入 Flash 动画 ………………………………………………………… 39
　　任务 6　制作超链接 ……………………………………………………………… 39
　　任务 7　制作表单 ………………………………………………………………… 41
　　任务 8　超链接的四种状态的样式设计 ………………………………………… 42
　　任务 9　网页换肤效果的实现 …………………………………………………… 44
　知识点拓展 ……………………………………………………………………………… 46
　职业技能知识点考核 …………………………………………………………………… 48
　练习与实践 ……………………………………………………………………………… 49

04 模块　网页的排版布局 …………………………………………………………… 50

　知识储备 ………………………………………………………………………………… 50
　　知识 1　页面的基本构成 ………………………………………………………… 50
　　知识 2　常见的网页结构类型 …………………………………………………… 52
　　知识 3　页面布局设计 …………………………………………………………… 55
　　知识 4　网页布局方法 …………………………………………………………… 57
　模拟制作任务 …………………………………………………………………………… 65
　　任务　使用 CSS＋DIV 布局一个网页 …………………………………………… 65
　职业技能知识点考核 …………………………………………………………………… 69
　练习与实践 ……………………………………………………………………………… 69

05 模块　PHP 语言轻松入门 ………………………………………………………… 70

　知识储备 ………………………………………………………………………………… 70
　　知识 1　PHP 语言基础 …………………………………………………………… 70
　　知识 2　PHP 变量和常量 ………………………………………………………… 72
　　知识 3　PHP 的数据类型 ………………………………………………………… 76
　　知识 4　PHP 运算符 ……………………………………………………………… 82
　　知识 5　PHP 流程控制语句 ……………………………………………………… 84
　　知识 6　PHP 字符串处理 ………………………………………………………… 91
　　知识 7　PHP 数组 ………………………………………………………………… 97
　　知识 8　PHP 日期和时间函数 ……………………………………………………102
　　知识 9　PHP 函数 …………………………………………………………………108
　　知识 10　PHP 图像处理函数 ………………………………………………………113
　　知识 11　PHP 面向对象功能 ………………………………………………………121
　知识点拓展 ………………………………………………………………………………128
　职业技能知识点考核 ……………………………………………………………………128

练习与实践 …………………………………………………………………… 129

06 模块　PHP 与 Web 页面交互 …………………………………………… 130

知识储备 …………………………………………………………………… 130
　　知识 1　表单及常用表单元素 ……………………………………… 130
　　知识 2　表单提交方式和参数值获取方式 ………………………… 134
　　知识 3　在 PHP 中获取表单数据 …………………………………… 136
　　知识 4　复杂表单设计 ……………………………………………… 140
　　知识 5　Cookie 管理 ………………………………………………… 146
　　知识 6　Session 管理 ………………………………………………… 149
模拟制作任务 ……………………………………………………………… 152
　　任务　制作一个注册表单 …………………………………………… 152
实训　利用 Session 判断用户的访问权限 ……………………………… 155
　　实训目的 ……………………………………………………………… 155
　　实训内容 ……………………………………………………………… 156
　　实训过程 ……………………………………………………………… 156
　　实训总结 ……………………………………………………………… 159
职业技能知识点考核 ……………………………………………………… 159
练习与实践 ………………………………………………………………… 159

07 模块　PHP 数据库编程 …………………………………………………… 160

知识储备 …………………………………………………………………… 160
　　知识 1　MySQL 管理工具 SQLyog 的安装和连接 ………………… 160
　　知识 2　创建数据库和表 …………………………………………… 163
　　知识 3　导出和导入数据库 ………………………………………… 164
　　知识 4　运行 SQL 语句 ……………………………………………… 165
　　知识 5　常用 SQL 语句 ……………………………………………… 166
　　知识 6　连接服务器和选择数据库 ………………………………… 169
　　知识 7　创建查询和显示查询结果 ………………………………… 170
　　知识 8　获取检索记录数量 ………………………………………… 173
　　知识 9　插入、更新和删除记录 …………………………………… 174
　　知识 10　ADODB 类库概述 ………………………………………… 175
　　知识 11　使用 ADODB 操作 MySQL ……………………………… 176
　　知识 12　ADODB 类库常用函数 …………………………………… 177
模拟制作任务 ……………………………………………………………… 183
　　任务 1　制作一个分页浏览的 PHP 网页 …………………………… 183
　　任务 2　制作一个支持字段排序的 PHP 网页 ……………………… 187
知识点拓展 ………………………………………………………………… 189
实训　一个完整的学生管理程序设计和实现 …………………………… 191

实训目的 …………………………………………………………………… 191
　　　实训内容 …………………………………………………………………… 191
　　　实训过程 …………………………………………………………………… 191
　　　实训总结 …………………………………………………………………… 197
　职业技能知识点考核 ………………………………………………………………… 197
　练习与实践 …………………………………………………………………………… 198

08 模块　注册登录 …………………………………………………………………… 199

　知识储备 ……………………………………………………………………………… 199
　　知识1　注册登录模块的工作原理 …………………………………………… 199
　　知识2　PHP中的加密函数 …………………………………………………… 200
　模拟制作任务 ………………………………………………………………………… 201
　　任务1　编写注册模块 ………………………………………………………… 201
　　任务2　编写登录模块 ………………………………………………………… 204
　　任务3　编写注销模块 ………………………………………………………… 209
　　任务4　用jQuery实现表单的验证 …………………………………………… 210
　知识点拓展 …………………………………………………………………………… 214
　实训　复杂表单的验证 ……………………………………………………………… 214
　　　实训目的 …………………………………………………………………… 214
　　　实训内容 …………………………………………………………………… 214
　　　实训过程 …………………………………………………………………… 214
　　　实训总结 …………………………………………………………………… 218
　练习与实践 …………………………………………………………………………… 218

09 模块　商品发布、购物车和订单 …………………………………………………… 219

　模拟制作任务 ………………………………………………………………………… 219
　　任务1　编写商品展示页面 …………………………………………………… 219
　　任务2　编写浏览具体商品页面 ……………………………………………… 223
　　任务3　编写购物车页面 ……………………………………………………… 225
　　任务4　编写结算和生成订单页面 …………………………………………… 228
　　任务5　编写订单查询页面 …………………………………………………… 233
　　任务6　浏览商品信息 ………………………………………………………… 239
　　任务7　使用在线HTML编辑器添加商品 …………………………………… 244
　　任务8　实现商品图片上传 …………………………………………………… 248
　　任务9　使用在线HTML编辑器修改商品 …………………………………… 253
　　任务10　删除商品信息 ………………………………………………………… 257
　知识点拓展 …………………………………………………………………………… 258
　练习与实践 …………………………………………………………………………… 263

10 模块　前端开发 layui 框架和 jqGrid 控件 ······ 264

- 知识储备 ······ 264
  - 知识 1　layui 简介 ······ 264
  - 知识 2　layui 常用参数和回调函数 ······ 266
  - 知识 3　layui 常用方法使用 ······ 268
  - 知识 4　layDate 控件 ······ 272
  - 知识 5　jqGrid 控件 ······ 277
- 知识点拓展 ······ 286
- 职业技能知识点考核 ······ 287

11 模块　高校科研项目申报管理系统设计开发 ······ 289

- 知识储备 ······ 289
  - 知识 1　TCPDF 简介 ······ 289
  - 知识 2　TCPDF 的使用 ······ 291
- 实训　高校科研项目申报管理系统设计开发 ······ 294
  - 实训目的 ······ 294
  - 实训内容 ······ 294
  - 实训过程 ······ 294
  - 实训总结 ······ 340
- 职业技能知识点考核 ······ 340
- 练习与实践 ······ 341

12 模块　网站测试发布与宣传推广 ······ 342

- 知识储备 ······ 342
  - 知识 1　网站测试内容及方法 ······ 342
  - 知识 2　不同浏览器的测试 ······ 343
  - 知识 3　链接测试 ······ 344
  - 知识 4　网页下载时间测试 ······ 345
  - 知识 5　空间申请和网站发布 ······ 346
  - 知识 6　网站的宣传与推广 ······ 348
  - 知识 7　网页维护和更新 ······ 351
- 知识点拓展 ······ 352
- 职业技能知识点考核 ······ 353
- 练习与实践 ······ 353

附录　职业技能知识点考核答案 ······ 354

参考文献 ······ 360

01 模块　绪论

本模块主要介绍与网站、Internet 相关的概念和技术，让学生了解一些网站的基本概念、网站的分类和网站的基本要素等常识性知识，并初步了解网站建设的基本原则和网站规划的基本流程。

能力目标

（1）了解网站建设的原则。
（2）熟悉网站规划的基本流程。

知识目标

（1）Web 概述。
（2）网站的基本概念。
（3）网站的分类。
（4）网站建设的常用动态网页语言。

知识储备

知识 1　Web 概述

万维网（Web）是 Internet 上一个非常重要的信息资源网，产生于 20 世纪 90 年代初，它遵循超文本传输协议，以超文本或超媒体的形式传送各种各样的信息，为用户提供了一个共享和获取信息的平台，方便上网用户查阅 Internet 上的信息文档。

Web 常用术语如下。

（1）Web 页面：通常指在浏览器中所看到的网页，其实是一个单一的文件。
（2）网页：用 HTML 编写的文本文件，包含文字、表格、图像、链接、声音、动画和视频等内容。
（3）主页：有时也称首页，是网站的第一个页面。通常，主页总是与一个 URL 网址相对应，引导用户浏览网站。
（4）URL：统一资源定位符（Uniform Resource Locator），是一种唯一标识 Internet 上

计算机、目录和文件位置的命名规则。它由资源类型、存放资源的主机地址和端口以及资源目录和文件名构成。"资源类型"表示信息传输的协议,如 HTTP、FTP 等。"主机地址"是提供资源的主机 IP 地址或域名。"端口"表示某一服务器在该主机上所使用的 TCP 端口。"目录"表示提供服务的信息资源所在目录。"文件名"由基本文件名和扩展名两部分组成。例如:

http://www.tup.tsinghua.edu.cn:80/book/menu_jc.asp

其中 http 为超文本传输协议,www.tup.tsinghua.edu.cn 是服务器名,80 为默认端口号,book 是文件夹,menu_jc.asp 是文件名。

(5) HTTP(Hypertext Transfer Protocol):超文本传输协议,是 Internet 上访问 WWW 信息资源的一种协议,用来传输多媒体信息。

(6) HTML(Hypertext Markup Language):超文本标记语言,是一种描述文档结构的语言,而不能描述实际的表现形式。HTML 使用描述性的标记符(标签)来指明文档的不同格式和内容。

知识 2　网站的基本概念

1. 网站

网站是指由若干网页按一定方式组织在一起,放在服务器上,提供相关信息资源的网络空间。通俗的讲法就是在 Internet 上营造的"家"。这个"家"可以通过租赁网络空间或购买服务器两种方式实现。用户可以到相关网站租赁虚拟网络空间来发布自己的网站,这种方式通常比较便宜;而购买服务器需要用户购买一台服务器并通过有关部门的检验后接入 Internet,这种方式一般用于专门的网络公司,购买服务器通常费用较高,但网站访问速度和质量更有保障。

2. 网站的构成要素

一个网站是由多个元素有机地结合而组成的 Internet 空间,包括以下几方面。

(1) 域名:域名是一个网站在 Internet 上的身份证,就像企业在工商局登记的名称一样。域名有国际域名和国内域名之分,国际域名在全世界内有效;国内域名只在国内有效。国际域名是以.com、.net、.org 等结尾;而国内域名是以.com.cn、.net.cn、.org.cn 等结尾。

(2) IP 地址:IP 是每个网站或上网用户的特定网络地址,通常用户上网后会立刻取得一个由 4 个数字组成的 IP 地址。对于直接拨号上网者,这个 IP 地址是全球唯一的。IP 地址由 4 个小于或等于 255 的十进制数组成,格式为×××.×××.×××.×××。由网络解析这个地址,以确立每个用户的身份。例如,192.168.1.1 即为一个 IP 地址。

(3) 网站的构成:一个网站由多个网页及其他资源文件(图片、动画和视频等)和数据库组成,网页只是一页信息,只有多个网页以及其他要素组合起来才能算网站。

(4) 网站的功能:网站既能起到企业形象宣传的效果,又能为各方朋友、商家和客户提供交流平台。

知识 3　网站的分类

网站一般可分为以下几类。

1. 门户网站

门户网站是指提供某类综合性互联网信息资源并提供有关信息服务的应用系统。它集合了众多内容，提供多样服务。目前比较知名的中文门户网站有新浪、搜狐、网易和腾讯等，这些网站内容除了搜索引擎外，还包括新闻、娱乐、游戏、文化、体育、健康、科技、财经、教育等若干板块，以及站内短信、个人主页空间、免费邮箱等服务项目。

2. 普及型网站

企事业单位和个人根据自身要求建立和发布，以介绍基本情况、通信地址、产品和服务信息、供求信息、人员招聘和合作信息等为主旨的网站属于普及型网站。该类网站以向客户、供应商、公众和其他一切对该网站感兴趣的人宣传推介，树立网上形象为目的，网站内容一般比较全面。通过访问该网站，可以及时了解这些单位的业务范围、最新动态、产品及价格，并通过网站提供的用户咨询服务与相关部门进行在线信息交流。此类网站包括企业网站、学校网站、政府网站以及数量众多的个人网站。

3. 电子商务类网站

电子商务按类型分为 B2B（商家对商家）和 B2C（商家对个人客户）两种；按照交易过程可分为商品检索、商品采购、订单支付 3 个阶段。常见的电子商务网站有淘宝、阿里巴巴、京东商城、当当网和卓越网等。电子商务网站通常应该具有如下功能。

（1）商品发布功能。

（2）商品选购功能。

（3）具有个性化的采购订单模板，顾客可以进行购物组合比较。

（4）"购物车"内置的价格计算模型，可以根据商家的价格体系灵活定制。

（5）在线交易功能。

（6）商品推荐功能，能根据用户的购买习惯向用户推荐类似商品。

4. 媒体信息服务类网站

这类网站是报社、杂志社、广播电台、电视台等传统媒体为了树立自己的网上形象、方便服务对象而建立的网站，主要包括以下功能。

（1）信息发布。

（2）电子出版。

（3）客户在线咨询。

（4）网站管理。

5．办公事务管理网站

企事业单位为了实现办公自动化而建立的内部网站，它主要包括以下功能模块。
（1）办公事务管理。
（2）人力资源管理。
（3）财务资产管理。
（4）网站管理。

6．商务管理网站

商务管理网站是企业内部为了进行广告及商品管理、客户管理、合同管理、营销管理等目的而建立的网上办公平台。

知识4　网站建设的常用动态网页语言

与网站建设相关的常用动态网页[1]语言有下列几种。

1．ASP

ASP(Active Server Pages)是由微软公司创建的 Web 应用开发标准，服务器已经包含在 IIS(Internet Information Service)服务器中，服务器将 Web 请求转入解释器中，解释器将所有 Web 请求中的脚本进行分析，然后执行，同时可以创建 COM 对象以完成更多功能，ASP 中的脚本是 VBScript 和 JavaScript。ASP 网页文件的扩展名是 asp，网页可以包含 HTML 标记、普通文本、脚本命令以及 COM 组件等。

2．PHP

PHP(原始为 Personal Home Page 的缩写，已正式更名为 Hypertext Preprocessor)是一种跨平台的服务器端嵌入式脚本语言，由于其良好的性能及免费的特点，它是目前互联网中应用非常广泛的一种应用开发平台。它支持目前绝大多数的数据库。PHP 程序可以运行在 UNIX、Linux 和 Windows 操作系统下。一般情况下，PHP 与 MySQL 数据库和 Apache Web 服务器是最佳组合。PHP 网页文件的扩展名是 php。

3．JSP

JSP(Java Server Page)是 Sun 公司推出的网站开发语言，它的可移植性好，支持多种平台；有强大的可伸缩性；具有多样化与强大的工具支持。JSP 网页文件的扩展名是 jsp。

4．.NET

.NET 是微软公司推出的基于.NET 框架的动态网页开发语言，它采用了代码与页面编程语言相分离的编程方式。而 ASP、PHP 和 JSP 是将脚本语言嵌入 HTML 文档中。.NET 网页文件的扩展名是 aspx。

上述 4 种动态网页语言的优点分别是：ASP 学习简单，使用方便，运行环境配置简单；PHP 软件免费，运行成本低；JSP 开放、跨平台性好，且移植方便；.NET 学习简单，开发项目速度快，与微软公司的软件兼容性好。

上述 4 种动态网页语言的缺点分别是：ASP 属于解释性的语言，因此每次执行网页时都需要解释一遍，所以相对于 PHP 和 JSP 来说执行速度略慢。PHP 和 JSP 运行环境的安装比较复杂，相对于初学者来说掌握起来有点困难。.NET 运行会占用很多资源，所以对计算机硬件要求较高。

一般情况下，ASP 简单易学，比较适合作为网站开发入门语言，适合小型网站的开发；JSP 在国外网站中应用得比较多；.NET 一般用于信息系统开发；PHP 具有性能优良、跨平台和免费等特点，使用 PHP＋MySQL 搭建企业网站也是最为经济的一种解决方案。而且 PHP 也适合大型网站开发，有很成熟的框架和社区的支持。因此，本书选择 PHP 作为动态网页讲解语言。

知识 5　网站建设的整体规划

随着全球信息网络的发展，Internet 已不仅仅是一种技术，更重要的是它已成为一种新的经营模式。从 4C（Connection，Communication，Commerce，Co-operation）层次上改变了人类工作、学习、生活和娱乐的方式，已成为国家经济和区域经济增长的主要动力。Internet 正成为世界最大的公共资料信息库，它包含丰富的信息资源，所有最新的信息都可以通过网络搜索获得。更重要的是，大部分信息都是免费的，应用电子商务可使企业获得在传统模式下无法获得的巨量商业信息，在激烈的市场竞争中领先对手。

网络是现代公司的一个重要组成部分。一个成功的网站，可以将公司信息、产品信息等最完整、最形象、最具有良好沟通性地向全球展示。

网站规划是指在网站建设前对市场进行分析、确定网站的目的和功能，并根据需要对网站建设中的技术、内容、费用、测试、维护等做出规划。网站规划对网站建设起到了计划和指导的作用，对网站的内容和维护起到了定位作用。

根据不同的需要和侧重点，网站的功能和内容会有一定的差别，但网站规划的基本步骤是类似的。一般来说，一份完整的网站规划应该包括下列内容。

1. 建设网站前的市场分析

建设网站之前应该对整个行业的市场前景和发展空间做详细的了解和分析，同时对网站运作的可行性做深入的论证分析。

2. 建设网站的目的

建立网站的目的也就是一个网站的目标定位问题。网站内容和功能以及各种网站推广策略都是为了实现网站的预期目的。这是网站规划中的核心问题，需要非常明确和具体。建立网站可以有多种目的，例如，从事网上商品销售、发布产品信息、信息中介服务、教育和培训等，不同类型的网站其表达方式和实现手段是不一样的。

3．域名和网站名称

一个好的域名对营销的成功与否具有重要意义，网站名称同域名一样也具有重要的意义，域名和网站名称应该在网站规划阶段就作为重要内容来考虑。有些网站发布一段时间之后才发现域名或者网站名称不太合适，需要重新更改，不仅操作非常麻烦，而且前期的推广工作几乎没有任何价值，同时对自己网站的形象也会造成一定的伤害。

4．网站的主要功能

在确定网站目标和名称之后，接下来要设计网站的功能了，网站功能是战术性的，是为了实现网站的目标。网站的功能是为用户提供服务的基本表现形式。一般来说，一个网站有几个主要的功能模块，这些模块体现了一个网站的核心价值。

5．网站技术解决方案

根据网站的功能确定网站技术解决方案，应重点考虑下列几方面。
（1）采用自建网站服务器，还是租用虚拟主机。
（2）选择操作系统，使用 UNIX、Linux 还是 Windows Server 2022。
（3）分析投入成本、功能、开发、稳定性和安全性等。
（4）采用系统性的解决方案，如 IBM、HP 等公司提供的企业上网方案、电子商务解决方案，还是自行开发。
（5）网站安全性措施，防黑客、防病毒方案。
（6）相关的程序开发，如网页程序 ASP、JSP、PHP、CGI 和数据库程序等。

6．网站内容规划

不同类别的网站，在内容方面的差别很大，因此网站内容规划没有固定的格式，需要根据不同的网站类型来制定。例如，一般信息发布型企业网站内容应包括公司简介、产品介绍、服务内容、价格信息、联系方式、网上订单等基本内容；电子商务类网站要提供会员注册、详细的商品服务信息、信息搜索查询、订单确认、付款、个人信息保密措施、相关帮助等；综合门户类网站则将不同的内容划分为许多独立的或有关联的频道，有时，一个频道的内容就相当于一个独立网站的功能。

7．网站测试和发布

在网站设计完成之后，应该进行一系列的测试，当一切测试正常之后，才能正式发布。主要包括以下测试内容。
（1）网站服务器的安全性、稳定性。
（2）各种超链接、图像、插件和数据库等是否工作正常。
（3）在接入速率不同的情况下网页的下载速度。
（4）网页对不同浏览器的兼容性。

(5) 网页在不同显示器和不同显示模式下的表现等。

8．网站推广与维护

网站推广活动一般发生在网站正式发布之后,当然也不排除一些网站在筹备期间就开始宣传的可能。网站推广是网络营销的主要内容,可以说,大部分的网络营销活动都是为了网站推广的需要,例如,发布新闻、搜索引擎登记、交换链接和网络广告等。

因此,在网站规划阶段就应该对推广活动有明确的认识和计划,而不是等网站建成之后才考虑采取什么样的推广手段。由此可见,网站规划并不仅仅是为了网站建设的需要,而是为了整个网络营销活动的需要。

网站发布之后,还需要定期进行维护,主要包括下列几方面。
(1) 服务器及相关软硬件的维护,对可能出现的问题进行评估,规定响应时间。
(2) 网站内容的更新、调整等,将网站维护制度化、规范化。

9．网站财务预算

除了上述各种技术解决方案、内容、功能、推广、测试等应该在网站规划书中详细说明之外,网站建设和推广的财务预算也是重要内容,网站建设和推广在很大程度上受到财务预算的制约,所有的规划都只能在财务许可的范围之内。财务预算应按照网站的开发周期,包含网站所有的费用明细清单。

具体来讲,可以参照图 1-1 所示的流程来建设企业网站。

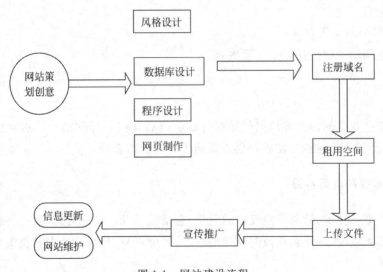

图 1-1　网站建设流程

知识 6　电子商务网站的解决方案

针对以上网站建设流程,一个电子商务网站的解决方案主要包括以下内容。
(1) 制定一份翔实的电子商务市场评估和定位策划书,确立网站的目标,分析网络目标客户群、现有的竞争对手,分析网站运行取胜的机会,分析本企业建立电子商务网站的可行性,组织人员并制定相应策略和正确的操作步骤。

(2) 策划短期和长期盈利项目,发现和分析企业可开展的网上业务,寻求电子商务特点和网上贸易发展的支撑点,同时也要考虑企业电子商务长远的发展规划。

(3) 设计理想的域名,并注册申请。

(4) 选择合适的软硬件和 ISP(Internet 服务提供商),确定网站的内容结构、核算制作成本、设计网站开发进度,并分析主流技术和产品或服务外的附加有价值的信息内容。

(5) 收集网站内容信息、创建页面与组织网页链接、开发与设计数据库、制作导航页面、设计网站的检索功能和可能与用户检索排名有密切相关的关键词。

(6) 将网站中的主要页面向全球各大搜索引擎和中国主要的搜索引擎登记注册。

(7) 制订在线广告计划,最大限度地发挥广告效应,以求得最大的投入产出比。

(8) 制定与电子商务密切相关的新闻组、电子邮件组、电子公告板的信息,使网络营销发挥最大的效率;编写交易邮件,提高交易邮件的响应率,直接增加网上销售的份额和利润。

(9) 开发网站管理数据库,以便及时地发布、维护和更新网站信息,并快速地响应用户的反馈信息。

(10) 建立网络交易的在线支付平台。

(11) 设置防火墙、制定网站维护及安全防卫措施。

(12) 统计用户访问网站的流量,并及时有效地监控网站在搜索引擎中的排名,同时密切地关注竞争对手。

(13) 提供中英文等翻译。

电子商务网站一般包括以下主要内容。

1. 产品展示

详细介绍企业产品。向客户提供最新的企业产品介绍和详细的产品展示图,有些有实力的网站还利用多媒体技术,使客户更直观地了解产品的全貌。

2. 网上客服和电话客服

采用在线交互技术,针对客户反馈的意见,自动或手动回复和处理客户反馈。同时还应该提供电话客服系统,方便客户及时反馈信息,并及时汇总、传输到企业的决策部门,为企业决策提供依据。

3. 电子交易功能

通过与银行、第三方支付公司合作,建立电子交易系统,客户可以在网上订货、付款,企业也可以自动处理订单、自动配货。

4．数据库检索功能

很多网站的内容丰富，产品种类繁多，如果希望客户能第一时间找到自己想要浏览的信息，就必须提供强大的数据库检索功能。

5．售后服务

良好的售后服务为客户购买产品解决了后顾之忧，更能为公司建立良好的形象。这一部分主要是介绍公司售后服务的相关条款和规定，让客户对公司的售后服务情况有所了解，从而在对比的基础上购买公司的产品。

6．企业简介

介绍企业的概况、发展历程、组织结构、员工队伍等企业的基本信息，多采用图文并茂的网页来展示。

7．企业的最新动态

介绍企业的一些最新决策、促销活动和礼品派送等内容。

8．企业的联系方式

将企业的网站地址、E-mail、电话、传真等多种联系方式公布在网上，方便新老客户联系。

引例：欣赏三种不同类型网站的首页

图1-2～图1-4分别是三种不同类别网站的首页。

图1-2　淘宝网首页

图 1-3 京东商城首页

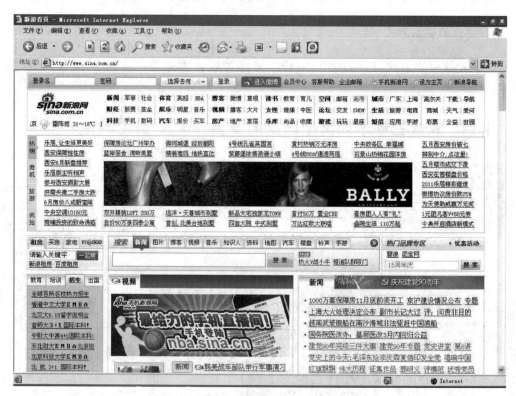

图 1-4 新浪网首页

模拟制作任务

任务 编写一个电子商务网站规划书

"易购商城"网站规划书

1. 市场分析

随着我国经济的持续发展和人们消费观念的改变,网络购物已经逐渐被人们所接受,尤其被伴随着互联网长大的年轻一代所接受。据统计数据显示,我国网络购物用户规模达到 8.1 亿人,占网民总体的 80.3%,如图 1-5 所示(数据来源于中国产业信息网)。

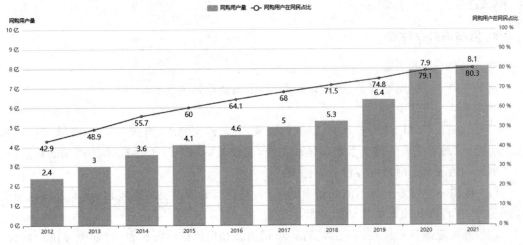

图 1-5　2012—2021 年网络购物用户规模

2012—2021 年我国网络购物人均消费额持续增长,如图 1-6 所示(数据来源于中国产业信息网)。

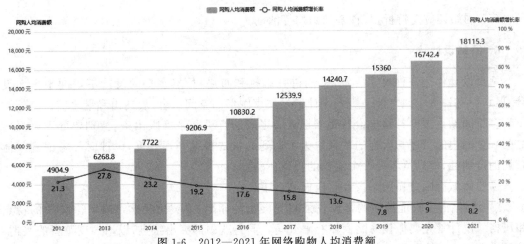

图 1-6　2012—2021 年网络购物人均消费额

随着互联网的发展，触网用户增加以及网购方式越来越普及，未来网购用户在整体网民中的比例将越来越高。因此，易购商城有限公司打算涉足互联网电子商务领域，规划建设一个电子商务网站"易购商城"。销售产品主要以家电数码、家居用品和化妆品等为主。

2．网站的目的及功能规划

电子商务（E-Commerce）交易的个性化、自由化可为企业创造无限商机，降低成本，同时可以更好地建立同客户、经销商及合作伙伴的关系，为此，我们规划一个电子商务网站"易购商城"，网站的主要功能有产品展示、产品发布、产品推送、售后服务和企业论坛等。

该网站旨在使易购商城有限公司同其合作伙伴、经销商、客户和浏览者之间建立密切的关系，优化企业经营模式，提高企业运营效率。采用最新的技术架构和应用系统平台，协助公司优化复杂的商业运作流程，以减少产品在市场上的流通时间，提高资金的周转率和利用效率，最终提高公司利润。

3．网站的内容规划

网站名称：易购商城。

网站主题：通过网站宣传，树立企业形象，提高企业知名度。

网站语言：简体中文。

网站风格：以暖色调为主，给人以家的感觉，主题鲜明突出（购物上易购，省钱又轻松），要点明确，以简单明确的语言和画面体现主题，表现网站的个性和情趣，办出网站的特点。

网站内容设计：网站内容设计应注意以下几点。

（1）提供一个友好的展示商品信息的平台，对商品的展示要多媒体化，除了可以利用图片展示外，还可以利用视频和动画展示。

（2）首页应该有最新商品、推荐商品、热销商品和销售排行等栏目，以便引导用户购买，激起用户的购买欲望。

（3）由于网站商品较多，所以应该提供快速检索商品的功能。

（4）在网站商品分类和栏目设置方面，要注意方便用户浏览，以用户能最快找到商品为目的。

（5）网站还应支持折扣、秒杀和团购等活动。

4．网站设计

网页设计作为一种视觉语言，特别讲究编排和布局，虽然主页的设计不等同于平面设计，但它们有许多相似之处。版式设计通过文字图形的空间组合，表达出和谐之美。

多页面站点页面的编排设计要求把页面之间的有机联系反映出来，特别要处理好页面之间和页面内的秩序与内容的关系。为了达到最佳的视觉表现效果，设计时要考虑到整体布局的合理性，使浏览者有一个流畅的视觉体验。

易购商城有限公司网站设计时应做到以下几点。

（1）网站的主页能够给顾客比较强烈和突出的印象，要突出易购商城有限公司的特点和风格。设计首先要抓住易购商城有限公司在同行业中的突出特点，以增加浏览者的兴趣，挖掘潜在客户；其次要突出易购商城有限公司的服务宗旨、服务特色和产品特点。显著位置留给重点宣传栏目或更新最多的栏目,结合网站栏目设计在首页导航上突出层次感,使客户渐进接受。

(2) 网页结构设计合理,层次清楚。为了将丰富的含义和多样的形式组织成统一的页面结构,形式、语言必须符合页面的内容。灵活运用各种手段,通过空间、文字、图形之间的相互关系建立整体的均衡状态,产生和谐的美感。点、线、面相结合,充分表达完美的设计意境,使用户可以从主页得知自己应查的方向。

(3) 网页内容应全面,尽量涵盖用户普遍所需的信息。

(4) 页面的链接应方便浏览,传输速度和图片的下载速度快,应注意避免死链接,图像不显示等情况的存在。

5. 网站的技术解决方案、维护及测试

网站拟用 Windows Server 2022 作为服务器操作系统,公司配备相应的服务器主机,Web 服务器使用 AppServ。动态网页编程语言选择目前最为成熟且应用广泛的 PHP 语言。

为了保证公司网站运行的安全,拟从以下几方面提高网络运营的安全性。

1) 局域网安全措施

局域网采用广播方式,在同一个广播域中可以侦听到在该局域网上传输的所有信息是不安全的。此时可对局域网进行网络分段,将非法用户与网络资源相互隔离,从而达到限制用户非法访问的目的。分段可采用物理或逻辑分段的形式。

物理分段:按计算机所在的物理地点来划分。

逻辑分段:按计算机的用途划分,不管所在的地理位置,形成虚拟网段(VLAN)。如企业的服务器系统单独作为一个 VLAN,重要部门(财务、人事、销售、生产等)的计算机系统分别作为独立的 VLAN。

将整个网络分成若干个虚拟网段(IP 子网),各子网之间无法直接通信,必须通过路由器、路由交换机、网关等设备进行连接,可利用这些中间设备的安全机制来控制各子网间的访问。

2) Internet 互连安全措施

网络安全是 Internet 用户长期担心的问题,也是人们关心的焦点。在维护网络安全的措施中,防火墙是应用最普遍,提供基本的网络防范功能的一种有效手段。防火墙是设置在不同网络(内部网和公共网)或不同的网络安全域之间的设备。它负责过滤、限制和分析,完成安全控制、监控和管理的功能。防火墙是网络之间一种特殊的访问控制设施,在 Internet 网络与内部网之间设置一道屏障,防止黑客进入内部网。由用户制定安全访问策略,抵御黑客的侵袭,主要方法有 IP 地址过滤、服务代理等。

3) 数据安全措施

数据加密技术是为提高信息系统及数据的安全性和保密性,使得数据以密文的方式进行传输和存储,防止数据在传输过程中被别人窃听、篡改。数据加密是所有数据安全技术的核心。

网站制作完成后还需要进行功能测试、性能测试、安全性测试、浏览器兼容性测试、链接测试和代码合法性测试等。

6．网站的发布与推广

网站发布后，可以从以下几方面进行网站推广。

1）利用客户资源推广网站

网站建好后，首先将它介绍给公司的客户。他们对公司的网站是感兴趣的。通过公司的网站可以更方便快捷地了解和查询公司的信息，更加方便地与公司沟通。所以，这些客户是公司网站的忠实访客。

2）通过搜索引擎推广网站

网站建好后，到百度、搜狐、网易等网站上进行搜索引擎登记，以便让更多检索、查找同行业信息的人们查找到公司的网站。

3）利用自己的网站推广自己的网站

网站建好后，不断更新网站内容，这样会给访客留下好的印象，增加回头率；把自己的促销广告做到网上，让客户产生访问兴趣。

4）利用其他网站推广网站

与相关网站交换首页广告、友情链接，在全国各大能发布信息、广告、留言及论坛的网站上发布广告信息。

5）利用自己的服务和促销活动推广网站

公司如有促销活动或其他大型活动，均可将这些信息发布到网站进行宣传，以对客户产生吸引力。同时可将信息（广告）发布到其他能发布信息的网站，以吸引更多的访客。

6）利用传统媒体推广网站

适当在报刊、电台、路牌等传统媒体发布网站广告，结合促销活动做一些街道横幅广告促销网站，还可将网址印刷在公司的信笺、信封、名片等宣传资料上，让更多的人了解自己的网站。

通过上述宣传和推广，可以提高网站的访问率。访问率越高，了解企业和产品的人就越多。可以在这些访客中发展一些作为公司的客户，并利用网站寻求公司的合作伙伴，最终达到利用网站产生经济效益的目的。

7．网站的经费预算

网站的经费预算从以下几方面考虑。

(1) 网站制作费用。

(2) 服务器主机购买费用。

(3) 租用 ISP 带宽费用。

(4) 域名使用费用。

(5) 网站日常维护和其他耗材费用。

知识点拓展

[1] 动态网页与静态网页相对应，能与后台数据库进行交互和数据传递。也就是说，网页 URL 不是以 htm、html、shtml 等为扩展名的静态网页格式，而是以 aspx、asp、jsp、php 等

形式为扩展名。

　　动态网页通常运行在服务器端,它们会随不同客户、不同时间,返回不同的网页。而静态网页运行于客户端,例如 HTML 网页、Flash、JavaScript、VBScript 等,它们的内容一旦制作完毕就是永远不变的。

　　动态网页一般以数据库技术为基础,可以大大降低网站维护的工作量;采用动态网页技术的网站可以实现更多的功能,如用户注册、用户登录、在线调查、用户管理、订单管理等;动态网页实际上并不是独立存在于服务器上的网页文件,只有当用户发送请求时服务器才返回一个完整的网页。

　　动态网页与网页上的各种动画、滚动字幕等视觉上的"动态效果"没有直接关系,动态网页也可以是纯文字内容的,也可以是包含各种动画的内容,这些只是网页具体内容的表现形式,无论网页是否具有动态效果,只要采用动态网站技术生成的网页都称为动态网页。

职业技能知识点考核

1. 填空题

　　(1) 网站是_____。
　　(2) 网页是_____。
　　(3) 在网址 http://www.tsinghua.edu.cn:80/publish/th/index.html 中,http 是_____,www.tsinghua.edu.cn 是_____,80 是_____,publish/th 是_____,index.html 是_____。

2. 简答题

　　(1) 简述 PHP 语言相对 ASP、JSP 及.NET 语言的优缺点。
　　(2) 简述常用网站的种类。

练习与实践

　　参照任务 1 自拟网站主题并编写一个详细的网站规划书。

模块 02 PHP开发环境搭建

要使用PHP,首先要建立PHP的开发环境,本模块为PHP动态网站开发解决环境搭建问题,主要讲述Windows下AppServ组合包的安装,使用Dreamweaver配置本地PHP站点以及在Dreamweaver中创建PHP网页等内容。

能力目标

(1) 能在Windows下安装AppServ组合包。
(2) 能使用Dreamweaver配置PHP本地站点。
(3) 能使用Dreamweaver创建PHP网页。

知识目标

(1) 组合包的含义。
(2) IIS简介。
(3) 端口的含义及分类。

知识储备

知识1 在Windows下使用AppServ组合包

组合包就是将Apache、PHP、MySQL等服务器软件和工具安装配置完成后打包处理。开发人员只要将已经配置好的套件解压到本地硬盘中即可使用,不需要进行更多的配置。组合包实现了PHP开发环境的快速搭建。虽然组合包在灵活性方面略差一些,但其具有安装简单、速度较快和运行稳定的优点。对于初学PHP的读者,建议使用这种方法搭建PHP的开发环境。

目前网上应用广泛的PHP组合包有十余种,安装方法基本相同。这里推荐AppServ、APMServ和EasyPHP三个组合包。

安装组合包前,应该首先保证系统中没有安装Apache、PHP和MySQL。否则,需要先将这些软件卸载后再开始安装组合包。

使用AppServ组合包搭建PHP开发环境的操作步骤如下。

（1）双击已经下载的 appserv-win32-8.6.0.exe 文件，打开如图 2-1 所示的 AppServ 启动界面。

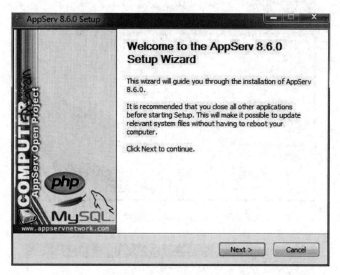

图 2-1　AppServ 启动界面

（2）单击 Next 按钮，打开如图 2-2 所示的 AppServ 安装协议对话框。

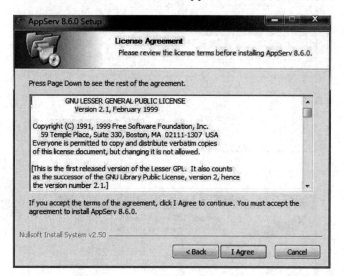

图 2-2　AppServ 安装协议

（3）单击 I Agree 按钮，打开如图 2-3 所示的对话框。在该页面中可以设置 AppServ 的安装路径（默认安装路径为 C:\AppServ），AppServ 安装完成后，Apache、PHP 和 MySQL 等软件都将以子目录的形式存储到该目录下。

（4）单击 Next 按钮，打开如图 2-4 所示的对话框。在该对话框中可以选择要安装的组件（默认为全选）。

（5）单击 Next 按钮，打开如图 2-5 所示的对话框。该对话框主要设置 Apache 的端口号。

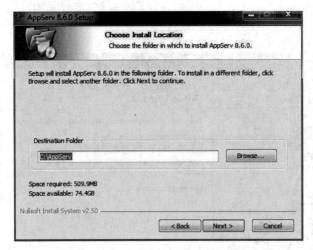

图 2-3　AppServ 的安装路径选择

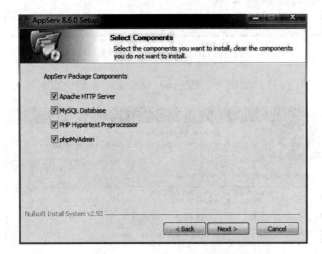

图 2-4　AppServ 安装选项

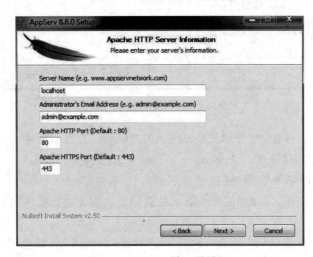

图 2-5　Apache 端口号设置

服务器端口号设置非常重要,设置正确与否直接关系 Apache 服务器是否能够启动成功。如果本机中的 80 端口被 IIS[1]占用,那么这里仍然使用 80 端口就无法完成 Apache 服务器的配置。可以通过修改 Apache 的端口[2](例如,改为 81),或者将 IIS 的端口进行修改即可解决问题。

(6)单击 Next 按钮,打开如图 2-6 所示的对话框。该对话框主要设置 MySQL 数据库的 root 用户的登录密码和数据库字符集,请将字符集设置为 UTF-8 Unicode。

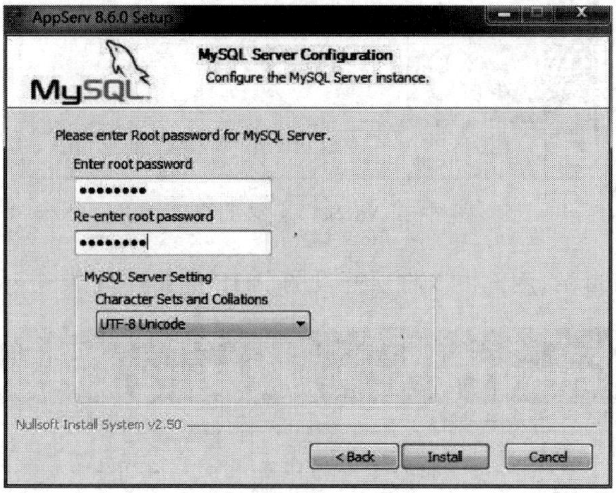

图 2-6 MySQL 设置

对于设置的数据库密码一定要牢记,以后在程序中连接数据库时要经常使用。建议将数据库密码设置为字符串"xianyang",因为本书后续模块中编写的 PHP 程序访问数据库的密码就是这个。

(7)单击 Install 按钮开始安装,如图 2-7 所示。

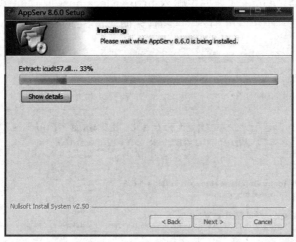

图 2-7 AppServ 安装界面

(8)至此,AppServ 安装成功,如图 2-8 所示。

(9)单击 Finish 按钮,完成安装并启动 Apache 和 MySQL。安装好 AppServ 之后,整个目录默认安装在 C:\AppServ 路径下,此目录包含五个子目录,如图 2-9 所示,其中 www

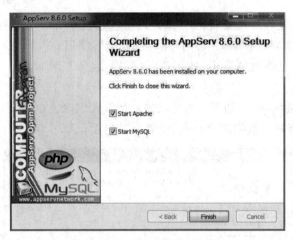

图 2-8 AppServ 安装完成界面

目录为默认网站发布目录,用户可以将所开发的 PHP 网站存放到 www 目录下。

图 2-9 AppServ 目录结构

（10）打开浏览器窗口,在地址栏中输入 http://localhost 或者 http://127.0.0.1,然后按 Enter 键如果能打开如图 2-10 所示的页面,说明 AppServ 安装成功。

图 2-10 AppServ 测试页

知识 2　使用 Dreamweaver 配置本地 PHP 站点

　　Dreamweaver 是由 Adobe 公司开发的 Web 站点和应用程序专业开发工具。它将可视布局工具、应用程序开发功能和代码编辑组合在一起。由于其强大的功能，使得各个层次的设计和开发人员都可以使用 Dreamweaver 创建 Web 站点和应用程序。本知识点主要讲解如何利用 Dreamweaver 建立本地站点以及开发 PHP 程序。在 Dreamweaver CS5 中搭建 PHP 动态网站和创建 PHP 网页的操作步骤如下。

　　（1）首先在 AppServ 的 www 目录下新建一个文件夹 testsite，作为新建网站的根目录。

　　（2）单击菜单"站点"|"新建站点"命令，弹出如图 2-11 所示的对话框。在对话框中设置"站点名称"和"本地站点文件夹"。如果在本地运行的是静态网站，则只需做这一步设置并单击"保存"按钮即可。如果在本地运行的是 PHP 动态网站，则还需设置服务器信息。

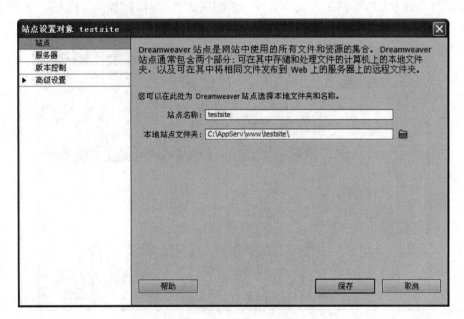

图 2-11　设置站点名称和本地文件夹

　　（3）选择图 2-11 中的"服务器"选项，在新对话框中单击下方的"＋"按钮，在弹出的如图 2-12 所示的对话框中设置服务器名称、连接方法、服务器文件夹和 Web URL 等基本信息。

　　这里需要特别注意 Web URL 的写法，URL"http://localhost/"只能够访问到 AppServ 的 www 目录下的网页。如果要访问子目录 testsite 中的网页，还需要将子目录路径附加到"http://localhost/"后，如"http://localhost/testsite/"。

　　（4）单击图 2-12 中的"高级"选项，在出现的如图 2-13 所示对话框中设置动态网站的高级信息。由于创建的是 PHP 站点，因此应该将"服务器模型"项设置为 PHP MySQL。

图 2-12　设置动态网站基本信息

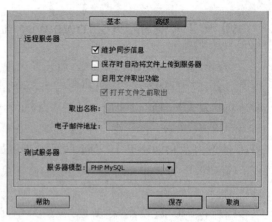
图 2-13　设置动态网站的高级信息

（5）单击图 2-13 中的"保存"按钮完成 PHP 服务器的添加工作，如图 2-14 所示。由于开发动态网站通常是在本机制作完成后再上传到服务器，所以需要勾选"测试"下方的复选框将本机作为测试服务器。

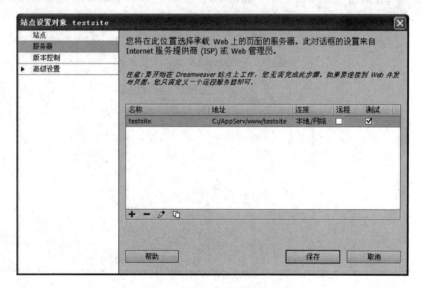
图 2-14　设置网站服务器

（6）单击图 2-14 中的"保存"按钮即完成一个简单 PHP 动态网站的创建工作。创建好本地站点的 Dreamweaver CS5 的主界面，如图 2-15 所示。

由于此时网站根目录 C:\AppServ\www\testsite 下还没有 PHP 网页文件，因此在图 2-16 右下方"本地文件"框中看不到相应的 PHP 网页文件。

（7）单击菜单"文件"|"新建"命令，在弹出的对话框中选择要创建的页面类型为 PHP，单击"创建"按钮即可新建一个 PHP 网页，如图 2-16 所示。

（8）保存新网页的名称为 index.php，修改新网页的标题为"我的第一个 PHP 网页"，并在网页代码模式下往<body></body>标签对中输入如下 PHP 代码，如图 2-17 所示。

02模块　PHP开发环境搭建

图 2-15　Dreamweaver CS5 的主界面

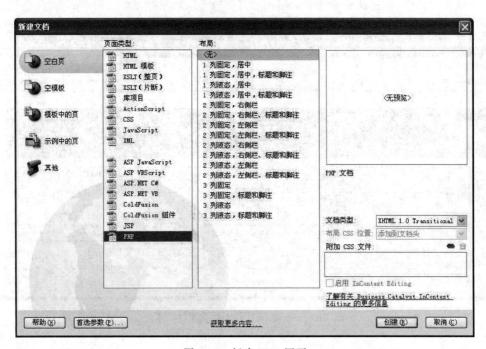

图 2-16　新建 PHP 网页

```
<?php phpinfo();?>
```

此时由于已经创建了 PHP 网页,因此在图 2-17 右下方的"本地文件"框中就能够看到刚才创建的 PHP 文件 index.php。

(9) 至此,一个 PHP 网页制作完毕,单击"预览"按钮 右下角的向下箭头,在弹出的菜单中选择"预览在 IExplorer"或者按快捷键 F12 即可预览刚才制作的 PHP 网页,如图 2-18 所示。

图 2-17　在代码模式下编辑 PHP 网页

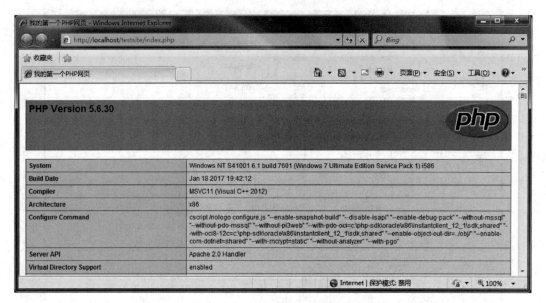

图 2-18　在 IE 浏览器中预览 PHP 网页

知识点拓展

[1] IIS 是 Internet Information Service(互联网信息服务)的缩写,它是微软公司主推的服务,最初是 Windows NT 版本的可选包,用户能够利用 IIS 建立强大、灵活而安全的 Internet 和 Intranet 站点。

IIS 支持 HTTP(Hypertext Transfer Protocol,超文本传输协议)、FTP(File Transfer Protocol,文件传输协议)以及 SMTP(Simple Mail Transfer Protocol,简单邮件传输协议),

通过使用CGI和ISAPI,IIS可以得到高度的扩展。

IIS支持与语言无关的脚本编写和组件,通过IIS,开发人员就可以开发新一代动态的、富有魅力的Web站点。IIS不需要开发人员学习新的脚本语言或者编译应用程序,IIS完全支持VBScript、JScript开发软件以及Java,它也支持CGI和WinCGI,以及ISAPI扩展和过滤器。

IIS的一个重要特性是支持ASP。IIS 3.0版本以后引入了ASP,可以很容易地张贴动态内容和开发基于Web的应用程序。对于诸如VBScript、JavaScript开发软件,或者由Visual Basic、Java、Visual C++开发系统,以及现有的CGI和WinCGI脚本开发的应用程序,IIS都提供强大的本地支持。

[2] 软件领域的端口一般指网络中面向连接服务和无连接服务的通信协议端口,是一种抽象的软件结构,包括一些数据结构和I/O(基本输入输出)缓冲区。

一台拥有IP地址的主机可以提供许多服务,如Web服务、FTP服务、SMTP服务等,这些服务完全可以通过一个IP地址来实现。那么,主机是怎样区分不同的网络服务呢?显然不能只靠IP地址,因为IP地址与网络服务的关系是一对多的关系。实际上是通过"IP地址:端口号"来区分不同的服务的。TCP/IP协议栈中的端口主要有以下两类。

1) 周知端口

周知端口是众所周知的端口号,范围为0~1023,其中80端口分配给WWW服务,21端口分配给FTP服务,25端口分配给SMTP服务等。通常在IE的地址栏里输入一个网址的时候是不必指定端口号的,因为在默认情况下WWW服务的端口号是80。因此,此时"http://localhost/"也可以写为"http://localhost:80/"。

网络服务是可以使用其他端口号的,如果不是默认的端口号则应该在地址栏上指定端口号,方法是在地址后面加上半角冒号":",再加上端口号。如使用8080作为WWW服务的端口,则需要在地址栏里输入"网址:8080",如"http://localhost:8080/"。

2) 动态端口

动态端口的范围为1024~65 535。之所以称其为动态端口,是因为它一般不固定分配某种服务,而是动态分配。动态分配是指当一个系统进程或应用程序进程需要网络通信时,它向主机申请一个端口,主机从可用的端口号中分配一个供它使用。当这个进程关闭时,同时也就释放了所占用的端口号。

职业技能知识点考核

填空题

(1) AppServ组合包通常包含_____、_____和_____等软件。

(2) 本书推荐的PHP组合包有_____、_____和_____等。

(3) IIS的全称为_____。

(4) 周知端口的范围为_____到_____,动态端口的范围为_____到_____。

练习与实践

1. 参照知识1从http://www.appservnetwork.com/网站下载AppServ组合包,并安装组合包。

2. 参照知识2在Dreamweaver中配置PHP本地站点并使用Dreamweaver创建一个简单的PHP网页。

模块 03 静态网页基础

静态网页是相对于动态网页而言的，是指没有后台数据库、不含程序和不可交互的网页。静态网页是网站建设的基础，静态网页和动态网页相互依存。本模块主要介绍网页设计工具——Dreamweaver CS5 的常用操作，如插入表格、图像、视频和 Flash 动画等网页元素，同时介绍了 HTML 的常用标签。另外，讲解了 CSS（层叠样式表）的基础知识，以及如何用 CSS 设计超链接的样式和实现网页换肤效果等。

能力目标

(1) 能使用 CSS 定义网页样式。
(2) 常用网页元素的插入和编辑。
(3) 表单的制作。

知识目标

(1) CSS 的基本语法。
(2) CSS 选择器的种类。
(3) CSS 的使用方式。
(4) 常用 HTML 标签语法。
(5) HTML 标签的属性设置。

知识储备

知识1 Dreamweaver CS5 的工作环境

启动 Dreamweaver 后，单击"新建"项目下的 HTML，即可进入 Dreamweaver 的工作界面。Dreamweaver 的工作窗口主要由应用程序栏、插入栏、文档工具栏、文档窗口、面板组、属性检查器和标签选择器等部分组成，如图 3-1 所示。

1) 应用程序栏

应用程序窗口顶部包含一个工作区切换器、菜单栏（主要包括"文件""编辑""查看""插入""修改""格式""命令""站点""窗口""帮助"等菜单）以及其他应用程序控件。单击菜单栏中的命令，在弹出的下拉菜单中选择要执行的命令。

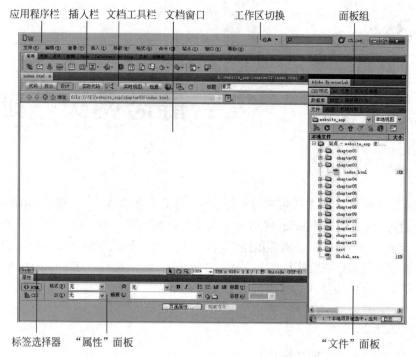

图 3-1 Dreamweaver CS5 工作界面

2) 插入栏

插入栏包含用于将各种类型的"对象"(如图像、表格和层)插入文档中的按钮。每个对象都是一段 HTML[1] 代码,使用户在插入时设置不同的属性。例如,可以在"插入"栏中单击"图像"按钮插入图像。也可以不使用插入栏而使用菜单"插入"|"图像"命令插入图像。

3) 文档工具栏

文档工具栏包含一些按钮,它们提供在各种"文档"窗口视图(如"设计"视图、"拆分"视图和"代码"视图)间快速切换的选项、各种查看选项和一些常用操作(如"在浏览器中预览/调试""文件管理""验证标记""检查浏览器兼容性"等)。

用户可以在"标题"右侧的文本框中输入一个标题,它会显示在浏览器的标题栏中。单击"在浏览器中预览/调试"按钮,在弹出的菜单中选择一个浏览器,可以预览网页显示效果,快捷键是 F12。

注意:单击"查看"|"工具栏"|"文档"命令菜单,就会在 Dreamweaver CS5 中显示文档工具栏。若去掉"文档"选项前的对钩,就可以隐藏文档工具栏。

4) 文档窗口

文档窗口用于显示当前正在创建和编辑的文档。将鼠标在文档中单击,即可开始在光标位置输入网页元素并进行编辑。

5) 面板组

面板组是分组在某个标题下面的相关面板的集合,用来帮助用户监控和修改工作。主要包括"插入"面板、"行为"面板、"CSS 样式"面板和"文件"面板等。用户可以根据自己的需要，选择隐藏和显示面板。若要展开某个面板，请双击其选项卡。

6)"属性"面板

属性检查器用于查看和更改所选对象或文本的各种属性。"属性"面板会随着选择对象的不同而有所不同。单击"属性"面板右下角的三角箭头可以折叠/展开"属性"面板。单击"属性"面板右上角的下拉菜单选择"关闭"或"关闭面板组"命令可以关闭"属性"面板。如果要重新打开，可以单击"窗口"|"属性"命令。

7)标签选择器

标签选择器位于"文档"窗口底部的状态栏中。显示环绕当前选定内容的标签的层次结构。单击该层次结构中的任何标签可以选择该标签及其全部内容。

8)"文件"面板

"文件"面板类似于 Windows 资源管理器，用于管理文件和文件夹，无论它们是 Dreamweaver 站点的一部分还是位于远程服务器上。用户还可以通过"文件"面板访问本地磁盘上的全部文件。

知识 2　样式表的优点

样式设计是指应用 HTML 和 CSS(层叠样式表)设计网页的外观样式。CSS 是 Cascading Style Sheet 的缩写，译为"层叠样式表"或"级联样式表"。虽然 CSS 在网页里与 HTML 编写在一起，但是它不属于 HTML。它可以扩展 HTML 的功能，如调整字间距、行间距，取消链接的下画线、多种链接效果和固定背景图像等。CSS 可以实现原来 HTML 标签无法实现的效果。一个样式表又称为 CSS，由样式规则组成，具有以下特点。

(1) 同时更新站点的多个页面，更快更容易。

在对多个网页文件设置同一种属性时，无须对所有的文件进行反复操作，只需给多个页面都应用相同的样式表就可以了。利用外部样式表，可以将站点上所有网页都指向同一个外部 CSS 文件，只要更改外部 CSS 文件的某一规则，整个站点的外观就会随之发生改变。

(2) 格式和结构分离。

CSS 通过将定义结构的部分和定义格式的部分相分离，使用户对页面的布局可以施加更多的控制。

(3) 制作体积小，页面下载速度快。

样式表只包含简单的文字，不需要图像、执行程序及插件。使用 CSS 可以减少表格标签及其他加大 HTML 体积的代码，从而减小文件的大小。浏览页面时，外部样式表文件会被加载到浏览者的计算机缓存中，这样就大大提高了页面的下载速度。

知识 3　CSS 的基本语法

CSS 的样式规则由三部分构成：selector(选择器)、property(属性)和 value(属性的取值)。基本的格式如下。

(1) selector：CSS 选择器，用来定义样式类型并将其运用到特定的部分，有类选择器、标签选择器、ID 选择器和关联选择器四种。

(2) property：指将要被设置的属性，如 color。

(3) value：赋给 property 的值，例如赋给 color 的值可以为 red 或者♯FF0000。下面是一个典型的例子。

```
body{background-color:♯FFFFFF;color:♯FF0000;}
a{color:red;}
```

该样式定义实现将页面背景颜色设置为白色、文字颜色设置为红色；所有的链接都设置为红色。为了方便阅读，可以采用以下分行书写的格式。

```
body{
background-color:♯FFFFFF;
color:♯FF0000;
}
a{
color:red;
}
```

通常把所有的样式定义放在<style></style>标签里，然后再放到<head></head>标签中。如下面样式将设置网页背景色为白色，文字颜色为黑色，超链接的颜色为红色带下画线。

```
<style type="text/css">
body{
background-color:♯FFFFFF;
color:♯000000;
}
a{
color:♯FF0000;
text-decoration:underline;
}
</style>
```

知识 4 常用 CSS 选择器

CSS 通过定义规则并将其应用到文档中同一元素，这样就可以减少网页设计者的工作。每个样式都是由一系列规则组成，每条规则有两部分：选择器和声明。每条声明又是属性和值的组合。通常规则左边是选择器，右边是 CSS 属性和值。CSS 选择器指明文档中要应用此样式的元素，可以有多种形式。

1. 类选择器

类选择器能够把相同的元素分类定义成不同的样式，对 HTML 标签均可以使用 class="类名"的形式对类属性进行名称指派，且允许重复使用。类选择器的名称可以由用户自己定义，需要注意的是在定义选择器时，名称前面要加一个点号(.)。例如，定义了一个类样式.text，用于给段落文本添加样式。在使用时只需设置应用样式的段落标签 class 属性为 text 即可(class="text")，设置完成的 HTML 代码如下。

```
<p class="text">网站建设与管理基础与实训</p>
```

2. ID 选择器

ID 选择器的使用方法和类选择器基本相同,不同之处主要在于 ID 选择器只能在 HTML 页面中使用一次,因此针对性更强,只用来对单一元素定义单独的样式。ID 选择器使用时需要设置标签的 ID 属性,对于一个网页而言,每个标签均可以使用 ID="ID 名"的形式对 ID 属性进行名称的指派。

在定义 ID 选择器时,要在 ID 名称前面加一个#。例如,以下为网页中的层定义了样式。

```
#apDiv1 {
    position:absolute;
    left:37px;
    top:12px;
    width:137px;
    height:135px;
    z-index:1;
}
```

然后只需要在层(div)标签中设置 ID 属性为 apDiv1,该层就具有了以上样式。设置完的层 HTML 代码如下。

```
<div id="apDiv1"></div>
```

3. 标签选择器

标签选择器也称标记选择器,一个 HTML 页面由很多不同的标签组成,标签选择器的 CSS 样式能让页面中的同一标签保持相同样式。HTML 中的每个标签都有默认的样式,标签选择器的主要作用是提供重新定义 HTML 元素样式的方法。例如<p>选择器可以声明文档中的所有<p>标签的样式风格。HTML 中的所有标签都可以作为标签选择器,通过标签选择器可以快速改变网页的外观样式。

例如,以下为给<p>标签定义的样式。

```
p {
    font-family: "宋体";
    font-size: 24px;
    color: #FF0000;
}
```

以上样式定义文档中的 p 标签的样式为"字体为宋体,字号为 24px,颜色为红色"。应用该样式的页面中的所有 p 标签都将具有"字体为宋体,字号为 24px,颜色为红色"的样式。

4. 关联选择器

关联选择器可定义以上三种选择器样式和链接的四种样式 a:link、a:visited、a:hover 和 a:active。此外,还可对选择器进行集体和嵌套声明。

知识 5　CSS 的使用方式

CSS 按其使用位置的不同，主要分为以下三种类型：行内样式表（Inline Style Sheet）、内嵌样式表（Internal Style Sheet）和外部样式表（External Style Sheet）。

1．行内样式表

行内样式表也叫内联样式表，行内样式直接定义在 HTML 标签内，只对所在标签有效，行内样式定义在 HTML 标签的 style 属性中。使用行内样式失去了样式表的优势，这样就将内容和外观形式混淆在一起了，一般这种方法在个别元素需要改变样式时使用。

例如，给一个段落添加样式，代码如下。

```
< p style = "background - color:#0000FF; color:#FF0000; font - size:24px; ">这是
行内样式</p>
```

行内样式是最为简单的 CSS 使用方法，但由于需要为每个标签设置 style 属性，后期维护成本很高，而且网页代码容易"臃肿"，因此不推荐使用。

2．内嵌样式表

内嵌样式表也叫内部样式表，内嵌样式表使用< style ></style >标签在 head 区域内定义样式，内部样式表只对所在的网页有效，可针对具体页面进行具体调整，以下为内嵌样式表。

```
< style type = "text/css">
<! --
#apDiv1 {
    position:absolute;
    left:37px;
    top:12px;
    width:137px;
    height:135px;
    z - index:1;
}
-->
</style>
```

3．外部样式表

外部样式表可以集中控制和管理多个网页的格式和布局，省去了对这些网页的每个标签都要进行格式的麻烦。外部样式表将 CSS 写成一个以 css 为扩展名的外部 CSS 文件，在 HTML 文档头部通过链接或导入的方式引用该文件进行样式控制。

第一种是通过链接的方式导入。

这种导入方式会在< head ></head >标签内使用< link >标签将样式表文件链接到 HTML 文件内，如< link href = "global.css" rel = "stylesheet" type = "text/css" />。

第二种是通过导入方式导入外部样式表。

这种导入方式会在<head></head>标签内添加一对<style></style>标签,然后通过@import方式导入外部样式表,完整代码如下所示。

```
<style type="text/css">
<!--
@import URL("global.css");
-->
</style>
```

通过@import方式导入外部样式表时,在 HTML 文件初始化时,会被导入 HTML 文件内,作为文件的一部分,类似内嵌式样式表效果。推荐使用链接的方式添加外部样式表。

知识 6 CSS 选择器的嵌套与继承

在 CSS 选择器中,还可以通过嵌套的方式进行组合使用,页面中标签嵌套定义的代码如下所示,其规则为标签名、ID 名或类名后空格再加下一级标签名。

```
p a {
    font-family: "宋体";
    font-size: 24px;
    color: #F00;
    text-decoration: none;
}
#bot a {
    font-family: "隶书";
    font-size: 18px;
    color: #0F0;
    text-decoration: underline;
}
.bot a {
    font-family: "黑体";
    font-size: 16px;
    color: #00F;
    text-decoration: overline;
}
```

以上样式分别在 p、#bot 和.bot 三个选择器下定义了超链接(标签 a)的样式,这样就可以实现网页样式的分块控制。

模拟制作任务

任务 1 插入和编辑表格

表格通常用于网页布局,因此熟练表格的相关操作是十分必要的。在网页中插入和编辑表格的步骤如下。

(1) 选择菜单"窗口"|"插入"命令，打开"插入"栏，在"插入"栏中单击"表格"按钮，或直接选择菜单"插入"|"表格"命令，弹出图 3-2 所示的对话框。在该对话框中可以设置表格的行数、列数、表格宽度和边框粗细等参数。

(2) 单击"确定"按钮即可在网页中插入一个宽度为 200px 的表格，如图 3-3 所示。

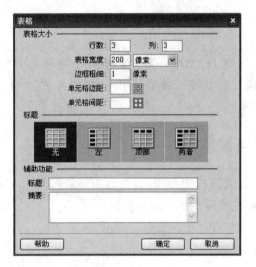

图 3-2　插入表格对话框

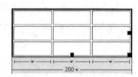

图 3-3　插入网页中的表格

(3) 图 3-3 中的表格已经被选中，此时可以在"属性"面板中设置表格的属性，如图 3-4 所示。

图 3-4　表格的"属性"面板

(4) 当然也可以选择表格的行、列或单元格进行属性设置，图 3-5 即为选择表格行后的"属性"面板。

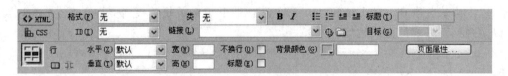

图 3-5　表格中行的"属性"面板

(5) 其他属性的设置大体相似，在此不做赘述。插入的表格在浏览器中的浏览效果如图 3-6 所示。

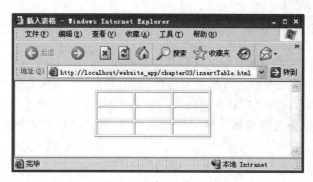

图 3-6　在浏览器中浏览表格

任务 2　插入图像

图像是网页中的常用元素,在网页中插入图像和设置图像属性的步骤如下。

(1) 选择菜单"窗口"|"插入"命令,打开"插入"栏,在"插入"栏中单击"图像"按钮,或直接选择菜单"插入"|"图像"命令,在弹出的"选择图像源文件"对话框中选择要插入的图像后,单击"确定"按钮即可插入图像。

(2) 选中网页中的图像,在"属性"面板可以修改其相应的属性,如图 3-7 所示。

图 3-7　"属性"面板

(3) 在图 3-7 中可以设置图像的 ID、宽、高和边框等属性,图 3-8 即为设置图像边框为 10 的浏览效果。

图 3-8　在浏览器中浏览图像

任务 3　插入音频和视频

在文档窗口中插入音频和视频文件的具体步骤如下。

（1）将插入点定位到要嵌入音视频文件的位置，然后在"插入工具栏"的"常用"选项卡中单击"媒体"图标，选择"插件"命令。或者选择菜单"插入"｜"媒体"｜"插件"命令。在弹出的"选择文件"对话框中选择要嵌入的音视频文件（注意：文件名必须使用英文，不能使用汉字）。

（2）选中插入的音视频文件，通过在"属性"面板的"宽"和"高"文本框中输入数值或在"设计"视图中拖曳插件控制点来调整插件大小，最终确定播放器控件在浏览器中显示的大小，如图 3-9 所示。

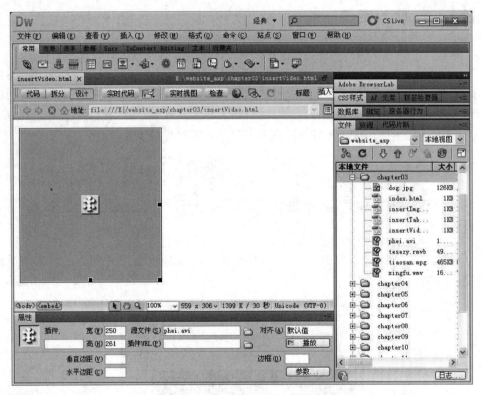

图 3-9　插入音频和视频插件

（3）将音视频文件插入到指定位置后，可以利用"属性"面板设置音视频文件的属性。插件使用的 HTML 标签为<embed>。

🔔 提示：插件默认使用的是 Windows Media Player 播放器，浏览器在加载页面时会自动加载 Windows Media Player 的控制面板。不同的浏览器根据访问者安装的播放器插件不同，可能显示的播放器的界面有所不同。

（4）插件插入之后，如果需要对音视频文件的播放进行更多的控制，还需要修改相应的参数。方法是单击"属性"面板的"参数"按钮，弹出"参数"对话框，常用的参数如下。

- autostart：是否在页面加载时自动开始播放，取值为 true 或者 false。

- loop：重复播放，若值为 true，则自动重复播放；若值为 false，则不重复播放；若取值为 n，则重复播放 n 次。
- controls：播放器控制面板设置，取值为一串英文逗号间隔的字符串，用于指定播放器控制的可见性。

参数设置如图 3-10 所示。

图 3-10　音视频播放参数设置

（5）在浏览器中播放插入的视频，效果如图 3-11 所示。

图 3-11　播放插入的视频效果

任务 4　插入 FLV 格式视频

在文档窗口中插入 FLV[2] 格式视频的步骤如下。

（1）将插入点定位到要嵌入音视频文件的位置，然后在"插入工具栏"的"常用"选项卡中单击"媒体"图标，选择 FLV 命令。或者选择菜单"插入"|"媒体"|FLV 命令。在弹出的"插入 FLV"对话框中选择要插入的 FLV 视频文件，在对话框中为要插入的视频设置相应的参数，如图 3-12 所示。

（2）单击"确定"按钮即可插入 FLV 视频，当保存网页时会弹出如图 3-13 所示的对话框。提示网站开发人员在发布网站时应该把 FLV 视频播放的支持文件一起发布。

（3）在浏览器中预览，FLV 视频的播放效果如图 3-14 所示。

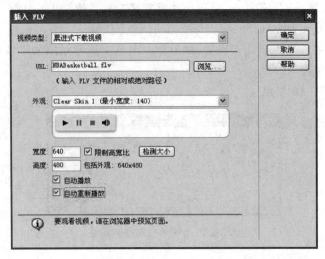

图 3-12 "插入 FLV"对话框

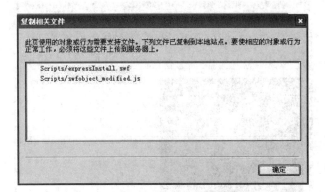

图 3-13 复制 FLV 视频支持文件

图 3-14 FLV 视频格式播放效果

任务 5 插入 Flash 动画

在文档窗口中插入 Flash 文件的步骤如下。

(1) 将插入点定位到要插入 Flash 动画的位置,然后在"插入工具栏"的"常用"选项卡中单击"媒体"图标,选择 SWF 命令。或者选择菜单"插入"|"媒体"|SWF 命令。在弹出的"选择文件"对话框中选择要插入的 SWF 文件,单击"确定"按钮即可将 Flash 动画插入网页中。Flash 动画不会在 Dreamweaver 文档窗口中显示具体动画内容,而是以一个带有字母 F 的灰色框来表示,如图 3-15 所示。

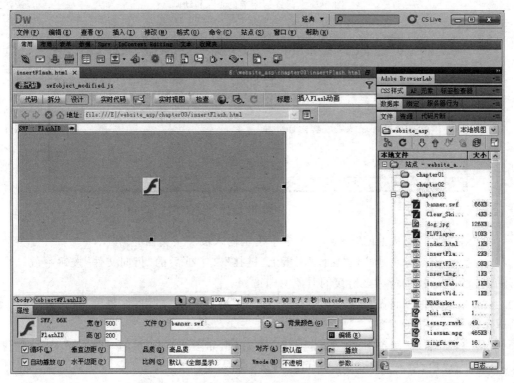

图 3-15 设计状态下插入网页中的 Flash 动画

(2) 在图 3-15 下方的"属性"面板中可以设置当前选中的 Flash 动画的参数,其中需要特别注意 Wmode 参数的运用,有时为了显示网页的背景颜色和背景图像,需要设置 Flash 动画的 Wmode 参数值为"透明"。如图 3-16 和图 3-17 即为设置 Wmode 参数值为"透明"前后的效果区别。

任务 6 制作超链接

在 Dreamweaver 中创建文字超链接的方法十分简单,首先选中要创建链接的文字或图像,然后为其指定被链接文档的访问路径,即 URL。被链接文档可以是网址、网页、各类文档和压缩文档等。

选中文字后,给链接文字指定被链接文档访问路径有以下四种方法。

图 3-16 背景透明前的 Flash 动画

图 3-17 背景透明后的 Flash 动画

(1) 在"属性"面板上的"链接"文本框中手工输入被链接文档的路径。

(2) 首先用鼠标左键按住"属性"面板上"链接"文本框后的"指向文件"按钮不放,然后移动鼠标到"文件"面板中要链接的对象上即可。

(3) 单击"属性"面板上"链接"文本框后面的"浏览文件"按钮,在弹出的"打开文件"对话框中选择要链接的对象。

(4) 单击"插入"菜单下的"超级链接"命令,弹出如图 3-18 所示的"超链接"对话框。按要求设置完成后,单击"确定"按钮即可在网页中插入超链接。

图 3-18 "超链接"对话框

提示:创建超链接时,"属性"面板和"超链接"对话框中的"目标"文本框用来设置超链接的打开方式。其下拉列表中包含四个选项,其含义如下。

- _blank:将被链接对象载入新的浏览器窗口中。

- _parent：将被链接对象载入父框架集或包含该链接的框架窗口中。
- _self：将被链接对象载入到与该链接相同的框架或窗口中（本选项也是默认打开方式）。
- _top：将被链接对象载入到整个浏览器窗口并取消所有框架。

任务7　制作表单

表单是网站中收集信息的主要途径，只要是动态网站，基本上都会应用到表单。下面以一个用户注册表单为例，简单讲述表单的制作，制作表单的大致步骤如下。

（1）切换"插入工具栏"到"表单"选项，该选项下列出了制作表单的所有表单元素。如图 3-19 所示，当把鼠标放到表单工具栏上具体的表单元素时，会提示相应的表单元素名称。

图 3-19　表单工具栏

（2）单击"表单"按钮（第 1 个表单元素）往网页中插入一个表单，表单在设计状态下显示为红色虚线框，如图 3-20 所示。在浏览器中浏览表单时，表示表单的红色虚线框是不会显示的。

图 3-20　设计状态下的表单

（3）接下来需要往表单中添加相应的表单元素，通常可以在表单中插入表格来布局表单元素。插入一个 10 行 2 列的 400 像素宽的表格，合并表格的第 1 行和第 10 行的两个单元格，并设置这两行居中对齐。插入表格后的表单如图 3-21 所示。

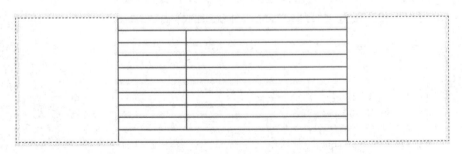

图 3-21　插入表格后的表单

（4）在表格中添加相应的表单元素，表单如图 3-22 所示。

（5）在"标签选择器"中选择< form♯form1 >标签，然后就可以在"属性"面板中设置表单属性，如图 3-23 所示。

（6）至此，一个完整的表单设计完成，如果需要对表单数据进行相应处理，只需制作好表单处理页面（如 formAction.asp）即可。

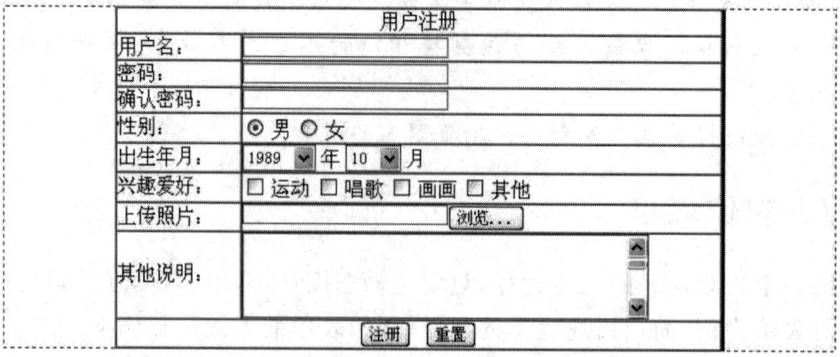

图 3-22 添加表单元素后的表单

图 3-23 设置表单属性

任务8 超链接的四种状态的样式设计

通常在设计网页超链接时需要有样式变化,这样可以起到提示浏览者的作用。通过设置超链接的四种链接状态[3](a:link,a:visited,a:hover 和 a:active)可以实现链接样式的变化。

超链接的四种链接状态应该要有一定的差别,并且每种状态的文字颜色应该与背景颜色要有一定的反差。设置超链接四种链接样式的大致步骤如下。

(1) 编写如下代码设置网页超链接的四种状态的样式。

```
<style type="text/css">
<!--
a:link {
    font-family: "宋体";
    font-size: 16px;
    color: #0000FF;
    text-decoration: none;
}
a:visited {
    font-family: "宋体";
    font-size: 16px;
    color: #FF0000;
    text-decoration: line-through;
}
a:hover {
    font-family: "宋体";
    font-size: 24px;
```

```
        color: #00FF00;
        text-decoration: underline;
}
a:active {
        font-size: 24px;
        color: #FFFF00;
        text-decoration: none;
        font-family: "宋体";
}
-->
</style>
```

> **注意**：在定义链接样式时，一定要按照 a:link、a:visited、a:hover 和 a:active 的顺序书写，否则有些状态的样式不能正常显示。

（2）也可以通过选择器的嵌套实现样式的分块控制，如下面的样式代码为网页中的两个层分别定义了样式的四种状态。

```
<html>
<head>
<meta http-equiv="Content-Type" content="text/html; charset=gb2312" />
<title>超链接样式的分块控制</title>
<style type="text/css">
<!--
#Layer1 a:link {
        font-family: "宋体";
        font-size: 16px;
        color: #0000FF;
        text-decoration: none;
}
#Layer1 a:visited {
        font-family: "宋体";
        font-size: 16px;
        color: #FF0000;
        text-decoration: line-through;
}
#Layer1 a:hover {
        font-family: "宋体";
        font-size: 24px;
        color: #000000;
        text-decoration: underline;
}
#Layer1 a:active {
        font-size: 24px;
        color: #FFFF00;
        text-decoration: none;
        font-family: "宋体";
}
#Layer2 a:link {
        font-family: "宋体";
        font-size: 16px;
```

```
        color:#FFFF00;
        text-decoration:none;
    }
    #Layer2 a:visited {
        font-family:"宋体";
        font-size:16px;
        color:#FF0000;
        text-decoration:line-through;
    }
    #Layer2 a:hover {
        font-family:"宋体";
        font-size:24px;
        color:#00FF00;
        text-decoration:underline;
    }
    #Layer2 a:active {
        font-size:24px;
        color:#FFFF00;
        text-decoration:none;
        font-family:"宋体";
    }
    #Layer1 {
        position:absolute;
        left:68px;
        top:59px;
        width:197px;
        height:203px;
        z-index:1;
        background-color:#00FF00;
    }
    #Layer2 {
        position:absolute;
        left:289px;
        top:60px;
        width:186px;
        height:204px;
        z-index:2;
        background-color:#0000FF;
    }
    -->
</style>
</head>
<body>
<div id="Layer1"><a href="http://www.w3cschool.cn/">链接的四种状态</a></div>
<div id="Layer2"><a href="http://www.w3cschool.cn/">链接的四种状态</a></div>
</body>
</html>
```

任务9 网页换肤效果的实现

有时网页为了满足用户更换网页风格的需要,可以为用户提供网页换肤功能。换肤功能的实现相对简单,通常的做法是提供多个外部样式表文件,用户选择不同的网页样式时通过程序修改网页依赖的样式文件,从而达到为网页换肤的效果。

本任务较为简单,只需制作多个外部样式表文件,然后使用脚本语言实现网页样式文件的切换,最终达到网页换肤的效果。制作网页换肤效果的大致步骤如下。

（1）制作样式文件 a.css,输入如下样式代码。

```css
body {
    margin:0;
    padding:0;
    background:url(bg1.jpg);
}
#wrap {
    height:600px;
    background:url(dw1.jpg) no-repeat center top;
    margin-top:20px;
}
```

（2）同样制作样式文件 b.css,输入如下样式代码。

```css
body {
    margin:0;
    padding:0;
    background:url(bg2.jpg);
}
#wrap {
    height:600px;
    background:url(dw2.jpg) no-repeat center top;
    margin-top:20px;
}
```

（3）制作一个静态网页,代码如下。

```html
<html>
<head>
<meta http-equiv="Content-Type" content="text/html; charset=gb2312"/>
<title>样式切换</title>
<link id="mycss" rel="stylesheet" type="text/css" href="a.css">
</head>
<body>
<input type=button value="风格一" onclick="document.all.mycss.href='a.css'">
<input type=button value="风格二" onclick="document.all.mycss.href='b.css'">
<div id="wrap">
</div>
</body>
</html>
```

（4）在浏览器中预览的效果如图 3-24 和图 3-25 所示。

从图 3-24 和图 3-25 可以看出,当单击"风格二"按钮时,网页的显示风格发生了明显的变化。样式变化的原因是网页加载了另一个样式文件。从第（3）步的网页代码中可以看出,网页通过 link 标签加载外部 CSS 文件,代码如下所示。

图 3-24 样式效果——风格一

图 3-25 样式效果——风格二

```
< link id = "mycss" rel = "stylesheet" type = "text/css" href = "a.css">
```

当用户单击不同的按钮时可以通过代码 document.all.mycss.href＝"cssName.css"来加载不同的外部 CSS 文件,从而实现样式的切换。

知识点拓展

［1］HTML 语言中的常用标签如下。

1）＜html＞标签

文档标识符,它是成对出现的。首标签＜html＞和尾标签＜/html＞分别位于文档的最前面和最后面,明确地表示文档是以超文本标识语言(HTML)编写的。

2）＜head＞标签

习惯上把 HTML 文档分为文档头部和文档主体两部分。文档的主体部分是我们在浏览器用户区中看到的内容。而文档头部分用来规定该文档的标题(出现在浏览器窗口的标题栏中)和文档的其他一些属性。

3）＜title＞标签

＜title＞标签是成对标签,用来规定 HTML 文档的标题。在＜title＞和＜/title＞之间的内容将显示在 Web 浏览器窗口的标题栏中。

4）＜body＞标签

＜body＞标签也是成对标签。在＜body＞＜/body＞之间的内容将显示在浏览器窗口的用户区内,它是 HTML 文档的主体部分。在＜body＞标签中可以规定整个文档的一些基本属性,如背景颜色、背景图片、字体和字号等。

5）标题标签

一般文章都有标题、副标题、章和节等结构,HTML 中也提供了相应的标题标签＜hn＞,其中 n 为标题的等级,HTML 总共提供 6 个等级的标题,n 值越小,标题字号就越大，<h1>定义最大号标题，<h6>定义最小号标题。

6）换行标签

换行标签是个单标签，也叫空标签，不包含任何内容，在 HTML 文件中的任何位置只要使用了
标签，当文件显示在浏览器中时，该标签之后的内容将在下一行显示。
标签用于定义文本从新的一行显示，它不产生一个空行，但连续使用多个
标签可以产生多个空行的效果。

7）水平线标签<hr>

使用<hr>标签可以在网页上画出一条横跨网页的水平分隔线，以分隔不同的文字段落。<hr>标签有 size、width 和 color 等属性。

8）字体标签<font>

<font>标签是 HTML 里最常用的文字格式控制标签，通过改变<font>标签的属性可以改变文字的大小、颜色、字体等。<font>标签的主要属性如下。

- size：<font>标签的 size 属性指定文字的大小，它的取值范围是 1~7，当它取值为 1 时文字最小，取值为 7 时文字最大，默认值是 3。
- color：<font>标签的 color 属性可以指定文字的颜色，它的取值有用英文关键字、十六进制颜色代码、RGB 函数三种类型。
- face：<font>标签的 face 属性指定文字的字体。

如代码<font size="5" face="宋体" color="red">登鹳雀楼</font>设置了文字"登鹳雀楼"的字体为"宋体"，字号为"5"，颜色为"红色"。

9）段落标签<p>

<p>标签用于划分段落，控制文本位置。<p>是成对标签，用于定义内容从新的一行开始，并与上段之间有一个空行，其 align 属性定义新开始的一行内容在页面中的对齐位置，属性值可以是 left（左对齐）、center（居中对齐）或者 right（右对齐）。

10）图片标签<img>

<img>是图像的标签，用来在网页中显示图像，其常用属性如下。

- src 属性指定浏览器图片的具体位置，类似超链接的 href 属性指定浏览器要链接的目标文件。
- alt 属性代表图片的替代文字。有些浏览者不想看到图片（如网速太慢），有些早期的浏览器也不支持图片，还有一种可能是把图片的具体位置写错了，这些情况浏览者是看不到图片的，这时 alt 可以在图片的位置上显示出代替的文字，这是非常有用的，记得一定要加上。
- title 属性指示图片的提示文字，当鼠标停留到图片上时，会提示相关文字。

11）超链接标签<a>

超链接是 WWW 的魅力所在，是超文本的一个重要特征。它可以链接文本、图片、程序、音乐和影像等文件。

<a>标签的语法为<a href="URL">显示的文字</a>，其常用属性如下。

- href 是链接属性，告诉浏览器链接到的网址（URL），URL 是要链接到的网页或者文件。URL 可以是一个绝对的地址，如：http://www.sina.com.cn/；或者是一个相对网页，如 index.html。URL 除了是网页外，还可以是其他的文件（如文本文件、

PDF 格式文件和 ZIP 格式文件等)、锚文本链接和 E-mail 地址。
- target 是链接的目标属性,target 属性指定所链接的页面在浏览器窗口中的打开方式,它的参数值主要有:_blank、_parent、_self、_top。

如超链接< a href＝"http://www.sina.com.cn/">新浪</a>可以链接到新浪网站。

12) 表格标签< table >

HTML 表格标签用< table >表示。一个表格可以分成若干行(row),用< tr >表示;每行又可以分成若干单元格(cell),用< td >表示。

表格常用属性有宽、高、边框、背景颜色、背景图片、对齐方式、填充和间距等。下面分别对这些属性进行详细介绍。

- 表格的宽和高分别用 width 和 height 属性来表示。宽高默认的单位为像素(px),可以给表格设置固定像素的宽高值,如代码< table width＝400 height＝300 ></table >设置表格的宽度为 400px,高度为 300px。也可以给表格设置百分比的宽高值,如代码< table width＝40％></table >设置表格的宽度为浏览器窗口的 40％。
- 表格的边框用 border 属性来表示,边框的单位默认为像素(px),给表格添加边框可通过给表格的< table >标签添加 border 属性实现。border 属性设置的值越大,表格的边框就越粗。
- 表格的背景颜色是通过 bgcolor 属性来设置的,而背景图片则是通过 background 属性来进行设置的。

[2] FLV 格式是 Flash Video 格式的简称,随着 Flash MX 的推出,Macromedia 公司开发了属于自己的流媒体视频格式——FLV 格式。FLV 流媒体格式是一种新的视频格式,由于它文件体积极小、加载速度极快,使得网络观看视频文件成为可能,FLV 视频格式的出现有效地解决了视频文件导入 Flash 后,使导出的 SWF 格式文件体积庞大,不能在网络上很好的使用等缺点。目前各在线视频网站均采用此视频格式,如新浪博客、优酷网、土豆网等无一例外,FLV 格式已经成为当前网络视频文件的主流格式。

提示:本书由于篇幅限制不能展开讲述本章内容,如需详细熟悉 Dreamweaver CS5 的相关操作,可以参考《网页设计基础与实训(第二版)》(吴代文,清华大学出版社,2017)。

[3] 在给文字或图像设置链接后,它们就会自动包含了 4 种链接状态,分别是 a:link、a:visited、a:hover 和 a:active,每种状态代表的含义如下。
- a:link   链接的默认状态,即没有触发任何鼠标事件时所呈现的状态。
- a:visited   访问过的链接状态,即当该链接被单击后所呈现的状态。
- a:hover   鼠标经过时的链接状态,即当鼠标放置在有链接的对象时所呈现的状态。
- a:active   鼠标单击时的链接状态,即单击链接但未释放鼠标时所呈现的状态。

职业技能知识点考核

1. 填空题

(1) 图片标签< img >的_____属性指定浏览器图片的具体位置,类似超链接的 href

属性指定浏览器超链接要链接的目标文件一样。

（2）用于设置网页标题的 HTML 标签是_____。

（3）HTML 总共提供_____个等级的标题。

（4）CSS 的样式规则由_____、_____和_____三部分构成。

（5）CSS 选择器的种类有_____、_____、_____和_____。

2．简答题

（1）列举超链接标签<a>的 target 属性的四种可选参数值，并说明每种参数值的意义。

（2）列举组成表格的 HTML 标签，并简要说明每种标签的意义。

（3）CSS 按其使用位置的不同可分为哪些类型？

练习与实践

1．练习 Dreamweaver 的基本操作，如插入表格、图像、视频和动画等。

2．制作几个测试链接，并给这些测试链接设计 a:link、a:visited、a:hover 和 a:active 四种链接状态。

3．模仿任务 9 制作一个具有换肤效果的网页。

04 模块 网页的排版布局

在进行网站设计时,需要对网站的版面与布局进行整体的规划,这就是网站的排版布局。本模块主要讲解页面的基本构成、常见的页面结构、页面布局设计的基本流程和常用网页布局方法等内容,其中常用网页布局方法是本模块的重点。

能力目标

(1) 能使用表格布局网页。
(2) 能使用框架布局网页。
(3) 能熟练使用 CSS+DIV 布局网页。

知识目标

(1) 页面的基本构成。
(2) 常见的页面结构类型。
(3) 页面布局设计流程。
(4) 常见页面布局方法。

知识储备

知识 1　页面的基本构成

互联网上的网页多种多样,内容千差万别,组成各异。但是,一般的网页都包含标题、网站标志、页眉、导航栏、内容板块和页脚等部分,如图 4-1 所示。

1. 标题

每个网页都有一个标题,用于指示网页的主要内容。网页的标题显示在浏览器窗口的标题栏中。在设计网页时,网页制作软件一般会给网页指定一个默认标题,如 Untitled Document 或"无标题"等。显然,这样的标题是毫无意义的。在设计网页时,应该给网页指定一个有一定意义的标题,使浏览者一看到网页标题就能了解网页包含的大体内容。

图 4-1 北京大学首页

2．网站标志

网站标志也叫网站 LOGO，是一个网站的特色和内涵的集中体现。它是一个网站的象征，一般放在网站首页的左上角或显眼位置，浏览者能明显地看到它。一个好的网站标志，可以给浏览者留下深刻的印象，在网站的推广和宣传中起到事半功倍的效果。例如，新浪用字母 Sina 和大眼睛作为标志。网站标志设计追求的是以简洁、符号化的视觉艺术形象把网站的形象和理念长留于人们心中。

3．页眉

页眉指页面的上部，通常位于水平放置的导航栏上面。有些网页的页眉比较明显，有些页面则没有明确的划分，有些网页甚至没有页眉。通常，页面左边放置网站标志，右边安排网站的宗旨或广告语，或者放置商业广告。页眉是浏览者打开页面时首先看到的地方，在商业网站中通常将页眉作为广告位出租。

页眉的设计原则包括具有鲜明的色彩、语言具有号召力、文字的字体清晰和图形位置合适 4 方面。页眉的风格应该与页面的整体风格协调一致。设计独到的页眉也可以像站标一样，起到标识网站的作用。

4．导航栏

导航栏是用户在规划好网站结构、开始设计主页时必须考虑的一项内容。导航栏的作用就是让浏览者在浏览网站时，不会因为迷路而中止对网站的访问。事实上，导航栏就是一组超链接，这组超链接的目标就是本网站的主页以及其他重要页面。在设计网站中的诸页面时,可以在网站的每个网页上显示一个导航栏,这样,浏览者就可以快捷地转向网站的其他主要网页。

一般情况下,导航栏应放在网页中较引人注目的位置,通常是在网页的顶部或一侧。导航栏的实现方式也有很多,可以采用脚本语句,也可以利用动画或图像按钮,甚至可以直接采用文本链接,这要根据网站的具体需求而确定。

5．内容板块

内容板块是页面的主体,往往根据内容的多少划分为几个栏目。每个栏目中放置内容标题作为链接或内容摘要,具体内容包括文字、图像和动画等。页面的内容才是浏览者关注的根本目标。只有拥有丰富的内容,才能吸引众多的浏览者。因此,对内容板块应该合理安排、精心设计。

6．页脚

页脚是指页面的底部,通常放置版权信息、联系方法,有时也把导航栏、友情链接安排在这里。

知识 2　常见的网页结构类型

1．"同"字型布局

"同"字型布局(也称"国"字型布局)的结构特点是:页面顶部为水平放置的主导航栏,其下大体上分为左、中、右三栏,左边一般放置内容导航、二级栏目或热点内容等;右边一般放置站点图片链接、动画广告、搜索引擎、友情链接和注册登录信息等;中间为主要内容板块。中国人民大学首页就属于这种布局,如图 4-2 所示。

图 4-2　中国人民大学首页

这种结构布局是互联网上最常见的布局，其优点是页面结构清晰、直观、平衡均衡和主次分明。缺点是版面过于呆板、僵化，往往给人一种"单调乏味"的感觉。因此，采用这种布局结构时，必须在设计过程中更加注重色彩的搭配和细节的处理，调节页面的整体韵律，弥补它的不足。

2．"匡"字型布局

"匡"字型布局（也称"拐角型"布局）是把"同"字型布局右边的内容移到底部而成，它们的结构特点和优缺点也大体相同。这种布局，如图4-3所示。

图4-3　长春理工大学首页

3．"吕"字型布局

"吕"字型布局的特点是把页面分为上下两大块，其中每一块都具有"同"字型结构的特点。这种结构在设计技术上采用上、下两个表格进行页面元素的定位，两个表格之间往往插入条幅广告。这种布局能够容纳大量信息，目前各大型门户网站的二级模块通常都是采用"吕"字型布局。如"新浪体育""网易新闻""搜狐财经"等网页，如图4-4所示。

4．自由式布局

自由式布局打破上述结构的"规矩"，可以自由发挥。页面布局就像一张宣传海报，极具创意。这种页面常常以一幅精美的图片作为设计中心，导航栏则作为次要的设计元素，自由摆布，起到点缀、修饰和均衡的作用。一些时尚网站常常采用这种布局，如艺术设计、时装服饰和化妆品等网站。这种布局的优点是漂亮、现代、轻松和明快，极具美感，给人以美的享受。如中国地质大学和中央音乐学院网站首页就属于这种布局，如图4-5和图4-6所示。

图 4-4　新浪体育网页

图 4-5　中国地质大学首页

图 4-6　中央音乐学院首页

知识 3　页面布局设计

了解了网页的基本组成和常见的页面布局类型之后,就可以考虑自己的页面布局设计了。一般来说,页面布局设计需要经过下面几个基本步骤。

1. 构思构图

在真正开始页面布局设计之前,都要对页面的整体布局进行认真的构思。在这个阶段,可以借鉴他人的布局经验,参考他人的布局结构,吸取别人的精华,融入自己的整体构思中。要充分发挥艺术想象力,锐意创新、大胆突破,结合现有的网页素材考虑,进行整合创作。构思结果一定要有自己的独特创意,并要考虑技术实现的可行性。有时候,尽管构思巧妙,见解独到,但用现在的计算机技术和网络技术却不能实现,创意也就变成了空想。

2. 绘制草图

网页布局设计就像写文章一样,要事先拟定草稿——绘制草图。新建页面就像一张白纸,没有任何表格和框架,没有约定俗成的条条框框的约束,可以尽可能地发挥想象力,将想到的"景象"画上。绘制草图就是把头脑中构思的页面布局轮廓具体化的过程,可以在纸上绘画,也可以用软件在计算机上绘制。在头脑中构思时,没有受到空间和技术因素的限制,思维的"翅膀"可能飞得很远,但当在纸上或计算机上实现时却可能发现,有些想法是无法实现的,或者发现有些地方不太合理。因此,在绘制过程中必须对头脑中的"蓝图"做必要的修正。绘制草图属于创造阶段,不讲究细腻工整,不必考虑细节功能,只要以粗陋的线条勾画出创意的轮廓即可。可以尽量多画几张,最后选定一个满意的方案作为继续创作的脚本,如图 4-7 就是一幅网页布局手绘草图。

3. 草图细化和方案确定

草图细化和方案确定就是在绘制出来的轮廓草图上，具体摆布页面元素，包括网站的网站标志、导航栏、栏目标题、广告、图片和搜索引擎等。按照平面设计的规律做出平面的基本样式。这一步可以用一些图像处理软件（如 Photoshop、PageMaker 和 Illustrator 等）在计算机上完成。在具体布局页面元素时，可以借鉴平面构图的一些基本原则，如平衡、呼应、对比和疏密等。这个阶段的设计结果仍然是草图，但是已经是一个布局完善的设计方案了，除了文字内容之外，其他所有内容应该基本接近将来网页的实际效果。这个方案供客户和技术开发人员讨论确定最终方案时参考，如图 4-8 就是一幅页面布局细化草图。

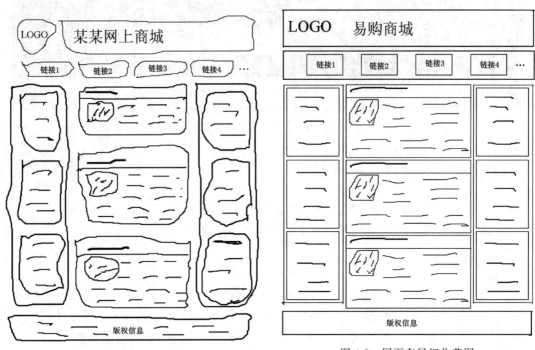

图 4-7　网页布局手绘草图　　　　　图 4-8　网页布局细化草图

4. 量化描述

量化描述就是确定各种页面元素的具体尺寸。主要包括以下几方面。

（1）网页的外形尺寸。网页的宽度受计算机显示器的大小和分辨率制约。在浏览网页时，人们能够看到页面宽度只是显示屏的一部分，因为浏览器的菜单栏、工具栏、边框和滚动条要占去一部分的屏幕空间。现阶段，用户的显示器一般都在 19 英寸（1 英寸≈2.54 厘米）及以上，分辨率至少设置为 1024×768ppi。这样，显示屏的最小宽度就是 1024 像素。但是，当使用浏览器浏览网页时，浏览器窗口右边的滚动条一般占据 20 像素，所以，网页的安全宽度至少应为 1000 像素。而且随着以后显示器屏幕的尺寸不断加大，这个宽度还可以再增加。

页面的高度可以不受 768 像素的限制，可根据网页内容确定，但一般不要超过 3 屏（约 2300 像素）。页面太长了，拖动垂直滚动条浏览也是不方便的。

(2) 图形图像的尺寸。图形图像的尺寸应该根据具体的布局要求确定,也是以像素为单位。在确定大小的同时,也应该确定它们在页面中的相对位置。

(3) 字体大小。指定网页文本,如标题文字、段落文字的大小。图像化的标题文字应该作为图像处理。

(4) 色彩代码。一页网页往往采用多种颜色搭配,包括标准色、背景色、文字颜色等。这些元素的颜色应该用 RGB 颜色值或 HTML 颜色代码(十六进制颜色代码)标明。

(5) 网页的文件大小。初步估算网页文件的大小,一般应该控制在 50KB 左右,网页文件过大会影响下载速度。

5. 方案实施

根据上述步骤确定的最终方案用网页编辑软件(如 Dreamweaver 或 FrontPage)和图像处理软件(如 Photoshop 和 Fireworks)进行布局设计。

知识 4　网页布局方法

1. 使用表格布局网页

表格布局具有简单高效、易学易用的特点。很多版面非常复杂的页面往往都是用表格来控制的。采用表格进行页面布局,可以简洁明了和高效快捷地将文本、图片和多媒体对象等页面元素有序地显示在页面上,从而设计出版式美观的页面效果。

表格可以把页面的某个空间划分为若干行和列,其中的每一"格"称为表格单元。在网页设计中,表格既可存放表格化的数据,也是重要的页面布局工具,可用来定位页面元素,如设计页面分栏、定位页面上的文本和图像等。表格和表格单元格都拥有多种属性,如边框、大小、颜色、背景图像和背景颜色等,通过设置表格和单元格的属性,可以获得更好的页面排版效果。

下面以一个简单的例子来讲述表格布局,详细步骤如下。

(1) 新建一个网页,在网页中插入一个 4 行 2 列宽度为 900 像素的表格。将表格的边框粗细、单元格边距和间距都设置为 0,如图 4-9 所示。

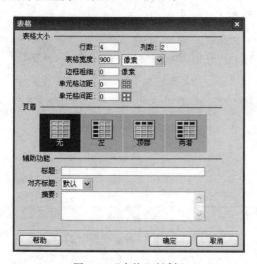

图 4-9　"表格"对话框

（2）设置表格居中对齐，将表格左边一列的宽度设置为190像素。同时合并表格的第1行、第2行和第4行。此时的表格如图4-10所示。

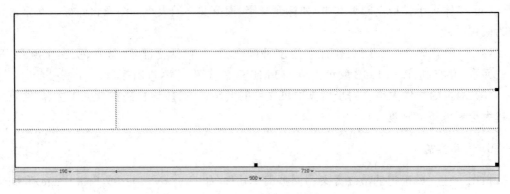

图4-10　设置属性后的表格

（3）在表格的第1行中插入事先准备好的网站标志和页眉，如图4-11所示。

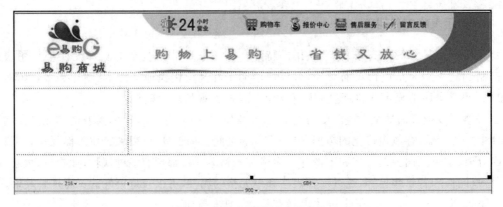

图4-11　插入"页眉"后的表格

（4）在表格的第2行可以插入一个1行多列居中的嵌入表格来放置导航链接。插入导航栏后的表格如图4-12所示。

图4-12　插入"导航栏"后的表格

(5) 在表格的第 3 行的第 1 列可以插入一个多行 1 列的嵌入表格,放置部分内容导航、注册和搜索等模块,如图 4-13 所示。

图 4-13 插入左侧模块后的表格

(6) 同样在表格的第 3 行第 2 列和第 4 中插入相应的内容。插入完成所有内容后在浏览器中预览,效果如图 4-14 所示。

🔔 提示:为了简单起见,这里都用事先准备好的图片代替单元格内容插入第 2～4 行中相应的单元格。

2. 使用层布局网页

在设计网页时,除了使用表格对页面元素进行定位之外,还可以使用层进行页面元素的定位。使用层可以以像素为单位精确定位页面元素。可以把层放置在页面的任意位置。把页面元素放入层中,除了可以对页面元素进行定位外,还可以控制元素的显示和隐藏以及显示顺序。

层可以包含文本、图像、表单、动画等页面元素。层内甚至还可以包含其他层,即层可以嵌套。在 HTML 文档的正文部分可以放置的元素都可以放入层中。这样通过移动层就可以确定元素在页面中的位置。

通常要实现比较精确和自适应的层布局需要设置层的样式,即用 CSS 控制层的位置。

图 4-14 完整表格预览效果

CSS+DIV 布局与传统表格布局最大的区别在于,传统表格布局的定位都是基于表格,通过表格的间距或者使用透明的 GIF 格式图片来填充布局板块间的间距,这样布局的网页中表格会生成大量难以阅读和维护的代码;而 CSS+DIV 布局采用 DIV 来定位,通过 DIV 的 border(边框)、padding(填充)、margin(边界)和 float(浮动)等属性来控制板块的间距,具体实施是通过创建 DIV 标签并对其应用 CSS 定位及浮动属性来实现。

宽度固定且居中的布局是网络中最常用的布局方式之一,在传统的表格布局方式中,使用表格的居中对齐属性可以实现布局居中。当然使用 CSS 方法也可以实现布局居中。首先在页面中插入<div>标签,将网页所有内容用一对<div></div>标签包裹起来,指定该 div 的 id 为 container,代码如下。

```
<body>
    <div id="container"></div>
</body>
```

div 在默认状态下,宽度将占据整行的空间,也可以直接设置布局对象的宽度属性 width 来设置固定宽度。首先设置<body>标签的属性 text-align:center 来控制页面所有元素都居中对齐,块♯container 属于页面 body 的一部分,自然也居中对齐。在♯container 属性中设置 margin：0 auto,其完整写法为 margin：0 auto 0 auto,作用是使♯container 块与页面的上下边距为 0,左右自动调整。但♯container 内的所有内容应该恢复左对齐设置,所以需要通过设置♯container 块的 text-align：left 来覆盖<body>中设置的对齐方式。整个过程的思路就是这样,CSS 代码如下。

```
body{
    text-align:center;
}
♯container{
    position:relative;
    background-color:♯FF0000;
    margin-top:0px;
    margin-right:auto;
    margin-bottom:0px;
    margin-left:auto;
    height:796px;
    width:900px;
    text-align:left;
}
```

通过上面的 CSS 代码就可将 id 为 container 的层居中,如图 4-15 所示。

图 4-15　通过 CSS 实现层居中

float 浮动属性是 DIV 布局中经常要设置的一个属性。<div>是一个块级元素，在水平方向上会自动伸展，直到包含它的元素的边界；而在垂直方向和其他元素依次排列且能并排。但当使用了 float 浮动属性后，块级元素的表现就会有所不同。float 浮动属性可以设置的值为 left、right、inherit 及默认值 none。如果将 float 属性的值设置为 left 或 right，元素就会向其父元素的左侧或右侧靠紧，同时元素的宽度会根据其内容伸展或收缩。本章后续内容中会在模拟制作任务中详细讲解如何用层布局一个网页，在此就不再展开论述。

3．使用框架布局网页

框架在网页设计中的应用是比较广泛的。在浏览网页时，常常会遇到这样的一种导航结构：单击页面上侧链接，链接的目标出现在下侧；或者单击页面左侧的链接，链接的目标出现在右侧。这就是框架技术中的最常用的导航窗口。

框架页面是把浏览器窗口划分为若干子窗口，这些子窗口称为框架。一个框架显示一个网页文件，但整个框架集却存在于同一个浏览器窗口中。框架页面可以把不同类别的信息显示在不同的框架中，有利于分类管理和控制。

下面讲述如何用框架布局一个简单的网页，详细步骤如下。

（1）创建一个普通的静态网页，在创建框架集前选择"查看"|"可视化助理"|"框架边框"命令，使框架边框在"文档"窗口中可见，如图 4-16 所示。

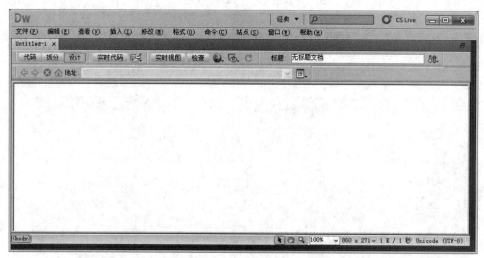

图 4-16　显示框架边框

（2）从窗口垂直或水平边框往页面中间拖曳一条框架边框，可以垂直或水平分割文档窗口（或已有的框架）；从"文档"窗口一个角上拖曳框架边框，可以把文档（或已有的框架）划分为四个框架。这里拖曳两个水平框架边框，将整个页面分成上、中、下三个框架，如图 4-17 所示。

（3）选择菜单"窗口"|"框架"命令，快捷键为 Shift+F12。打开"框架"面板，在"框架"面板中选择中间的框架，如图 4-18 所示。

（4）此时从左侧拖曳一个框架边框即可将中间的框架分为两列（即两个子框架），如图 4-19 所示。如果没有选择中间框架就拖曳左侧框架边框，则会将现有的上、中、下三个框

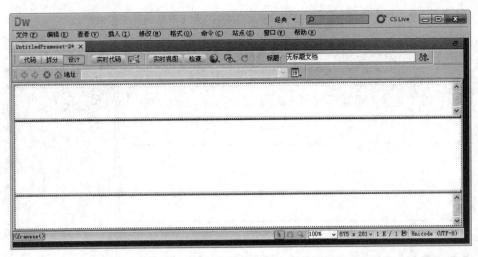

图 4-17　将整个页面分为上、中、下三个框架页

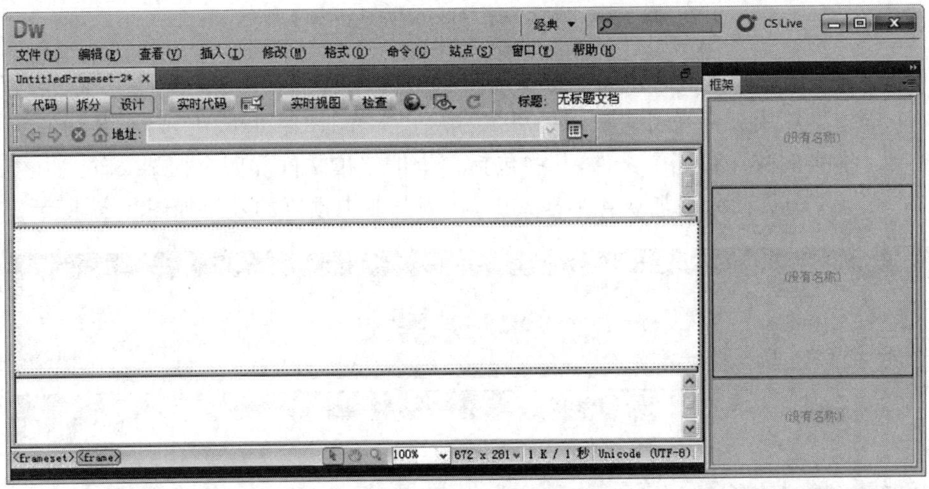

图 4-18　选择中间的框架

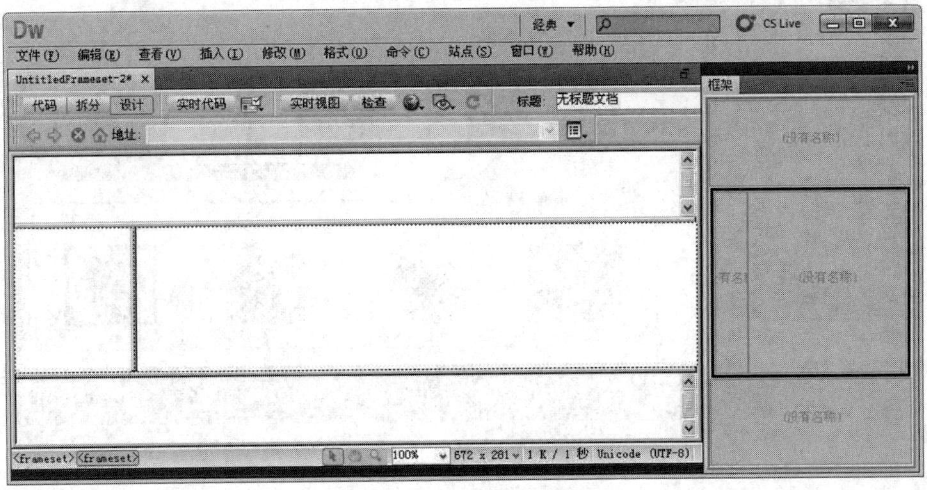

图 4-19　将中间的框架分为两列

架都分为两列,如图 4-20 所示。

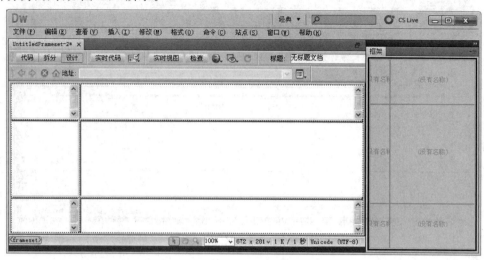

图 4-20　将上、中、下三个框架分为两列

(5) 本实例选择图 4-19 的分法,将中间框架分为两列。选择"文件"|"保存全部"命令保存整个框架集。用鼠标在各个框架中单击,选择"文件"|"保存框架"或"框架另存为"命令保存框架。本实例共保存五个文件,其中包括一个框架集文件和四个框架文件。

(6) 将相应的页面元素加入各个框架中,在浏览器中预览的效果如图 4-21 所示。

图 4-21　用框架布局网页

模拟制作任务

任务　使用 CSS+DIV 布局一个网页

任务背景

有时需要在网页布局之后还能灵活调整各模块的相对位置,使用 CSS+DIV 布局网页可轻松达到这一要求。

任务要求

使用 CSS+DIV 布局一个网页,要求网页布局后各模块的相对位置可以灵活调整。
【技术要领】　如何用 CSS 控制层的位置。
【解决问题】　CSS+DIV 布局网页。
【应用领域】　网页布局。

任务分析

本任务需要设计者对 CSS 相关属性较为熟悉,能通过设置层(DIV)的样式来达到灵活布局网页。

重点和难点

CSS 相关属性的用法。

操作步骤

(1) 新建一个网页,切换到代码视图,在<body></body>标签中加入如下代码。

```
<div id="container">
    <div id="header"><img src="header.jpg" /></div>
    <div id="links"><img src="links.jpg" /></div>
    <div id="left"><img src="left.jpg" /></div>
    <div id="main"><img src="main.jpg" /></div>
    <div style="clear:both;"></div>
    <div id="footer"><img src="footer.jpg" /></div>
</div>
```

(2) 在<head></head>标签中加入如下 CSS 代码用来控制各 DIV 的显示。

```
<style type="text/css">
<!--
body{
    text-align:center;
}
#container{
```

```css
        position:relative;
        background-color:#00FF00;
        margin-top:0px;
        margin-right:auto;
        margin-bottom:0px;
        margin-left:auto;
        height:776px;
        width:900px;
        text-align:left;
    }
    #header{
        position:relative;
        background-color:#FF0000;
        height:113px;
        width:900px;
        text-align:left;
    }
    #links{
        position:relative;
        background-color:#FF9900;
        height:29px;
        width:900px;
        text-align:left;
    }
    #left{
        position:relative;
        background-color:#FFFF66;
        height:587px;
        width:216px;
        text-align:left;
        float:right;
    }
    #main{
        position:relative;
        background-color:#00FFFF;
        height:587px;
        width:684px;
        text-align:left;
        float:left;
    }
    #footer{
        position:relative;
        background-color:#FF00FF;
        height:47px;
        width:900px;
        text-align:left;
        float:left;
    }
    -->
    </style>
```

(3) 在浏览器中预览如图 4-22 所示。

图 4-22 CSS+DIV 布局效果

代码说明：

（1）代码中共包含六个 DIV 标签，分别代表六层。其中最外层的 id 为 container 的 DIV 起到一个容器的作用，用于容纳其他五层。

（2）选择器 body 和 #container 的样式用于将最外层 id 为 container 的 DIV（容器层）水平居中显示。

（3）其他几个选择器样式如 #header、#links、#left、#main 和 #footer 分别用来控制容器内五层的显示。

（4）选择器 #left 和 #main 中有一个重要 CSS 属性 float。其中在选择器 #left 中设置为 float:left；而选择器 #main 中设置为 float:right。该属性设定了 id 为 left 的层居左显示，id 为 main 的层则居右显示。

（5）如果想将 id 为 left 和 main 的层交换位置，只需要在选择器 #left 中设置 float:right；同时在选择器 #main 中设置 float:left 即可。在浏览器中的预览效果如图 4-23 所示。从图 4-23 中可以看出，使用 CSS+DIV 布局的网页，要调整各模块之间的相对位置是很简单的。

图 4-23　调整后的 CSS＋DIV 布局效果

（6）id 为 footer 层的上方层（ ）的作用是清除 id 为 left 和 main 层的 float 属性对 id 为 footer 层的影响。

（7）id 为 left 和 main 层所占空间也可以用多个层替换，只要这几个层的宽度和还是保持原来的总宽度即可。现在这一区域放置四个宽度相同的层，给这 4 个层都添加以下类样式即可。在浏览器中的预览效果如图 4-24 所示。

图 4-24　中间放置四个 DIV 的布局效果

```
.main{
width:223px;
height:300px;
float:left;
margin-left:2px;
}
```

职业技能知识点考核

1. 填空题

（1）一般的网页都包含_____、_____、_____、_____、_____和_____等部分。

（2）常见的网页结构类型有_____、_____、_____和_____。

（3）常见的网页布局方法有_____、_____和_____。

2. 简答题

简述页面布局设计需要经过的几个基本步骤。

练习与实践

1. 参照知识3，自定一个主题，并收集相应的素材对该主题进行网页布局设计。
2. 将练习1设计好的网页布局用表格布局的方法实现。

模块 05

PHP语言轻松入门

本模块主要介绍PHP语言的基础知识,包括PHP语言基础、变量和常量、数据类型、运算符、流程控制语句、字符串处理、数组、日期时间函数、图像处理函数和其他函数等。

能力目标

(1) 会编写简单的PHP网页。
(2) 熟悉预定义变量和常量的使用。
(3) 掌握常用字符串处理函数的使用。
(4) 熟悉数组的声明和遍历。
(5) 熟悉PHP内置函数的使用。
(6) 会编写和调用简单自定义函数。
(7) 熟悉PHP图像处理函数的使用。

知识目标

(1) 文件格式和标记的用法。
(2) 变量的命名、可变变量和预定义变量。
(3) 常量的声明使用和预定义常量。
(4) 整型、浮点型和字符串型等常用数据类型。
(5) 算术、赋值、逻辑和比较等常用运算符。
(6) if、switch 和 for 循环等流程控制语句。
(7) trim()、explode()和 strcmp()等字符串处理函数。
(8) 数组的声明、遍历、排序和二维数组等。
(9) date()、getdate()和 strtotime()等日期时间函数。
(10) echo()、print()和 include()等内置函数以及自定义函数。
(11) getimagesize()、imagecreate()和 imagecreatefrompng()等图像处理函数。

知识储备

知识1 PHP语言基础

PHP是一种创建动态交互性站点的、强有力的服务器端脚本语言。对于熟悉ASP代码的读者,学习PHP的代码就相对简单,因为PHP代码和ASP代码一样都是嵌入在HTML代码中的,然后通过一定的标记来区分HTML代码、客户端和服务器端代码。

1．PHP文件格式

PHP文件格式非常简单,实质上就是一个文本文件。因此可以通过任何文本编辑工具,如记事本、Dreamweaver等来编写PHP代码,然后将其保存成扩展名为php的文件即可。

PHP文件无须编译即可运行,只要配置好PHP的运行环境,然后将PHP文件放置在相应的发布目录中,就可以通过浏览器浏览文件了。

一个完整的PHP文件由HTML标记、PHP标记、PHP代码、注释和空格等元素构成。例如,以下为一个简单PHP程序代码(lt5-1.php)。

```
<html>
<head>
<title>Hello World!</title>
</head>
<body>
<?php
    //输出I like php.
    echo "I like php.";
?>
</body>
</html>
```

在以上代码中,<html>和<head>等表示HTML代码,<?php…?>表示PHP标记,"echo"I like php.";"表示PHP代码,"//输出I like php."表示代码注释。

2．PHP标记

由于PHP嵌入在HTML中,因此需要标记对来区分。通常情况下,可以用以下四种区分方式标记PHP代码。

(1) <?php…?>;

(2) <?…?>;

(3) <script language=php>…</script>;

(4) <%…%>。

当使用<?…?>将PHP代码嵌入HTML文件中时,可能会同XML发生冲突。为了适应XML和其他编辑器,可以在开始的问号后面加上php使PHP代码适应于XML分析器,如<?php…?>;也可以像其他脚本语言那样使用<script language=php>…</script>脚本标记;还可以使用<%…%>脚本标记,但由于这一脚本标记也为ASP语言所采用,所以为了区别ASP和PHP,尽量少使用该脚本标记。本书推荐使用<?php…?>脚本标记。

3．PHP语法与注释

PHP语法主要借鉴C/C++语言,也部分参考了Java和Perl语言的语法,因此熟悉C/C++语言的读者,可以很快地掌握PHP语法。在书写PHP代码时,每句完整代码后面都要加分号";"。而对于控制语句,一般不需要加分号";",如下面代码。

```
if(a == b)
    echo "a 和 b 一样大";
```

其中"if(a==b)"语句后面不需要加分号。如果控制语句下面有多行代码,则必须使用大括号"{…}"括起来,如下所示。

```
if(a == b)
{
    echo " a 与 b 一样大";
    echo "欢迎学习 php 语言";
}
```

任何一种编程语言,都少不了对代码的注释。因为一个比较好的应用程序源代码,代码注释总是非常详细的。良好的代码注释对后期的维护、升级能够起到非常重要的作用。

在 PHP 程序中,加入注释的方法很灵活。可以使用 C 语言、C++语言或者是 UNIX 的 Shell 语言的注释方式,还可以混合使用。在 PHP 中可以使用"//"(C/C++语言注释风格)或者使用"♯"(UNIX Shell 语言注释风格)来进行单行代码的注释,同时还可以通过"/*…*/"进行大段代码的注释。但是不能嵌套使用"/*…*/"注释符号,否则会出现编译错误。

知识 2　PHP 变量和常量

任何一种编程语言都有变量,变量就是一个保存了一小块数据的"对象"。从变量的字面意思理解,表示该数据块中的值是随时都可以改变的,即在不同的时段内代表不同的实体。

1. 变量的命名

一般来说,每种编程语言都会遵循变量声明的某些规则。这些规则包括变量的最大长度,是否能够包含数字或者字母字符,变量名称是否能够包含特殊字符以及变量名是否能够以数字开头。

在 PHP 中,对变量名的长度没有任何限制,在变量名中可以使用数字和字母等字符,但是需要满足以下约定。

(1) PHP 变量名是区分大小写的,这和 C 语言是一致的;

(2) 变量名必须以美元符号($)开始;

(3) 变量名必须以字母或下画线"_"开头,不能以数字字符开头;

(4) 变量名只能包含字母、数字、字符以及下画线;

(5) 变量名不能包含空格。如果变量名由多个单词组成,那么应该使用下画线进行分隔(如 $my_string),或者以大写字母开头(如 $myString)。

例如变量名 $my_name 和 $_age 是合法的变量,而变量名 $999 和 $6_age 是不合法的。在给变量命名时,最好让变量名具有一定的含义,能够代表一定的信息,这样有利于阅读源代码,同时也有利于对变量名的引用。

2. 变量的赋值

与很多语言不同,在 PHP 使用变量前不需要声明变量,只需给变量赋值即可。变量赋值,是指给变量一个具体的数据值,对于字符串和数字类型的变量,可以通过赋值运算符"="来实现。语法格式如下。

```
<?php  $name = value; ?>
```

例如:

```
<?php
$myname = "James";
$yourname = "Jackson";
?>
```

以上代码给变量赋值的方式是直接赋值。除此之外,还有两种给变量赋值的方式:一种是变量间的赋值,变量间的赋值是指赋值后两个变量使用各自的内存,互不干扰。以下代码演示了变量间的赋值(lt5-2.php)。

```
<?php
$myname = "James";          //给变量 $myname 直接赋值
$yourname = $myname;        //使用 $myname 初始化 $yourname
$myname = "Jeffery";        //改变变量 $myname 的值
echo $yourname;             //输出变量 $yourname 的值
?>
```

以上代码的输出结果为:James。

从上面的输出结果可以看出,改变变量 $myname 的值后,变量 $yourname 的值并没有跟着变化。

另一种是引用赋值,引用的概念是用不同的名字访问同一个变量内容。当改变其中的一个变量的值时,另一个也跟着发生变化。使用 & 来表示引用。以下代码演示了引用赋值(lt5-3.php)。

```
<?php
$myname = "James";          //给变量 $myname 直接赋值
$yourname = &$myname;       //使用引用赋值,此时 $yourname 的值为"James"
$myname = "Jeffery";        //改变 $myname 的值,此时 $yourname 的值也变为"Jeffery"
echo $yourname;             //输出变量 $yourname 的值
?>
```

以上代码的输出结果为:Jeffery。

从上面输出结果可以看出,改变变量 $myname 的值后,变量 $yourname 的值也随之发生了变化。

3. 可变变量

可变变量是一种独特的变量,它允许动态改变一个变量名称。其工作原理是该变量的名称由另外一个变量来确定,实现过程是在变量的前面再多加一个美元符号"$"。以下代码演示了可变变量(lt5-4.php)。

```php
<?php
$change_name = "temp";              //声明变量 $change_name
$temp = "You can see me!";          //声明变量 $temp
echo $change_name ;                 //输出变量 $change_name
echo "  ";
echo $$change_name ;                //通过可变变量输出 $temp 的值
?>
```

以上代码输出结果为：temp You can see me!

以上代码首先定义两个变量 $change_name 和 $temp，并且输出变量 $change_name 的值，然后使用可变变量来改变变量 $change_name 的名称(变为 $temp)，最后输出改变名称后的变量值(变量 $temp 的值)。

4．预定义变量

PHP 还提供了很多非常实用的预定义变量，通过这些预定义变量可以获取用户会话、客户机操作系统的环境和服务器操作系统的环境信息。常用的预定义变量如表 5-1 所示。

表 5-1 预定义变量

变量的名称	说　　明
$_SERVER['SERVER_ADDR']	当前运行脚本所在服务器的 IP 地址
$_SERVER['SERVER_NAME']	当前运行脚本所在服务器的主机名称，如果该脚本运行在一个虚拟主机上，则该名称由虚拟主机所设置的值决定
$_SERVER['SERVER_PORT']	服务器所使用的端口，默认值为 80
$_SERVER['SERVER_SIGNATURE']	包含服务器版本和虚拟主机名的字符串
$_SERVER['REMOTE_ADDR']	正在浏览当前页面用户的 IP 地址
$_SERVER['REMOTE_HOST']	正在浏览当前页面用户的主机名
$_SERVER['REMOTE_PORT']	用户连接到服务器所使用的端口
$_SERVER['REQUEST_METHOD']	访问页面时的请求方法，如 GET、POST、PUT 和 HEAD 等
$_SERVER['DOCUMENT_ROOT']	当前运行脚本所在的文档根目录
$_SERVER['SCRIPT_FILENAME']	当前执行脚本的绝对路径名
$_COOKIE	通过 HTTPCookie 传递到脚本的信息
$_SESSION	包含与所有会话变量有关的信息。$_SESSION 变量主要应用于会话控制和页面间值的传递
$_POST	包含通过 POST 方法传递的参数的相关信息。主要用于获取通过 POST 方法提交的数据
$_GET	包含通过 GET 方法传递的参数的相关信息。主要用于获取通过 GET 方法提交的数据
$GLOBALS	由所有已定义全局变量组成的数组。变量名就是该数组的索引。它可以称为所有超级变量的超级集合

5．常量的声明和使用

常量可以理解为值不变的量。常量值被定义后，在脚本的其他任何地方都不能改变

一个常量由英文字母、下画线和数组组成,但数字不能作为首字母出现。

在 PHP 中使用 define() 函数来定义常量,该函数的语法为:

bool define(string $constant_name, mixed $value [, bool $case_insensitive = False])

该函数有 3 个参数,constant_name 为必选参数,代表常量名称;value 也为必选参数,代表常量的值;case_insensitive 为可选参数,指定是否大小写敏感。如果设置为 True,则该常量大小写不敏感。默认值是大小写敏感的。

获取常量的值有两种方法:一种是使用常量名直接获取值;另一种是使用 constant() 函数,constant() 函数和直接使用常量名输出的效果是一样的,但函数可以动态地输出不同的常量,在使用上更加灵活方便。函数的语法格式为:

Mixed constant(string $constant_name)

参数 constant_name 为要获取常量的名称,也可为存储常量的变量。如果成功则返回常量的值,否则提示错误信息常量没有被定义。

要判断一个常量是否已经定义,可以使用 defined() 函数。函数的语法格式为:

bool defined(string $constant_name)

参数 constant_name 为要获取常量的名称,成功则返回 True,否则返回 False。

以下代码演示了常量的声明和使用(lt5-5.php),运行结果如图 5-1 所示。

```
<?php
define("PI","3.1415926");
echo PI."<BR>";                   //输出常量 PI
echo Pi."<BR>";                   //输出 Pi,表示没有该常量
define("COUNT","大小写不敏感的字符串",True);
echo COUNT."<BR>";                //输出常量 COUNT
echo Count."<BR>";                //输出常量 COUNT,因为设定大小写不敏感
$name = "count";
echo constant( $name )."<BR>";    //输出常量 COUNT
echo(defined("PI"))."<BR>";       //如果定义了常量则返回 True,输出显示为 1
?>
```

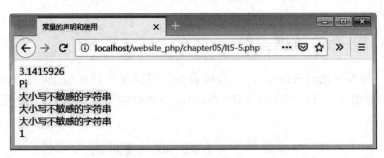

图 5-1 常量的声明和使用

6. 预定义常量

PHP 可以使用预定义常量获取 PHP 中的信息。常用的预定义常量如表 5-2 所示。

表 5-2 预定义常量

常量的名称	功 能 说 明
__FILE__	默认常量，PHP 程序文件名
__LINE__	默认常量，PHP 程序当前行数
PHP_VERSION	内建常量，PHP 程序的版本，如 4.0.8_dev
PHP_OS	内建常量，执行 PHP 解析器的操作系统名称，如 Windows
TRUE	该常量是一个真值(True)
FALSE	该常量是一个假值(False)
NULL	该常量是一个 null 值
E_ERROR	该常量指到最近的错误处
E_WARNING	该常量指到最近的警告处
E_PARSE	该常量指到解析语法有潜在问题处
E_NOTICE	该常量为发生不寻常处的提示，但不一定是错误处

注意："__FILE__"和"__LINE__"中的"__"是两条下画线，而不是一条下画线"_"。

以下代码演示了预定义常量(lt5-6.php)，运行结果如图 5-2 所示。

```php
<?php
echo "当前文件路径: ".__FILE__;
echo "<br>当前行数:".__LINE__;
echo "<br>当前 PHP 版本信息:".PHP_VERSION;
echo "<br> 当前操作系统: ".PHP_OS ;
?>
```

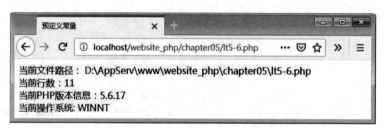

图 5-2 应用 PHP 预定义常量输出信息

知识 3 PHP 的数据类型

PHP 是一种类型比较弱的语言，这意味着变量可以包含任意给定的数据类型，该类型取决于使用变量的上下文环境。在 PHP 中，对变量的数据类型不需要声明，可以直接为其赋值，如下所示：

```
$number = 100;              //表示 $number 为整型
$str = "I like PHP";        //表示 $str 为字符串型
```

事实上，PHP 中变量数据类型的定义是通过为变量赋值(初始化)，由系统自动设定的。PHP 中的数据类型分为两种：一种是标量数据类型，这是编程语言中最常见的简单数据类型；另一种表示复合数据类型，即将多个简单的数据类型组合在一起，并将它们存储在一个变量名中。在 PHP 中,标量数据类型有如下几种。

(1) 布尔型(boolean);
(2) 整型(integer);
(3) 浮点型(float);
(4) 字符串(string)。

复合数据类型有如下几种。

(1) 数组(array);
(2) 对象(object)。

另外,PHP 中还有两种特殊的数据类型。

(1) 资源(resource);
(2) 空值(NULL)。

下面分别介绍这些数据类型。

1. 布尔型

在所有的 PHP 变量中,布尔型是最简单的变量。布尔变量保存一个 True 或者 False 值。其中 True 或者 False 是 PHP 的内部关键字。要设定一个变量为布尔型时,只需要将 True 或 False 赋值给该变量,如下所示:

```
$my_boolean_var = True;
```

True 和 False 实际上代表数字 1 和 0,因此 True 在输出时显示为 1,False 在输出时显示为 0。当转换布尔型时,以下值被认为是 False。

(1) 布尔值 False;
(2) 整型值 0(零);
(3) 浮点型值 0.0(零);
(4) 空白字符串和字符串"0";
(5) 没有成员变量的数组;
(6) 空值 NULL。

而其他所有值都被认为是 True。通常布尔值可以用一些表达式来返回。如"a>b""a=b"等,可以在条件语句中应用。

2. 整型

整型数据类型只能包含整数。这些数据类型可以是正数也可以是负数。可以在数字前面加上"-"符号来表示负整数。整型数的取值范围是 -2 147 483 647~+2 147 483 648。在给一个整型变量赋值的时候,可以采用十进制、十六进制或者八进制形式来指定。十进制就是日常使用的数字;八进制,数字前必须加上 0;十六进制,数字前必须加 0x。例如:

```
$int1 = 100;              //一个十进制整数
$int2 = - 100;            //一个十进制负数
$int3 = 0666;             //一个八进制整数
$int4 = 0x64;             //一个十六进制整数
```

3. 浮点型

浮点数也称为双精度数或实数(PHP中不使用单精度浮点数)。浮点型数据类型可以用来存储数字,也可以用来保存小数。它提供了比整数大得多的精度。浮点数的字长和平台相关,在 PHP 中,浮点数可以表示 $-1.8e308 \sim +1.8e308$ 的数据,并具有 14 位十进制数字的精度(64 位 IEEE 格式)。

浮点数既可以表示为简单的浮点数常量,如 3.14,也可以写成科学记数法的形式,尾数和指数之间用 e 或 E 隔开,例如 314e-2 表示 314×10^{-2},注意这种表示形式基数是 10,如果尾数的小数点左边或右边没有数字则表示这一部分为零,如 3.e-1、.987 等。

4. 字符串

字符串是连续的字符序列,字符串中的每个字符只占用一字节。字符串在每种编程语言中都有广泛的应用。在 PHP 中,定义字符串有以下三种方式。

(1) 单引号形式。单引号字符串的赋值方式如下。

```
$str = '我是单引号中的字符串';
```

如果要将字符串输出到浏览器中,可以使用关键字 echo 或者 print,如下所示。

```
echo $str;
```

或者

```
print $str;
```

使用单引号表示字符串时,如果要在字符串中显示反斜线和单引号时,应该使用反斜线来进行转义。即输出 '\'' 和 '\\' 字符串时才能正确显示单引号和反斜线。在用单引号定义字符串中写变量名时,PHP 不会将其按照变量进行处理。例如会将 '\ $var' 直接输出 $var。

(2) 双引号方式。双引号字符串的赋值方式如下。

```
$str = "我是双引号中的字符串";
```

同理,如果要将字符串输出到浏览器中,也可以使用关键字 echo 或者 print。双引号比单引号支持更多种类的转义字符,如\n(换行)、\t(水平制表符,与 Tab 键相当)、\"(显示双引号)、\\(显示反斜线)、\ $(显示一个 $符号,否则会被当成变量)、\r(回车键)。

使用双引号和单引号都可以定义字符串,但是绝不是说两者就是等价的。当使用单引号时,程序不会首先去判断该字符串中是否含有变量,而是将全部的内容当成字符串来输出。当使用双引号时,程序首先会去判断字符串中是否含有变量,如果含有变量,则直接输出变量的值。

(3) 定界符方式。

定界符采用两个相同的标识符来定义字符串,使用定界符来定义字符串时要特别注意开始和结束符必须相同,标识符必须符合变量的命名规则。使用定界符来定义字符串的时候要特别注意开始标识符前面必须有三个尖括号<<<,结束标识符必须在一行的开始处,前面不能有任何空格或者任何其他多余的字符,开始和结束标识符后面的任何空格都会导致语法错误。

例如下面代码使用定界符方式定义了字符串变量 $heredoc_str，通过输出语句 echo $heredoc_str;可以输出该变量的值(lt5-7.php)，运行结果如图5-3所示。

```
$xh = "03060011";
$xm = "张三";
$xb = "男";
$heredoc_str = <<< heredoc_mark
    < table width = "300" border = "1" cellspacing = "0" cellpadding = "0">
     < tr >
        < td height = "40" align = "center">学号</td >
        < td align = "center">姓名</td >
        < td align = "center">性别</td >
     </tr >
     < tr >
        < td height = "40" align = "center"> $xh </td >
        < td align = "center"> $xm </td >
        < td align = "center"> $xb </td >
     </tr >
    </table >
heredoc_mark;
echo $heredoc_str;
```

注意：上面代码中的定界符 heredoc_mark 可以自己命名，只要符合变量命名规则即可。

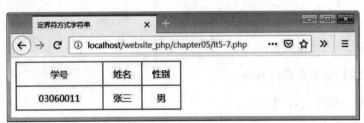

图5-3　定界符字符串输出结果

定界符和双引号的使用效果相同，也就是说定界符可以直接输出变量的值，同时也支持使用各种转义字符。唯一的区别就是使用定界符定义字符串中的双引号不需要使用转义字符就可以实现。

关于复合数据类型数组和对象，在后面会有专门的章节进行详细介绍。关于特殊数据类型，由于使用频率不高，所以不做详细介绍。

数据类型转换是编程语言的常用功能，通常有以下三种方式进行数据类型转换。

1. 强制类型转换

在变量或值前面加上要转换的类型可以进行强制转换，PHP支持下列几种强制类型转换。

（array）　　　　　　　　　数组
（bool）或（boolean）　　　布尔值
（int）或（integer）　　　　整数

（object） 对象
（real）或（double）或（float） 浮点数
（string） 字符串

将一个双进度数强制转换成整数时，将直接忽略小数部分。

```
$a = (int) 14.8;            // $a = 14
```

将字符串转换成整数时，取字符串最前端的所有数字进行转换，若没有数字，则为 0。

```
$a = (int) "There is 1 tree."    // $a = 0
$a = (int) "48 trees"            // $a = 48
```

任何数据类型都可以转换成对象，其结果是，该变量成了对象的一个属性。

```
$model = "Toyota";
$obj = (object) $model;
```

然后可以如下引用这个值。

```
print $obj->scalar;         //返回 "Toyota"
```

2. 类型自动转换

当字符串和数值做加法运算时，字符串转换成数值对应的类型。

若希望数值当成字符串和原有的字符串进行合并操作，可以使用拼接操作符"."，例如：

```
$a = "This is";
$b = 3;
echo $a. $b;                //输出字符串 This is 3
```

3. 利用类型转换函数进行转换

常用的类型转换函数有以下两种。

1）获取类型

```
string gettype(mixed $var)
```

2）转换类型

```
boolean settype(mixed $var, string $type)
```

函数将 var 变量转换成 type 指定的类型。type 可以是下列 7 个值之一：array、boolean、float、integer、null、object、string。如果转换成功，返回 True；否则返回 False。

例如：

```
$num = 12.6;
$flg = settype( $num,"int");
var_dump( $flg);            //输出 bool(true)
var_dump( $num);            //输出 int(12)
```

以上代码中的 var_dump() 函数为一个简单的判断变量类型的函数，另外还可以使用 3

个具体类型的转换函数 intval()、floatval() 和 strval() 进行类型的转换，例如：

```
$str = "123.9abc";
$int = intval( $str );      //转换后数值为 123
$float = floatval( $str );  //转换后浮点值为 123.9
$str = strval( $float );    //转换后字符串为"123.9"
```

PHP 提供一系列函数来识别变量的值是否是指定的类型，具体如下。

```
is_array()        //是否数组
is_bool()         //是否布尔值
is_float()        //是否浮点数
is_integer()      //是否整数
is_null()         //是否空
is_numeric()      //是否数值
is_object()       //是否对象
is_resource()     //是否资源类型
is_scalar()       //是否标量，标量变量仅包含 integer、float、string 或 boolean 的变量
is_string()       //是否字符串
```

以下代码演示了常量类型的判断（lt5-8.php），运行结果如图 5-4 所示。

```
$a = 0.3;
$b = 'hello';
$c = True;
if ( is_numeric( $a ))
    echo '$a 是数值型< br >';
else
    echo '$a 不是数值型< br >';
if ( is_int( $a ))
    echo '$a 是整型< br >';
else
    echo '$a 不是整型< br >';
if ( is_string( $b ))
    echo '$b 是字符串型< br >';
else
    echo '$b 不是字符串型< br >';
if ( is_bool( $c ))
    echo '$c 是布尔型< br >';
else
    echo '$c 不是布尔型< br >';
```

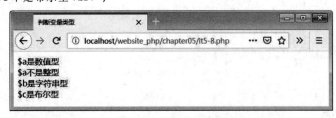

图 5-4　判断变量类型

知识 4　PHP 运算符

运算符是一个特殊符号,它对一个值或一组值执行一个指定的操作。PHP 具有 C 语言、C++ 语言和 Java 语言中常见的运算符,这些运算符的优先级也是一致的。

在 PHP 中包含算术运算符、比较运算符、赋值运算符和逻辑运算符。下面分别详细介绍各种常用的运算符。

1. 算术运算符

算术运算符用来处理四则运算,是最简单和最常用的符号,尤其是数字的处理,几乎都会使用到算术运算符。常见的算术运算符如表 5-3 所示。

表 5-3　算术运算符

运算符	说明	例子	结果
+	加	\$x=2 \$x+3	5
-	减	\$x=2 6-\$x	4
*	乘	\$x=2 \$x*5	10
/	除	10/5 10/4	2 2.5
%	取余	5%2 10%8 10%2	1 2 0
++	自增	\$x=5 \$x++	\$x=6
--	自减	\$x=5 \$x--	\$x=4

自增和自减运算符既可以放在变量的前面,也可以放在变量的后面。当放在变量的前面时,首先将变量的值加 1 或者减 1,然后返回变量的值;当放在变量的后面时,先返回变量的当前值,然后将变量的值加 1 或者减 1。以下代码演示了自增和自减运算符的使用(lt5-9.php),运行结果如图 5-5 所示。

```
$a = 20;
echo "a++:" . $a++."<br>";            //后加
echo "变量 a 的新值:". $a ."<br>";
$a = 20;                              //重新赋值
echo "++a:" . ++$a ."<br>";           //先加
echo "变量 a 的新值:". $a ."<br>";
$a = 20;                              //重新赋值
echo "a--:" . $a-- ."<br>";           //后减
echo "变量 a 的新值:". $a ."<br>";
```

```
$a = 20;                                    //重新赋值
echo "--a:" . --$a."<br>";                  //先减
echo "变量a的新值:" . $a."<br>";
```

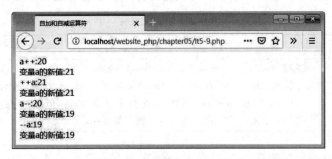

图 5-5　自增和自减运算结果

2. 比较运算符

比较运算符是 PHP 中运用比较多的运算符。常见的比较运算符如表 5-4 所示。

表 5-4　比较运算符

运算符	说明
==	等于,如果 $a 等于 $b,返回 True
===	全等于,如果 $a 等于 $b,同时数据类型也相同,返回 True
!=或<>	不等于,如果 $a 不等于 $b,返回 True
!==	非全等于,如果 $a 不等于 $b,或者它们的类型不同,返回 True
>	大于,如果 $a 大于 $b,返回 True
<	小于,如果 $a 小于 $b,返回 True
>=	大于或等于,如果 $a 大于或等于 $b,返回 True
<=	小于或等于,如果 $a 小于或等于 $b,返回 True

3. 赋值运算符

在做简单的操作时,赋值运算符起到把运算结果值赋给变量的作用。在 PHP 中,除了基本的赋值运算符"="之外,还提供了若干组合赋值运算符。这些赋值运算符提供了做基本运算和字符串运算的方法。常见的赋值运算符如表 5-5 所示。

表 5-5　赋值运算符

运算符	说　明	例　子	展 开 形 式
=	赋值	$x=2	$x=2
+=	加	$x+=2	$x=$x+2
-=	减	$x-/=2	$x=$x-2
*=	乘	$x*=2	$x=$x*2
/=	除	$x/=2	$x=$x/2
.=	连接字符串	$x.="2"	$x=$x."2"
%=	取余数	$x%=2	$x=$x%2

4. 逻辑运算符

逻辑运算符是程序设计中不可缺少的一组运算符。常见的逻辑运算符如表 5-6 所示。

表 5-6 逻辑运算符

运算符	说明
and	逻辑与,$a and $b 或 $a && $b,如果 $a 和 $b 都为 True,则返回 True
or	逻辑或,$a or $b 或 $a || $b,如果 $a 或 $b 任一为 True,则返回 True
xor	逻辑异或,$a xor $b,如果 $a 或 $b 任一为 True,但不同时是,则返回 True
not	逻辑非,!$a,如果 $a 不为 True,则返回 True

PHP 中运算符的优先顺序与 C 语言、C++ 语言和 Java 语言差不多。一般是算术运算优先比较运算,比较运算优先赋值运算,赋值运算优先逻辑运算。

知识 5 PHP 流程控制语句

理论证明,无论多么复杂的逻辑结构,最终都可以简化为三种逻辑的组合。这三种逻辑就是顺序逻辑、选择逻辑和循环逻辑。所以在面向过程的结构化程序设计语言中,都有专门的程序语法来构成这三种结构。

1. 顺序结构程序设计

顺序结构是最简单的程序结构,就是按照程序书写的顺序逐条语句地执行。在此不做赘述。

2. 选择结构

选择程序结构用于判断给定的条件,根据判断的结果判断某些条件,根据判断的结果来控制程序的流程。使用选择结构语句时,要用条件表达式来描述条件。在 PHP 中,经常使用的条件语句有:if…else…elseif 和 switch…case。下面分别对这两种条件语句进行说明。

1) if 语句

if 语句的基本表达式如下所示。

```
if(条件表达式)
   语句;
```

在上面基本 if 语句结构中,如果条件表达式的值为 True 就执行语句,否则不执行语句。例如:

```
if( $a > $b)
   echo "a 大于 b";
```

如果按条件执行的语句不止一条,则需要将这些语句放入语句组中,通过大括号对"{"和"}"括起来。例如:

```
if( $a > $b)
   {
```

```
    echo "a 大于 b";
    $b = $a;
}
```

经常需要在满足某个条件时执行一条语句,而不满足该条件时执行其他语句,这正是 else 的功能。else 延伸了 if 语句,可以在 if 语句中的表达式的值为 False 时执行语句。例如:

```
if( $a > $b){
    echo "a 大于 b";
}else{
    echo "a 小于 b";
}
```

如果需要同时判断多个条件,则上面的 if…else 语句满足不了需求,PHP 提供了 elseif 来扩展需求。elseif 通常在 if 和 else 语句之间。例如:

```
<?php
if( $a > $b){
    echo "a 大于 b";
}elseif( $a == $b){
    echo "a 等于 b";
}else{
    echo "a 小于 b";
}
?>
```

下面程序代码是一个完整的多分支 if 语句的应用实例,根据学生的考试成绩输出不同的结果(lt5-10.php),运行结果如图 5-6 所示。

```
<?php
$chengji = 91;
if ( $chengji < 60)
    echo "你不及格";
elseif ( $chengji >= 60 && $chengji < 70)
    echo "你刚刚及格了";
elseif ( $chengji >= 70 && $chengji < 80)
    echo "你得了良好";
elseif ( $chengji >= 80 && $chengji < 90)
    echo "你很优秀哦!";
else
    echo "你简直太棒了!"
?>
```

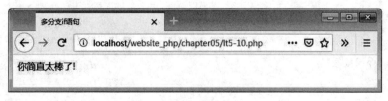

图 5-6　if 语句应用实例

2) switch 语句

switch 语句和具有同样表达式的一系列的 if 语句相似。很多情况下需要把同一个变量(或表达式)与很多不同的值进行比较,并根据它等于哪个值来执行不同的代码。这正是 switch 语句的用途。switch 语句的语法如下。

```
switch(表达式)
{
    case 表达式 1:
        语句 1;
        break;
    case 表达式 2:
        语句 2;
        break;
    …
    case 表达式 n: 语句 n;
    default:
        语句 n+1;
        break;
}
```

switch 语句执行时,先求解表达式的值,然后将其值与其后的多个 case 后面的表达式的值逐个进行比较,如果和第 m 个相等,则执行语句 m、语句 m+1,……,直到语句 n+1 或碰到 break 语句为止。通常在设计 switch 语句段时,需要在每个 case 语句段的最后写上 break 语句。一个 case 的特例是 default。它匹配了任何其他 case 都不匹配的情况,并且应该是最后一条 case 语句。以下代码演示了 switch 语句的使用(lt5-11.php),运行结果如图 5-7 所示。

```php
<?php
switch (date("D")) {
    case "Mon":
        echo "今天星期一";
        break;
    case "Tue":
        echo "今天星期二";
        break;
    case "Wed":
        echo "今天星期三";
        break;
    case "Thu":
        echo "今天星期四";
        break;
    case "Fri":
        echo "今天星期五";
        break;
    default:
        echo "今天放假";
        break;
}
?>
```

图 5-7 switch 语句的使用

3. 循环结构

循环语句用于反复执行一系列的语句,直到条件表达式保持真值。为了保证循环的正确执行,条件表达式中计算的值应该在每次执行循环语句时进行修改。下面分别介绍两种最常用的循环语句。

1) for 循环

for 循环的语法如下。

for(表达式 1; 表达式 2; 表达式 3)
　　　循环体语句;

如果循环体语句有多条时,要用大括号括起来。在 for 循环中,先执行一次表达式 1。然后判断表达式 2 的值是否为真,如果值为真,则执行循环体,再执行表达式 3。表达式 3 执行完又返回判断表达式 2 的值,直到表达 2 的值为假就此结束循环。以下代码演示了 for 循环语句的应用(lt5-12.php),利用 for 循环计算 10 的阶乘,运行结果如图 5-8 所示。

```
<?php
$sum = 1;
    for ( $i = 1; $i <= 10; $i++){
      $sum *=$i;
    }
    echo "10!= ". $sum;
?>
```

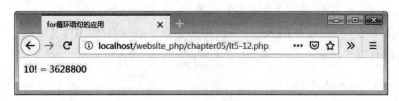

图 5-8 for 循环语句的应用

2) while 循环

while 循环是 PHP 中最简单的循环类型。while 循环的语法为:

while(表达式)
　　　循环体语句;

如果循环体语句有多条时,要用大括号括起来。其执行流程是先判断表达式的值,如果值为真(True)则执行循环体语句,执行完后,程序流程继续开始判断表达式的值,如果值为真,继续执行循环体语句。如此循环执行,直到表达式的值为假(False)为止。如果 while 表达式的值一开始就是 False,则循环语句一次都不会执行。以下代码演示了 while 循环语句的应用(lt5-13.php),利用 while 循环计算 20 以内的偶数,运行结果如图 5-9 所示。

```php
<?php
$i = 1;
$str = "20 以内的偶数为:";
while( $i <= 20){
   if( $i % 2 == 0){
      $str.=$i." ";
   }
   $i++;
}
echo $str;
?>
```

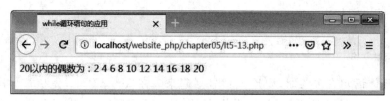

图 5-9　while 循环语句的应用

while 循环的另外一种使用方式是 do…while。do…while 语句的语法为:

do
　　循环体语句;
while(表达式)

如果循环体语句有多条时,要用大括号括起来。do…while 语句的流程是先执行一条循环体语句,后判断表达式的值。如果表达的值第一次就为 False,do…while 循环也会至少执行一次循环体语句。这是 do…while 循环与 while 循环的主要区别。

3) foreach

foreach 循环是 PHP 4 中引入的,只能用于数组。在 PHP 5 中,又增加了对对象的支持。foreach()有两种用法:

```
foreach(array_name as $value)
{
    语句块;
}
```

这里的 array_name 是要遍历的数组名,每次循环中,array_name 数组的当前元素的值被赋给 $value,并且数组内部的下标向下移一步,也就是下次循环会得到下一个元素。

```
foreach(array_name as $key => $value)
{
    语句块;
}
```

这里跟第一种方法的区别就是多了个 $key，也就是除了把当前元素的值赋给 $value 外，当前元素的键值也会在每次循环中被赋给变量 $key。键值可以是下标值，也可以是字符串。例如 book[0]=1 中的 0，book[id]="001"中的 id。以下代码演示了 foreach 语句的应用(lt5-14.php)，利用 foreach 语句输出数组中的内容到一个表格中，运行结果如图 5-10 所示。

```php
<?php
$book = array("1"=>"联想笔记本","2"=>"数码相机","3"=>"小米 9 手机","4"=>"瑞士手表");
$price = array("1"=>"4998 元","2"=>"2588 元","3"=>"2766 元","4"=>"76698 元");
$counts = array("1"=>2,"2"=>1,"3"=>2,"4"=>2);
echo '<table width="580" border="1">
    <tr>
        <td width="145" align="center">商品名称</td>
        <td width="145" align="center">价格</td>
        <td width="145" align="center">数量</td>
        <td width="145" align="center">金额</td></tr>';
foreach($book as $key=>$value){         //以 book 数组做循环，输出键和值
    echo '<tr>
    <td height="25" align="center">'.$value.'</td>
    <td align="center">'.$price[$key].'</td>
    <td align="center">'.$counts[$key].'</td>
    <td align="center">'.$counts[$key]*$price[$key].'</td></tr>';
}
echo '</table>';
?>
```

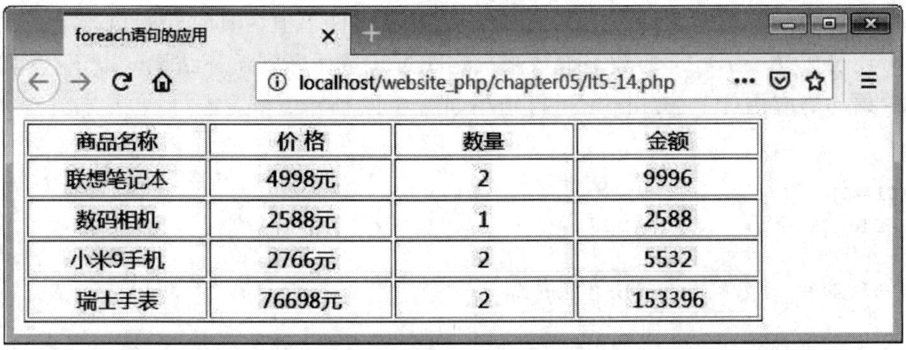

商品名称	价格	数量	金额
联想笔记本	4998元	2	9996
数码相机	2588元	1	2588
小米9手机	2766元	2	5532
瑞士手表	76698元	2	153396

图 5-10 foreach 语句的应用

PHP 常用循环中，经常会遇到需要中止循环的情况。而处理方式主要使用 break 及 continue 两个流程控制指令。通过这两个语句可以增强编程的灵活性，提高编程效率，下面分别介绍这两种语句。

1) break 语句

结束当前 for、foreach、while、do…while、switch 结构的执行。break 可以接受一个可选的数字参数来决定跳出几重循环。以下代码演示了 break 语句的应用(lt5-15.php)，运行结

果如图 5-11 所示。

```php
<?php
 $num = 0;
while (++ $num)
{
  switch ($num)
  {
  case 5:
      echo "At 5 < br />\n";
      break 1;                    //只跳出 switch 循环,1 为参数
  case 10:
      echo "At 10; quitting < br />\n";
      break 2;                    //跳出 while 和 switch 循环,2 为参数
  default:
      break;
  }
}
?>
```

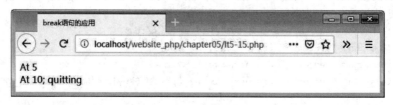

图 5-11　break 语句的应用

2) continue 循环

continue 用来跳过本次循环中剩余的代码,并在条件求值为真时开始执行下一次循环。continue 还可接受一个可选的数字参数来决定跳过几重循环到循环结尾。以下代码演示了 continue 语句的应用(lt5-16.php),运行结果如图 5-12 所示。

```php
<?php
  $i = 0;
  while( $i++ < 5)
  {
    if( $i == 2) //跳出,也就是不会输出 i am 2
    {
      continue;
    }
    echo "i am $i < br>";
}
$i = 0;
while( $i++ < 5)
{
  echo "外层 < br >\n";
  while(1)
  {
    echo"  中间层 < br >\n";
```

```
      while(1)
      {
        echo "    内层< br >\n";
        $i = 6;
        continue 3;
      }
      //因为每次到内层时,就跳到第一层,不会被执行
      echo "我永远不会被输出的。< br >\n";
    }
    echo "我也是不会被输出的。< br >\n";
  }
?>
```

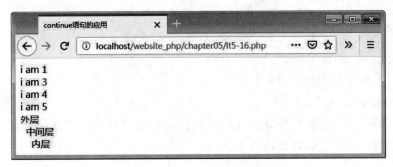

图 5-12　continue 语句的应用

知识 6　PHP 字符串处理

在 PHP 编程中,字符串总是会被大量的生成和处理。正确地使用和处理字符串就显得越来越重要了,下面按照功能介绍常用字符串处理函数。

1. 获取字符串长度

获取字符串长度可通过 strlen() 函数实现,语法格式如下。

int strlen(string $str)

参数 str 为需要计算长度的字符串,成功则返回字符串 str 的长度;如果 str 为空,则返回 0。

例如:

```
<?php
$str = 'abcdef';
echo strlen( $str);              //字符串的长度为 6
$str = ' ab cd ';
echo strlen( $str);              //因为有 3 个空格,所以字符串的长度为 7
?>
```

2. 去除字符串多余空格

用户在输入数据时,经常会无意中输入空格。而在有些情况下字符串中不允许出现空

格。这个时候就需要去除字符串中的空格,在 PHP 中提供了以下函数去除字符串中的空格。

1) trim() 函数

trim() 函数用于去除字符串开始位置以及结束位置的空格,并返回去掉空格后的字符串。语法格式如下。

string trim(string $str [, string $charlist])

此函数返回字符串 $str 去除首尾空白字符后的结果。如果不指定第二个参数,trim() 函数默认将去除的字符如下。

" " (ASCII 为 32 (0x20)),普通空格符
"\t" (ASCII 为 9 (0x09)),制表符
"\n" (ASCII 为 10 (0x0A)),换行符
"\r" (ASCII 为 13 (0x0D)),回车符
"\0" (ASCII 为 0 (0x00)),空字节符
"\x0B" (ASCII 为 11 (0x0B)),垂直制表符

2) ltrim() 函数

ltrim() 函数用于去除字符串左边的空格或者指定字符串。其默认去除的字符串同 trim() 函数一样。该函数的语法格式如下。

string ltrim(string $str [, string $charlist])

3) rtrim() 函数

rtrim() 函数用于去除字符串右边的空格或者指定字符串。用法同 trim() 和 ltrim() 函数一样。该函数的语法格式如下。

string rtrim(string $str [, string $charlist])

3. 字符串的连接和分割

很多时候,需要将一个包含很多信息的字符串分离开来,例如一个字符串中包含有联系人的姓名、性别、年龄以及个人爱好等。在 PHP 中提供了若干个进行字符串连接和分割的函数。

1) explode() 函数

该函数的功能是按照指定的分隔符将一个字符串分开。该函数的语法格式如下。

array explode(string $separator , string $str [, int $limit])

explode 函数一共有三个参数,其中第一个参数 separator 表示分隔符,也就是按照什么原则来进行分割,如果分隔符被设置为空,则函数返回 False,如果要被分割的字符串中不包含分隔符,则返回整个原始字符串;第二个参数 str 表示要被分割的字符串;第三个参数 limit 用来限制被分割后的字符串片段的数量。被分割后的字符串存储在一个数组中。以下代码演示了 explode 函数的应用(lt5-17.php),运行结果如图 5-13 所示。

```
<?php
echo "通过空格分隔字符串:<br>";
```

```
$str = "a1 a2 a3 a4 a5 a6";
//通过空格分隔
$str_array = explode(" ", $str);
//输出返回数组的前两个元素
echo $str_array[0]."<BR>";        //输出 a1
echo $str_array[1]."<BR>";        //输出 a2
//将分隔后的元素保存到 list 变量中
echo "将变量保存在 list 变量中:<br>";
$data = "myname:*:512:1000";
list($user, $pass, $uid, $gid) = explode(":", $data);
echo $user."<BR>";                //输出 myname
echo $pass."<BR>";                //输出 *
echo "限制分隔的字符串数:<BR>";
$limit = "a;b;c;d;e;f;";
$back_array = explode(";", $limit, 3);
print_r($back_array);
?>
```

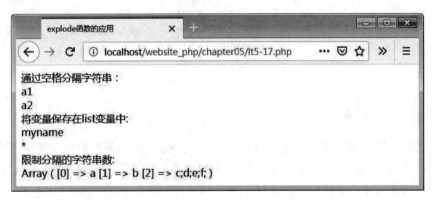

图 5-13　explode()函数的应用

2) implode()函数

implode()函数的作用刚好和 explode()函数的作用相反,将一些字符串通过指定的分隔符连成一个字符串。该函数的语法格式如下。

string implode(string $separator, array $str_array)

该函数有两个参数:第一个参数 separator 表示连接字符串的连接符号;第二个参数 str_array 表示需要连接成字符串的数组。例如:

```
<?php
$myarray = array('firstname', 'email', 'phone');
//用逗号分隔符连接数组
$comma_separated = implode(",", $myarray);
echo $comma_separated;
?>
```

以上代码输出结果如下。

firstname, email, phone

3) substr()函数

substr()函数用于返回一个指定字符串的起始位置和结束位置的子字符串。该函数的语法格式如下。

```
string substr(string $str , int $start [, int $length])
```

该函数有三个参数,其中参数 str 是原始字符串,参数 start 是子字符串的起始位置,参数 length 为子字符串的长度。该函数返回需要提取的子字符串。如果省略了参数 start,则默认从 0 开始,即从字符串的第一个字符开始;如果省略了参数 length,则默认提取从起始位置之后的所有字符。例如:

```php
<?php
$rest = substr("abcdef", 1);           //返回"bcdef"
$rest = substr("abcdef", 0, 4);        //返回"abcd"
//字符串也可以直接通过索引直接访问其字符
$string = 'abcdef';
echo $string{0};                       //返回 a
echo $string{3};                       //返回 d
//使用负数作为起始位置
$rest = substr("abcdef", -1);          //返回"f"
$rest = substr("abcdef", -3, 1);       //返回"d"
?>
```

4. 字符串比较函数

直接比较字符串是否完全一致,可以使用"=="来进行,但是有时候可能需要进行更加复杂的字符串比较,如部分匹配等。在 PHP 中提供了若干进行字符串比较的函数。

1) strcmp()函数

strcmp()函数进行字符串之间的比较。该函数的语法格式如下。

```
int strcmp(string $str1 , string $str2)
```

该函数对传入的两个字符串参数进行比较,如果两个字符串完全相同,则返回 0;如果按照字典顺序 str1 在 str2 后面,则返回一个正数;如果 str1 在 str2 前面,则返回一个负数。例如:

```php
<?php
$a = "i like to fly";
$b = "i like to climb";
$back = strcmp( $a, $b);
if ( $back > 0 )
        echo '$a 大于 $b';
elseif ( $back < 0 )
        echo '$a 小于 $b';
else
        echo '$a 等于 $b';
?>
```

以上代码输出结果为:$a 大于 $b。

2）strcasecmp（）函数

strcasecmp（）函数同 strcmp（）函数基本一致，但是该函数在比较时不区分大小写，而 strcmp（）函数在比较时是区分大小写的。该函数的语法格式如下。

```
int strcasecmp(string $str1 , string $str2)
```

3）strnatcmp（）函数

strnatcmp（）函数同 strcmp（）函数基本一致，但是比较的原则有所不同。该函数并不是按照字典顺序排列，而是按照"自然排序"比较字符串。所谓"自然排序"就是按照人们的习惯来进行排序。例如用 strcmp（）函数来进行排序，"3"会大于"13"，而在实际中，数字"13"要大于"3"，因此 strnatcmp（）函数是按照后者来进行比较的。该函数的语法格式如下。

```
int strnatcmp(string $str1 , string $str2)
```

以下代码演示了字符串比较函数的应用（lt5-18.php），运行结果如图 5-14 所示。

```
<?php
$arr1 = $arr2 = array("img12.png", "img10.png", "img2.png", "img1.png");
echo "正常比较:<br>";
//usort()函数表示按照指定的函数进行排序
//此处表示用 strcmp()函数对数组元素进行排序
usort( $arr1, "strcmp");
print_r( $arr1);
echo "<br>按照自然数比较<br>";
//使用 strnatcmp()函数对数组进行排序
usort( $arr2, "strnatcmp");
print_r( $arr2);
?>
```

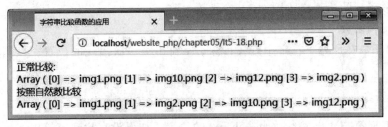

图 5-14　字符串比较函数的应用

4）strnatcasecmp（）函数

strnatcasecmp（）函数用法同 strnatcmp（）函数，只是该函数不区分大小写。该函数的语法格式如下。

```
int strnatcasecmp(string $str1, string $str2)
```

5．字符串的查找和替换

在 PHP 编程中经常要进行字符串的查找和替换等操作，在 PHP 中提供了若干个进行字符查找和替换的函数。

1) strstr()函数

strstr()函数用于在一个字符串中查找匹配的字符或者字符串。该函数的语法格式如下。

string strstr(string $str , string $search_str)

其中,第一个参数 str 表示原始字符串；第二个参数 search_str 表示要被查询的关键字,即子字符或者字符串。如果找到了 search_str 的一个匹配,则该函数返回从 search_str 开始到整个字符串结束的子字符串；如果没有匹配,则返回 False。如果存在不止一个匹配,则返回从第一个匹配位置之后的所有子字符串。例如：

```php
<?php
$email = 'zhangsan@souhu.com';
$domain = strstr( $email, '@');
echo $domain;
?>
```

以上代码输出结果如下。

@souhu.com

注意：strstr()函数还有另外一个别名函数,即 strchr()函数,这两个函数用法和含义一样。

2) stristr()函数

stristr()函数的使用方法同 strstr()函数基本一致,只是该函数是不区分大小写的。该函数的语法格式同 strstr()函数一致。

3) strrchr()函数

strrchr()函数的使用方法同 strstr()函数基本一致,只是从最后一个被搜索的字符串开始返回。该函数的语法格式同 strstr()函数一致。

4) strpos()函数

strpos()函数在原始字符串中查找目标子字符串第一次出现的位置。该函数的语法格式如下。

int strpos(string $str, string $search_str [, int $offset])

该函数返回第一次出现参数 search_str 的位置。如果没有找到字符串 search_str,则返回 False。其中,参数 offset 表示从原始字符串 str 的第 offset 个字符开始搜索。例如：

```php
<?php
$mystring = 'abcde';
$searchme = 'a';
$pos = strpos( $mystring, $searchme);
/*注意判断返回值,因为如果查找到为第1个字符,其位置索引为 0,和 False 的值是一样的,因此在比较变量 $pos 和 False 时要使用 = = =(恒等)比较,既要比较变量的值,也要比较变量的类型 */
if ( $pos = = = False) {
    echo "没有找到字符串 $searchme";
} else {
    echo "找到子字符串 $searchme";
    echo "其位置为 $pos <br>";
```

```
            }
//设定起始搜索位置
$newstring = 'abcdef abcdef';
$pos = strpos( $newstring, 'b', 2);              // $pos = 8
echo "设定初始查询位置为 2 后,查找字符 b 所处位置: ";
echo $pos;
?>
```

以上代码输出结果如下。

找到子字符串 a 其位置为 0
设定初始查询位置为 2 后,查找字符 b 所处位置: 8

5) strrpos()函数

strrpos()函数同 strpos()函数用法基本一致。只是返回最后一次出现被查询字符串的位置。该函数的语法格式同 strpos()函数一致。

6) str_replace()函数

str_replace()函数将用新的子字符串替换原始字符串中被指定要替换的字符串。该函数的语法格式如下。

```
mixed str_replace(mixed $search, mixed $replace, mixed $subject [, int $count])
```

函数的参数 search 表示要被替换的目标字符串,参数 replace 表示替换后的新字符串,参数 subject 表示原始字符串。参数 count 表示被替换的次数。

知识 7　PHP 数组

数组就是一组数据的集合,把一系列数据组织起来,形成一个可操作的整体。PHP 中的数组较为复杂,但比其他许多高级语言的数组更灵活。数组 array 是一组有序的变量,其中每个变量被称为一个元素。每个元素由一个特殊的标识符来区分,这个标识符称为键(也称为下标)。数组中的每个实体都包含两项:键和值。可以通过键值来获取相应数组元素,这些键可以是数值键或关联键。如果说变量是存储单个值的容器,那么数组就是存储多个值的容器。下面从多方面介绍数组的初始化和使用。

1. 数组的初始化

在 PHP 中初始化数组的方式主要有两种:一种是直接通过给数组元素赋值的方式初始化数组;另一种是使用 array()函数初始化数组。

直接通过给数组元素赋值是一种比较灵活的初始化数组的方式,如果在创建数组时不知道所创建数组的大小,或在实际编写程序时数组的大小可能发生改变,采用这种数组创建的方法比较好。例如:

```
<?php
$student[0] = "Adam";
$student[1] = "James";
$student[2] = "Simon";
$student[3] = "Tommy";
```

```
print_r($student);
?>
```

输出结果如下。

```
Array([0] => Adam [1] => James [2] => Simon [3] => Tommy)
```

使用 array() 函数可以同时为一个数组分配多个值，这种方式初始化数组比直接给数组元素赋值更加高效。可以使用 array() 函数按照下面的方式来定义数组 $student。

```
$student = array("Adam","James","Simon","Tommy");
```

在正常情况下，操作数组使用默认下标。这意味着数组的索引正常情况下从 0 开始，但是，也可以使用"=>"运算符重载默认下标。在上面的例子中，$student 数组中有 4 个元素，其下标分别是 0,1,2,3。可以指定下标从 1 开始，要实现这一点，可以改写 $student 数组如下：

```
$student = array(1=>"Adam","James","Simon","Tommy");
```

如果此时输出 $student 数组，输出结果如下。

```
Array([1] => Adam [2] => James [3] => Simon [4] => Tommy)
```

以上数组访问时是通过其数字索引，这种数组被称为数字索引数组。而 PHP 还支持关联数组，在关联数组中，可以将每个变量值与任何关键字或索引关联起来。例如：

```
<?php
$student = array("Adam"=>22,"James"=>23,"Simon"=>24,"Tommy"=>25);
print_r($student);
?>
```

输出结果如下。

```
Array([Adam] => 22 [James] => 23 [Simon] => 24 [Tommy] => 25)
```

关联数组也支持数字索引，但只要索引中有一个不是数字，那么这个数组就是关联数组。例如 $student 数组也可以定义为：

```
$student = array("Adam"=>22,23=>"James",24=>"Simon","Tommy"=>25);
```

虽然上面数组中带有数字索引（如 23 和 24），但该数组还是关联数组。

2. 数组的输出和遍历

在 PHP 中对数组元素进行输出，可以通过输出语句来实现，如 echo 语句和 print 语句等，但使用这种输出方式只能对数组中某一元素进行输出。而通过 print_r() 函数可以将数组结构进行输出。print_r() 函数的语法格式如下。

```
bool print_r(mixed $expression)
```

如果该函数的参数 expression 为普通的整型、字符串和实型变量，则输出该变量本身。如果该参数为数组，则按照一定键值和元素的顺序显示出该数组中的所有元素。例如：

```
<?php
$student = array("Adam" => 22,23 => "James",24 => "Simon","Tommy" => 25);
print_r( $student);
?>
```

输出结果如下。

```
Array([Adam] => 22 [23] => James [24] => Simon [Tommy] => 25)
```

遍历数组中的元素是常用的一种操作，在PHP中遍历数组的方法有多种，下面介绍最常用的两种方法。

1) 使用foreach()语句结构遍历数组

foreach()语句是一个用来遍历数组中数据的最简单、有效的方法。以下代码演示了foreach输出数组元素值(lt5-19.php)，运行结果如图5-15所示。

```
<?php
$student = array("Adam" => 22,"James" => 23,"Simon" => 24,"Tommy" => 25);
foreach( $student as $value){              //以$student数组做循环，输出每个数组元素的值
    echo $value ."<br>";
}
?>
```

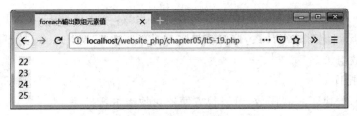

图 5-15　foreach 输出数组元素值

使用foreach()语句结构遍历数组时可以同时将数组的键值(数字和字符索引)和数组元素值输出。以下代码演示了foreach输出数组元素键(下标)和值(lt5-20.php)，运行结果如图5-16所示。

```
<?php
$student = array("Adam" => 22,"James" => 23,"Simon" => 24,"Tommy" => 25);
foreach( $student as $key => $value){       //以$student数组做循环，输出键和值
    echo $key ." 的年龄为 " . $value ."<br>";
}
?>
```

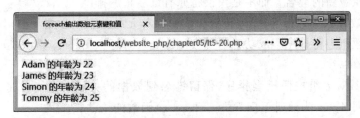

图 5-16　foreach 输出数组的键值和元素值

2) 使用 list()函数和 each()函数遍历数组

list()函数和 each()函数通常配合 while 循环来遍历数组,而且 list()函数仅能用于数字索引的数组,且数字索引从 0 开始。例如:

```php
<?php
$student = array("Adam" => 22,"James" => 23,"Simon" => 24,"Tommy" => 25);
while(list( $key, $val) = each( $student)) {
   echo $key ." 的年龄为 " . $val ."<br>";
}
?>
```

运行结果也如图 5-16 所示。

3. 数组的应用

数组作为 PHP 中的一种重要的数据结构,与其相关的应用还有很多,下面主要按功能介绍数组的常用应用。

1) 统计数组元素个数

在 PHP 中,使用 count()函数对数组中的元素个数进行统计。语法格式如下。

```
int count (mixed $array[,int $mode])
```

其中 array 代表要统计的数组。mode 为可选参数,当该值取 COUNT_RECURSIVE(或 1),函数将递归地对数组计数,这对统计多维数组非常有用。mode 的默认值为 0,此时只能统计一维数组。

2) 数组的排序

在 PHP 中,提供了一些函数,可以很方便地对数组进行排序。

sort()函数对数组进行排序,语法格式如下。

```
bool sort(array $array[,int $sort_flags])
```

参数 array 代表要排序的数组,可选参数 sort_flags,用以下值改变排序的行为。

- SORT_REGULAR:正常比较单元(不改变类型)。
- SORT_NUMERIC:元素被作为数字来进行比较。
- SORT_STRING:元素被作为字符串来进行比较。
- SORT_LOCALE_STRING:根据当前的区域(locale)设置来把元素当作字符串进行比较。

sort()函数将数组元素从最低到最高重新排序。同时删除数组元素原有的键名并给排序后数组元素赋予新的键名。而不是仅仅将原有键名重新排序。

asort()函数对数组进行排序,保持数组索引和单元的关联。主要用于对那些单元顺序很重要的结合数组进行排序。成功时返回 True,失败时返回 False。asort()函数的语法格式同 sort()函数一致。

ksort()函数对数组按照键名排序,保留键名到数据的关联。本函数主要用于关联数组。成功时返回 True,失败时返回 False。ksort()函数的语法格式同 sort()函数一致。以下代码演示了数组的排序(lt5-21.php),运行结果如图 5-17 所示。

```php
<?php
//sort 排序
echo "sort 排序:";
$fruits = array("lemon", "orange", "banana", "apple");
sort( $fruits);
foreach ( $fruits as $key => $val) {
    echo " $key = $val ";
}
//asort 排序
echo "<br>asort 排序:";
$fruits = array("d" => "lemon", "a" => "orange", "b" => "banana", "c" => "apple");
asort( $fruits);
foreach ( $fruits as $key => $val) {
    echo " $key = $val ";
}
//ksort 排序
echo "<br>ksort 排序:";
$fruits = array("d" =>"lemon", "a" =>"orange", "b" =>"banana", "c" =>"apple");
ksort( $fruits);
foreach ( $fruits as $key => $val) {
    echo " $key = $val ";
}
?>
```

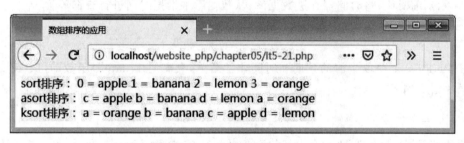

图 5-17 数组排序的应用

与数组排序相关的函数还有 rsort()、arsort() 和 krsort() 函数。这三个函数的用法分别同 sort()、asort() 和 ksort() 函数类似，只是排序方向相反。

4. 多维数组

可以在另外一个数组中保存不同的变量以及完整的数组，数组的元素若是数组，那么这个数组就是多维数组。若一维数组的元素是一维数组，则该数组就是二维数组。同样，若二维数组的元素是数组，则该数组为三维数组，以此类推可以得到四维数组甚至更高维数组。但二维数组是最常用的。

数组的维数没有限制，数组的维数也可以组合。例如，可以让数组的第一维用整数作为索引，第二维使用字符串作为索引，第三维用整数作为索引等。要访问多维数组的某个元素时需要用到多个下标，例如访问二维数组中的某个元素就需要两个下标。以下代码演示了二维数组的应用(lt5-22.php)，运行结果如图 5-18 所示。

```php
<?php
$student = array("0" = > array("name" = >"James","sex" = >"male","age" = >"28"),
"1" = > array("name" = >"John","sex" = >"male","age" = >"25"),
"2" = > array("name" = >"Susan","sex" = >"female","age" = >"24"));
Print_r( $student);
echo "< br >";
Print $student[2][age];
?>
```

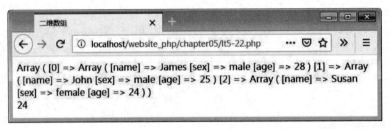

图 5-18　二维数组的应用

知识 8　PHP 日期和时间函数

日期和时间的处理是 PHP 编程不可缺少的一部分。很多时候都需要对时间进行编程，如显示当前时间、将时间保存进数据库、从数据库中根据时间进行查询等。

1. 获取日期和时间

在 PHP 中，要获取当前的日期和时间非常简单，只需使用 date()函数即可。date()函数的语法格式如下。

```
String date(string $format [, int $timestamp])
```

返回按照指定格式显示的时间字符串。其中参数 format 为显示格式，而参数 timestamp 为时间戳。如果没有给出时间戳则使用本地当前时间。timestamp 为可选参数，默认值为 time()。其中 format 的选项很多，具体设置如表 5-7 所示。

表 5-7　format 参数的设置

参　数　值	说　　　明	应　　用
日期格式的设置		
d	月份中的第几天，有前导零的 2 位数字	01～31
j	月份中的第几天，没有前导零的数字	1～31
D	星期中的第几天，文本表示的 3 个字母	Mon 到 Sun
l(L 的小写字母)	星期几，完整的文本格式	Sunday 到 Saturday
N	ISO-8601 格式数字表示的星期中的第几天	1(星期一)～7(星期日)
w	星期中的第几天	0(星期日)～6(星期六)
z	年份中的第几天	0～366
S	每月天数后面的英文后缀，2 个字符	st、nd、rd 或者 th。可以和 j 一起使用

续表

参 数 值	说 明	应 用
	月份格式的设置	
F	月份,完整的文本格式	January 到 December
M	3个字母表示的月份	Jan 到 Dec
m	数字表示的月份,有前导零	01~12
n	数字表示的月份,没有前导零	1~12
t	给定月份所对应的天数	28~31
	年份格式的设置	
L	是否为闰年	是闰年为1,否则为0
Y	4位数字完整表示的年份	例如:1998 或者 2012
y	2位数字完整表示的年份	例如:98 或者 12
	时间格式的设置	
a	小写的上午和下午值	am 或者 pm
A	大写的上午和下午值	AM 或者 PM
g	小时,12小时格式,没有前导零	1~12
h	小时,12小时格式,有前导零	01~12
G	小时,24小时格式,没有前导零	0~23
H	小时,24小时格式,有前导零	00~23
i	有前导零的分钟数	00~59
s	有前导零的秒数	00~59
U	从 UNIX 纪元(January 1 1970 00:00:00 GMT)开始至今的秒数	date('U')返回一个长整数型秒数

以下代码演示了日期时间函数的应用(lt5-23.php),运行结果如图 5-19 所示。

```
<?php
//设置 PHP 语言时区为 Asia/Shanghai,这样读取的时间没有时间差
date_default_timezone_set("Asia/Shanghai");
//输出类似:Monday
echo date("l") . "<br>";
//输出类似:Tuesday 22nd of January 2013 10:35:55 PM
echo date('l dS \of F Y h:i:s A'). "<br>";
echo date('\i\t \i\s \t\h\e jS \d\a\y.'). "<br>";
echo date("F j, Y, g:i a"). "<br>";
echo date("m.d.y"). "<br>";
echo date("j,n,Y"). "<br>";
echo date('h-i-s, j-m-y'). "<br>";
echo date('Y年m月d日'). "<br>";
echo date("H:i:s"). "<br>";
//输出由年、月、日、时、分、秒,组合的字符串
echo date("YmdHis"). "<br>";
echo date("Y-m-d H:i:s"). "<br>";
?>
```

在 PHP 语言中默认设置的是标准的格林尼治时间(即采用的是零时区),该时间比系统时间少 8 小时。所以要获取本地时间必须更改 PHP 语言中的时区设置,更改 PHP 时区

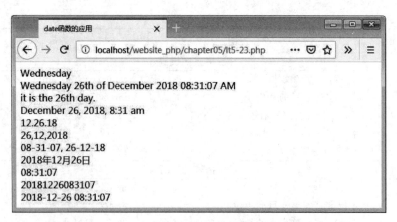

图 5-19　date 函数的应用

设置的函数如下。

```
date_default_timezone_set($timezone);
```

参数 timezone 为 PHP 可识别的时区名称，在 PHP 手册中提供了各种时区[1]名称列表，其中，设置我国北京时间可以使用的时区包括 PRC（中华人民共和国）、Asia/Chongqing（重庆）、Asia/Shanghai（上海）或者 Asia/Urumqi（乌鲁木齐），这几个时区名称是等效的。

2. 使用 getdate() 函数获得日期信息

getdate() 函数用于取得日期时间信息，语法格式如下。

```
array getdate([int $timestamp])
```

返回一个根据 timestamp 得出的包含日期信息的结合数组。如果没有给出时间戳则认为是当前本地时间。返回的数组元素如表 5-8 所示。

表 5-8　getdate() 函数返回的关联数组元素说明

键　　名	说　　明
seconds	秒，返回值为 0～59
minutes	分钟，返回值为 0～59
hours	小时，返回值为 0～23
mday	月份中的第几天，返回值为 1～31
wday	星期中的第几天，返回值为 0（星期日）～6（星期六）
mon	月份数字，返回值 1～12
year	4 位数字表示的完整年份，返回的值如 2013
yday	一年中的第几天，返回值为 0～366
weekday	星期几的完整文本表示，返回值为 Sunday 到 Saturday
month	月份的完整文本表示，返回值为 January 到 December

以下代码演示了 getdate() 函数的应用（lt5-24.php），运行结果如图 5-20 所示。

```
<?php
date_default_timezone_set("Asia/Shanghai");
```

```
$arr_date = getdate();
echo $arr_date[year]."-". $arr_date[mon]."-". $arr_date[mday]." ";
echo $arr_date[hours].":". $arr_date[minutes].":". $arr_date[seconds]." ". $arr_date[weekday];
echo "<br>";
echo "Today is the $arr_date[yday]th of year";
?>
```

图 5-20 getdate()函数的应用

3. 使用 mktime()函数取得一个日期的时间戳

PHP 使用 mktime()函数将一个时间转换成 UNIX 的时间戳值。时间戳是一个长整数，包含了从 UNIX 纪元(January 1 1970 00:00:00 GMT)到给定时间的秒数。该函数的语法格式如下。

int mktime ([int $hour [, int $minute [, int $second [, int $month [, int $day [, int $year [, int $is_dst]]]]]]])

参数可以从右向左省略，任何省略的参数会被设置成本地日期和时间的当前值。参数说明如表 5-9 所示。

表 5-9 mktime()函数的参数说明

键 名	说 明
hour	小时数
minute	分钟数
second	秒数(一分钟之内)
month	月份数
day	天数
year	可以是两位或四位数字，0~69 对应于 2000~2069，70~100 对应于 1970~2000
is_dst	参数 is_dst 在夏令时可以被设置为 1，如果不是则设置为 0；如果不确定为夏令时则设置为-1(默认值)

mktime()函数对于日期运算和验证非常有用。它可以自动校正越界的输入。以下代码演示了 mktime()函数的应用(lt5-25.php)，运行结果如图 5-21 所示。

```
<?php
echo date("M-d-Y",mktime(0,0,0,12,36,2011))."<br>";
echo date("M-d-Y",mktime(0,0,0,14,1,2011))."<br>";
echo date("M-d-Y",mktime(0,0,0,1,1,2011))."<br>";
echo date("M-d-Y",mktime(0,0,0,1,1,13))."<br>";
?>
```

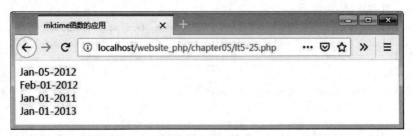

图 5-21　mktime()函数的应用

4．日期和时间的应用

1）比较两个时间的先后

在实际的开发中经常会对两个时间的先后进行判断,PHP 中的时间是不可以直接进行比较的。所以需要将时间解析为时间戳的格式,然后再进行比较。在 PHP 中将时间解析为时间戳的函数是 strtotime(),其语法格式如下。

```
int strtotime(string $time[,int $now])
```

该函数有两个参数。如果参数 time 的格式是绝对时间,则 now 参数不起作用;如果参数 time 的格式是相对时间,那么其对应的时间就是参数 now 来提供的;如果没有提供参数 now,对应的时间为当前时间。成功则返回时间戳,否则返回 False。

以下代码利用 strtotime 函数实现两个时间的比较(lt5-26.php),运行结果如图 5-22 所示。

```php
<?php
date_default_timezone_set("Asia/Shanghai");
$datetime1 = date("Y-m-d H:i:s");
$datetime2 = "2012-12-23 17:30:02";
echo "变量\$datetime1 的时间为: ".$datetime1."<br>";
echo "变量\$datetime2 的时间为: ".$datetime2."<br>";
if((strtotime($datetime1) - strtotime($datetime2)) < 0){
  echo "\$datetime1 早于 \$datetime2 ";
}else{
  echo "\$datetime1 晚于 $datetime2 ";
}
?>
```

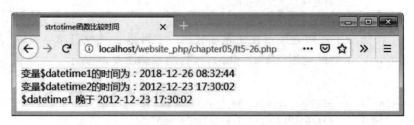

图 5-22　使用 strtotime()函数比较两个时间的先后

2）实现倒计时功能

利用 strtotime()函数除了可以比较两个日期的先后,还可以精确地计算出两个日期的差值。以下代码利用 strtotime()函数实现倒计时功能(lt5-27.php),运行结果如图 5-23 所示。

```
<?PHP
$time1 = strtotime(date("Y-m-d H:i:s"));
$time2 = strtotime("2020-5-1 17:10:00");
$time3 = strtotime("2020-10-1");
$sub1 = ceil(($time2 - $time1) / 3600);    //1 小时等于 60×60 秒
$sub2 = ceil(($time3 - $time1) / 86400);   //1 天等于 60×60×24 秒
echo "离 2020 年五一国际劳动节放假还有<font color=red> $sub1 </font>小时!!!";
echo "<br>";
echo "离 2020 年国庆节还有<font color=red> $sub2 </font>天!!!";
?>
```

图 5-23　计算两个时间的差值

3）计算页面脚本的运行时间

要计算 PHP 程序的执行时间需要使用到 microtime()函数,该函数返回当前 UNIX 时间戳和微秒数。返回格式为"msec sec"的字符串,其中 sec 是自 UNIX 纪元(January 1 1970 00:00:00 GMT)起到现在的秒数,msec 是微秒部分。字符串的两部分都是以秒为单位返回的。函数语法格式如下。

```
mixed microtime(void)
```

以下代码利用 microtime()函数计算页面的执行时间(lt5-28.php),运行结果如图 5-24 所示。

```
<?PHP
$pagestartime = microtime();
$time1 = strtotime(date("Y-m-d H:i:s"));
$time2 = strtotime("2020-5-1 17:10:00");
$time3 = strtotime("2020-10-1");
$sub1 = ceil(($time2 - $time1) / 3600);    //60 * 60
$sub2 = ceil(($time3 - $time1) / 86400);   //60 * 60 * 24
echo "离 2020 年五一国际劳动节放假还有<font color=red> $sub1 </font>小时!!!";
echo "<br>";
echo "离 2020 年国庆节还有<font color=red> $sub2 </font>天!!!<br>";
$pageendtime = microtime();
$starttime = explode(" ", $pagestartime);
$endtime = explode(" ", $pageendtime);
$totaltime = $endtime[0] - $starttime[0] + $endtime[1] - $starttime[1];
```

```
$timecost = sprintf("%s", $totaltime);
echo "页面运行时间: $timecost 秒";
?>
```

图 5-24　计算页面的执行时间

知识 9　PHP 函数

在开发过程中,经常要重复某种操作或处理,如数据查询、字符操作等。这些重复和独立的操作就可以使用函数来实现,PHP 函数主要分为内置函数、自定义函数和变量函数。

1. 内置函数

PHP 中有许多使用频率很高的内置函数,下面分别介绍这些函数。

1) echo()函数

echo()函数用于输出一个或者多个字符串,其语法格式如下。

```
void echo(string $arg1 [, string $…])
```

严格来说 echo()并不是一个函数,而是一个语言结构,因此不一定要使用小括号来指明参数,单引号或双引号都可以。另外,如果想给 echo()传递多个参数,那么就不能使用小括号。以下代码演示了 echo 函数的应用(lt5-29.php),运行结果如图 5-25 所示。

```
<?php
//输出字符串,字符串放在双引号和单引号中都可以
echo "Hello World<br>";
echo 'How do you do<br>';
//可以在字符串中输出变量的值,但变量必须放在双引号字符串中
$foo = "football";
$bas = "basketball";
echo "foo is $foo<br>";                //foo is football
echo 'foo is $foo<br>';                //foo is $foo
//也可以用字符串连接符"."连接变量输出
echo "bas is ".$bas."<br>";            //bas is basketball
//可以用 echo 输出数组元素
$baz = array("key" => "volleyball");
echo "vol is {$baz['key']}!<br>";      //vol is volleyball!
?>
```

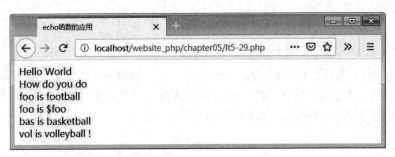

图 5-25　echo()函数的应用

2）print()函数

另外一个常用的输出函数名为 print，其语法格式如下。

int print(string $arg)

该函数总是返回 1。严格来说 print 也不是一个函数，而是一个语法结构，因此输出的时候参数不需要括号。print 语句的用法同 echo 类似，在此不再赘述。

3）include()和 require()函数

include()函数在 PHP 网页设计中非常重要。它可以很好地实现代码的可重用性，同时还可以简化文件代码。include 语句包含并运行指定文件，假如现在有文件 a.php，在 a.php 中包含 b.php 文件，此时只需在 a.php 文件中使用"include 'b.php';"语句即可。当服务器执行 a.php 到这一行的时候，就会自动读取 b.php 文件并执行其中的代码。

此方法非常有用，如在网页设计中，很多时候，大部分页头和页尾都是一样的。为了减少每个网页的代码重用，可以将页头和页尾分别做成 header.php 和 footer.php 页面。然后在页面中包含该页面，代码如下所示。

```
<?php
include 'header.php';
//其他代码
include 'footer.php';
?>
```

另外，在 PHP 编程时也经常将一些常用的访问数据库函数写到一个文件中，然后用 include 函数将这个文件导入即可。

require()函数的用法和 include()函数基本一样。这两种结构除了在如何处理失败之外完全一样。include()产生一个警告而 require()则导致一个致命错误。换句话说，如果想在遇到丢失文件时停止处理页面就用 require()。include()就不是这样，脚本会继续运行。

2. 自定义函数

1）定义和调用函数

函数，就是将一些重复使用的功能写在一个独立的代码块中，在需要时单独调用。创建函数的基本语法格式如下。

function fun_name($arg1, $arg2, … , $argn){

```
    fun_body;
}
```

其中,function 为声明自定义函数时必须使用到的关键字;fun_name 为自定义函数的名称;arg1,arg2,…,arg$n$ 为函数的参数;fun_body 为自定义函数的主体,是功能实现部分。

当函数被定义好后,所要做的就是调用这个函数。调用函数的操作十分简单,只需要引用函数名并赋予正确的参数即可完成函数的调用。例如:

```
<?php
function square( $num){
    return " $num * $num = ". $num * $num;
}
echo square(5);
?>
```

以上代码执行结果为:5*5=25。

2) 在函数间传递参数

在调用函数时,需要向函数传递参数,被传入的参数称为实参,而函数定义的参数为形参。参数传递的方式有按值传递、按引用传递和默认参数三种。

按值传递方式将实参的值复制到对应的形参中,在函数内部的操作针对形参进行,操作的结果不会影响到形参,即函数返回后,实参的值不会改变。例如:

```
<?php
function fun($m){                          //定义一个函数
    $m = $m * 8 + 10;
    echo "在函数内:\$m = ". $m;            //输出形参的值
}
$m = 1;
fun($m);                                   //传值:将 $m 的值传递给形参 $m
echo "<br>在函数外:\$m = $m";              //实参的值没有发生变化,输出 m=1
?>
```

以上代码执行结果如下。

```
在函数内: $m = 18
在函数外: $m = 1
```

按引用传递方式将实参的内存地址传递到形参中,在函数内部的所有操作都会影响到形参的值,即函数返回后,实参的值会发生变化。引用传递方式就是传值时在原基础上加 & 号即可。例如:

```
<?php
function fun(& $m){                        //定义一个函数
    $m = $m * 8 + 10;
    echo "在函数内:\$m = ". $m;            //输出形参的值
}
$m = 1;
fun($m);                                   //传值:将 $m 的内存地址传递给形参 $m
echo "<br>在函数外:\$m = $m";              //实参的值发生了变化,输出 $m=18
?>
```

以上代码执行结果如下。

在函数内：$m = 18
在函数外：$m = 18

还有一种设置参数的方式，即默认参数（可选参数）。可以指定某个参数为可选参数，将可选参数放在参数列表末尾，并且指定其默认值。例如：

```php
<?php
function fun( $price, $tax = "1"){
    $price = $price + ( $price * $tax);
    echo "价格：$price < br >";
}
fun(100,0.35);              //为可选参数赋值 0.35
fun(100);                   //没有给可选参数赋值时使用默认参数
?>
```

以上代码执行结果如下。

价格：135
价格：200

注意：当使用默认参数时，默认参数必须放在非默认参数的右侧，否则参数可能出错。

3）从函数中返回值

通常函数将返回值传递给调用者的方式是使用关键字 return。return 将函数的值返回给函数的调用者，即将程序控制权返回到调用者的作用域。如果在全局作用域内使用 return 关键字，那么将终止脚本的执行。例如：

```php
<?php
function fun( $price, $tax = 0.35){      //定义一个函数,函数中的一个参数有默认值
    $price = $price + ( $price * $tax);  //计算金额
    return $price;                       //返回金额
}
echo fun(100);                           //调用函数
?>
```

以上代码执行结果为：135。

return 只能返回一个结果，不能一次返回多个结果。如果返回多个结果，就要在函数中定义一个数组，将返回值存储在数组中返回。

4）对函数的引用

引用不仅可以用于普通变量、普通参数，也可以作用于函数本身。对函数的引用，就是对函数返回结果的引用。例如：

```php
<?php
function &fun( $temp_str = 0){           //定义一个函数,别忘了加"&"符
    return $temp_str;                    //返回参数 $temp_str
}
$str = &fun("函数引用");                  //声明一个函数的引用 $str
```

```
echo $str."< br >";
?>
```

以上代码执行结果为：函数引用。

在上面代码中，首先定义一个函数，这里需要在函数名前加"&"符号，接着变量 $str 将引用该函数，最后输出该变量 $str，实际上就是 $temp_str 的值。

5) 取消引用

当不再需要引用时，可以取消引用。取消引用使用 unset() 函数，它只是断开了变量名和变量内容之间的绑定，而不是销毁变量内容。以下代码演示了 unset 函数的应用(lt5-30.php)，运行结果如图 5-26 所示。

```
<?php
$str = "I like PHP";                         //声明一个字符串变量
$math = & $str;                              //声明一个对变量 $str 的引用 $math
echo "\ $math is: ". $math."< br >";         //输出引用 $math
unset( $math);                               //取消引用 $math
echo "\ $math is: ". $math."< br >";         //再次输出引用
echo "\ $str is: ". $str;                    //输出原变量
?>
```

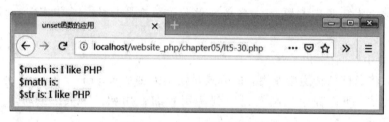

图 5-26 unset() 函数的应用

以上代码首先声明一个变量($str)和对变量的引用($math)，输出引用后取消引用，再次调用引用和原变量。可以看到，取消引用后对原变量没有任何影响。

3. 变量函数

PHP 支持变量函数的概念。这意味着如果一个变量名后有圆括号，PHP 将寻找与变量的值同名的函数，并且将尝试执行它。除了别的事情以外，这个可以被用于实现回调函数、函数表等。变量函数不能用于语言结构，例如 echo()、print()、unset()、isset()、empty()、include()、require() 以及类似的语句。需要使用自己的外壳函数来将这些结构用作变量函数。以下代码演示了变量函数的应用(lt5-31.php)，运行结果如图 5-27 所示。

```
<?php
function comm() {                            //定义 comm 函数
    echo "I like PHP< br >";
}
function like( $name = "jack") {             //定义 like 函数
    echo $name." like PHP< br >";
}
function hate( $name)                        //定义 hate 函数
```

```
{
    echo "$name hate PHP<br>";
}
$func = "comm";                         //声明一个变量,将变量赋值为"comm"
$func();                                //使用变量函数来调用函数 comm()
$func = "like";                         //重新给变量赋值
$func("James");                         //使用变量函数来调用函数 like()
$func = "hate";                         //重新给变量赋值
$func("John");                          //使用变量函数来调用函数 hate();
?>
```

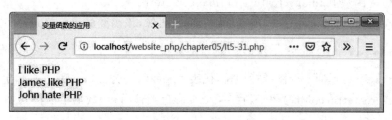

图 5-27 变量函数的应用

知识 10 PHP 图像处理函数

1. 获取图像信息

获取图像信息的函数有 getimagesize()、imagesx()和 imagesy()等。

getimagesize()函数将测定任何 gif、jpg、png、swf、swc、psd、tiff、bmp、iff、jp2、jpx、jb2、jpc、xbm 或 wbmp 格式的图像文件的大小并返回图像的尺寸以及文件类型和一个可以用于普通 HTML 文件中 img 标记中的 height/width 文本字符串。该函数的语法格式如下。

```
array getimagesize(string $filename [, array &$imageinfo])
```

该函数有两个参数,参数 filename 表示图片路径,可选参数 imageinfo 允许从图像文件中提取一些扩展信息。getimagesize()函数可结合 list()函数一起使用获取图像信息,如下面代码(lt5-32.php)可以获取图片信息(宽、高、文件类型和 IMG 标记文本字符串)分别放在四个变量 $width、$height、$type、$attr 中。

```
<?php
list($width, $height, $type, $attr) = getimagesize("img/flag.jpg"); //获取图像信息
echo $width."  ";             //输出图像宽度
echo $height."  ";            //输出图像高度
echo $type."<br>";                      //输出图像类型
echo $attr;                             //输出图像 height/width 文本字符串
?>
```

以上代码输出结果如下。

```
300 400 2
width = "300" height = "400"
```

- imagesx()函数用于取得图像宽度,该函数的语法格式如下。

`int imagesx(resource $image)`

imagesx()返回 image 所代表的图像的宽度。

- imagesy()函数用于取得图像高度,该函数的语法格式及用法和 imagesx()基本相同。

2. 创建图像和销毁图像

创建图像的函数有 imagecreate()和 imagecreatetruecolor()。

- imagecreate()用于新建一个基于调色板的图像,该函数的语法格式如下。

`resource imagecreate(int $x_size, int $y_size)`

- imagecreate()返回一个图像标识符,代表了一幅大小为 x_size 和 y_size 的空白图像。
- imagecreatetruecolor()用于新建一个真彩色图像,该函数的语法格式如下。

`resource imagecreatetruecolor(int $width, int $height)`

- imagecreatetruecolor()返回一个图像标识符,代表了一幅大小为 width 和 height 的黑色图像。

imagecreate()和 imagecreatetruecolor()两者在改变背景颜色时有些区别,imagecreatetruecolor()需要用 imagefill()来填充颜色,不填充时为黑色。而 imagecreate()必须用 imagecolorallocate()添加背景色。

下面代码(lt5-33.php)使用 imagecreatetruecolor()函数创建一个红色的方块。

```php
<?php
$img = imagecreatetruecolor(100,100);        //创建真彩图像资源
$color = imagecolorallocate($img,255,0,0);   //给图像分配颜色
imagefill($img,0,0,$color);                  //从左上角开始填充颜色
header('content-type:image/jpeg');           //指定输出内容为 jpeg 格式图片
imagejpeg($img);                             //输出图像到浏览器
imagedestroy($img);                          //销毁图像
?>
```

下面代码(lt5-34.php)使用 imagecreate()函数创建一个红色的方块。

```php
<?php
$img = imagecreate(100,100);                 //创建大小为 100×100 的图像
imagecolorallocate($img,255,0,0);            //给图像分配颜色
header('content-type:image/jpeg');           //指定输出内容为 jpeg 格式图片
imagejpeg($img);                             //输出图像到浏览器
imagedestroy($img);                          //销毁图像
?>
```

要销毁已经创建的图像资源可以使用 imagedestroy()函数。函数语法格式如下。

`bool imagedestroy(resource $image)`

imagedestroy()释放与 image 关联的内存。image 是由图像创建函数返回的图像标识符。

如上面两段代码中由 imagecreatetruecolor 或 imagecreate 创建的图像标识符 $img。

3．载入图像

常用的载入图像函数如下：

- imagecreatefromjpeg()用于创建一块画布，并从 jpg 格式文件、jpeg 文件或 URL 地址载入一幅图像。
- imagecreatefrompng()用于创建一块画布，并从 png 格式文件或 URL 地址载入一幅图像。
- imagecreatefromgif()用于创建一块画布，并从 gif 格式文件或 URL 地址载入一幅图像。
- imagecreatefrombmp()用于创建一块画布，并从 bmp 格式文件或 URL 地址载入一幅图像。

imagecreatefromjpeg()函数的语法格式如下。

```
resource imagecreatefromjpeg(string $filename)
```

imagecreatefromjpeg()返回一图像标识符，代表了从给定的文件路径 filename 中取得的图像，其他几个载入图像函数的语法格式基本相同。

4．输出图像

常用的输出图像函数如下。

- imagepng()以 png 格式将图像输出到浏览器或文件。
- imagejpeg()以 jpeg 格式将图像输出到浏览器或文件。
- imagegif()以 gif 格式将图像输出到浏览器或文件。
- imagebmp()以 bmp 格式将图像输出到浏览器或文件。

imagepng()函数的语法格式如下。

```
bool imagepng(resource $image [, string $filename ])
```

imagepng()将 GD 图像流(image)以 png 格式输出到标准输出(通常为浏览器)，如果用 filename 给出了文件名则将其输出到该文件，其他几个输出图像函数的语法格式基本相同。如下面代码(lt5-35.php)可输出图像到浏览器或文件。

```php
<?php
$image = imagecreatefrompng("img/flag.png");  //载入 png 格式图像
header('content-type:image/png');             //指定输出内容为 png 格式图片
imagepng( $image);                            //输出图像到浏览器
imagepng( $image, "img/test.png");            //输出图像到文件(img/test.png)
imagedestroy( $image);                        //销毁图像
?>
```

5．分配和取消图像颜色

为图像分配颜色的函数有 imagecolorallocate()和 imagecolorallocatealpha()，取消图像

颜色分配的函数有 imagecolordeallocate()。

- imagecolorallocate() 函数用于为图像分配颜色，该函数的语法格式如下。

int imagecolorallocate(resource $image, int $red, int $green, int $blue)

imagecolorallocate() 返回一个标识符，代表了由给定的 RGB 成分组成的颜色。red、green 和 blue 分别是所需颜色的红、绿、蓝成分。这些参数为 0～255 的整数或者十六进制的 0x00～0xFF。imagecolorallocate() 必须被调用以创建每一种用在 image 所代表的图像中的颜色。

- imagecolorallocatealpha() 函数用于为图像分配颜色和透明度，该函数的语法格式如下。

int imagecolorallocatealpha(resource $image, int $red, int $green, int $blue, int $alpha)

imagecolorallocatealpha() 的行为和 imagecolorallocate() 相同，但多了一个额外的透明度参数 alpha，其值为 0～127。0 表示完全不透明，127 表示完全透明。

- imagecolordeallocate() 函数用于取消图像颜色分配，该函数的语法格式如下。

bool imagecolordeallocate(resource $image, int $color)

该函数取消先前由 imagecolorallocate() 或 imagecolorallocatealpha() 分配的颜色。

6. 复制和合并图像

复制和合并图像的函数有 imagecopy()、imagecopyresized()、imagecopyresampled()、imagecopymerge() 和 imagecopymergegray()。

- imagecopy() 函数用于复制图像的一部分。该函数的语法格式如下。

bool imagecopy(resource $dst_im, resource $src_im, int $dst_x, int $dst_y, int $src_x, int $src_y, int $src_w, int $src_h)

该函数将 src_im 图像中坐标从 src_x、src_y 开始，宽度为 src_w，高度为 src_h 的一部分复制到 dst_im 图像中坐标为 dst_x 和 dst_y 的位置上。如以下代码（lt5-36.php）用 imagecopy() 实现图片水印，运行结果如图 5-28 所示。

```
<?php
function mark_pic( $background, $waterpic, $x, $y){
    $back = imagecreatefromjpeg( $background);     //载入 jpg 格式图像
    $water = imagecreatefrompng( $waterpic);       //载入 png 格式图像
    $w_w = imagesx( $water);                       //获得图像宽度
    $w_h = imagesy( $water);                       //获得图像高度
    imagecopy( $back, $water, $x, $y, 0, 0, $w_w, $w_h);   //复制图像
    imagejpeg( $back,"img/mark_pic.jpg");          //输出图片到文件
    header("Content-type: image/jpeg");            //指定输出内容为 jpeg 格式图片
    imagejpeg( $back);                             //输出图片到浏览器
    imagedestroy( $back);                          //销毁图像
    imagedestroy( $water);                         //销毁图像
}
```

```
     mark_pic("img/penguins.jpg", "img/water.png", 50, 100);
?>
```

图 5-28　图片水印

- imagecopyresized()函数用于复制部分图像并调整大小,该函数的语法格式如下。

```
bool imagecopyresized(resource $dst_im, resource $src_im, int $dst_x, int $dst_y,
int $src_x, int $src_y, int $dst_w, int $dst_h, int $src_w, int $src_h)
```

该函数将 src_im 图像中坐标从 src_x、src_y 开始,宽度为 src_w,高度为 src_h 的一部分复制到 dst_im 图像中坐标为 dst_x 和 dst_y 的位置上,且设置目标图像的宽度为 dst_w 和 dst_h。

- imagecopyresampled()函数用于重采样复制部分图像并调整大小,该函数的语法格式和 imagecopyresized()函数相同。
- imagecopymerge()函数用于复制并合并图像的一部分,该函数的语法格式如下:

```
bool imagecopymerge(resource $dst_im, resource $src_im, int $dst_x, int $dst_y, int $src_x,
int $src_y, int $src_w, int $src_h, int $pct)
```

该函数将 src_im 图像中坐标从 src_x、src_y 开始,宽度为 src_w,高度为 src_h 的一部分复制到 dst_im 图像中坐标为 dst_x 和 dst_y 的位置上。同时用 pct 指定复制部分图像的透明度,两图像将根据 pct 的值来决定合并程度,其值为 0～100。当 pct=0 时,实际上什么也没做,当 pct=100 时对于 imagecopymerge()函数和 imagecopy()函数的作用完全一样,它对真彩色图像实现了 alpha 透明。如以下代码(lt5-37.php)将两幅图像合并后输出到浏览器。

```
<?php
$src_im = imagecreatefromjpeg("img/yzm.jpg");    //载入 jpg 格式图像
$dst_im = imagecreatefromjpeg("img/flag.jpg");   //载入 jpg 格式图像
$src_x = 0;
$src_y = 0;
$dst_x = 100;
$dst_y = 100;
$src_w = 102;
$src_h = 22;
$pct = 50;                                        //设置透明度
```

```
imagecopymerge( $dst_im, $src_im, $dst_x, $dst_y, $src_x, $src_y, $src_w, $src_h, $pct);
header('Content-Type: image/jpeg');         //设置内容类型标头为 image/jpeg
imagejpeg( $dst_im );                        //输出目标图像到浏览器
imagedestroy( $src_im );                     //销毁图像
imagedestroy( $dst_im );                     //销毁图像
?>
```

- imagecopymergegray()实现用灰度复制并合并图像的一部分,该函数和 imagecopymerge()完全一致,但该函数会在合并时通过在复制操作前将目标像素转换为灰度级来保留图像原色度。

7. 绘制文字和图形

绘制文字和图形的函数有 imagestring()、imagestringup()、imageline()、imagearc()、imageellipse()、imagerectangle()和 imagepolygon()等函数。

- imagestring()函数可水平地画一行字符,该函数的语法格式如下。

bool imagestring(resource $image, int $font, int $x, int $y, string $s, int $col)

imagestring()用 col 颜色将字符串 s 画到 image 所代表的图像的 x、y 坐标处(这是字符串左上角坐标,整幅图像的左上角为 0,0)。如果 font 是 1,2,3,4 或 5,则使用内置字体。如以下代码(lt5-38.php)使用 imagecreate()、imagecolorallocate()和 imagestring()等函数输出一个验证码图片到浏览器,运行结果如图 5-29 所示。

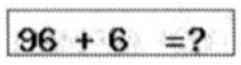

图 5-29 验证码图片

```
<?php
$cimg = imagecreate(100, 20);
imagecolorallocate( $cimg, 14, 114, 180);      //指定图像背景颜色
$red = imagecolorallocate( $cimg, 255, 0, 0);  //创建颜色,返回颜色标识符 $red,这里的 $red
                                                //代表红色,用于作为输出字符串的颜色
$num1 = rand(1, 99);                            //产生一个 1~99 的随机数 1
$num2 = rand(1, 99);                            //产生一个 1~99 的随机数 2
session_start();                                //启动 session
$_SESSION['code'] = $num1 + $num2;              //将两个随机数相加存储在 session 中
                                                //输出两个随机数相加的图片
imagestring( $cimg, 5, 5, 5, $num1, $red);      //输出第一个随机数
imagestring( $cimg, 5, 30, 5, "+", $red);       //输出"+"号
imagestring( $cimg, 5, 45, 5, $num2, $red);     //输出第二个随机数
imagestring( $cimg, 5, 70, 5, "=?", $red);      //输出"=?"
header("Content-type: image/png");              //指定输出内容为 png 格式图片
imagepng( $cimg );                              //输出图像到浏览器
imagedestroy( $cimg );                          //销毁图像
?>
```

- imagestringup()函数可垂直地画一行字符串,该函数参数和使用方法和 imagestring()函数基本相同。
- imageline()函数用于画一条线段,该函数的语法格式如下。

bool imageline(resource $image, int $x1, int $y1, int $x2, int $y2, int $color) imageline()用 color 颜色在图像 image 中从坐标 x1,y1 到 x2,y2(图像左上角为 0,0)画一条线段。

- imagearc()函数用于画一个椭圆弧,该函数的语法格式如下。

bool imagearc(resource $image, int $cx, int $cy, int $w, int $h, int $s, int $e, int $color)

- imagearc()以 cx、cy(图像左上角为 0,0)为中心在 image 所代表的图像中画一个椭圆弧。w 和 h 分别指定了椭圆的宽度和高度,起始和结束点以 s 和 e 参数以角度指定。0°位于三点钟位置,以顺时针方向绘画。

如以下代码(lt5-39.php)将画出一个白色的圆。

```php
<?php
$img = imagecreatetruecolor(200,200);          //创建一个 200×200 的图像
$white = imagecolorallocate($img,255,255,255); //白色
imagearc($img,140,75,50,50,0,360,$white);      //画白色椭圆弧
header("Content-type: image/png");             //指定输出内容为 png 格式图片
imagepng($img);                                //输出图像到浏览器
imagedestroy($img);                            //销毁图片
?>
```

- imageellipse()函数用于画一个椭圆,该函数的语法格式如下。

bool imageellipse(resource $image, int $cx, int $cy, int $w, int $h, int $color)

imageellipse()以 cx、cy(图像左上角为 0,0)为中心在 image 所代表的图像中画一个椭圆弧。w 和 h 分别指定了椭圆的宽度和高度,color 指定椭圆线的颜色。

如以下代码(lt5-40.php)将画出一个白色的椭圆。

```php
<?php
$image = imagecreatetruecolor(400, 300);              //创建一个 400×300 的图像
$bg = imagecolorallocate($image, 0, 0, 0);            //填充背景色为黑色
$white = imagecolorallocate($image, 255, 255, 255);   //选择椭圆的颜色为白色
imageellipse($image, 200, 150, 300, 200, $white);     //画一个椭圆
header("Content-type: image/png");                    //指定输出内容为 png 格式图片
imagepng($image);                                     //输出图像到浏览器
imagedestroy($image);                                 //销毁图像
?>
```

- imagerectangle()函数用于画一个矩形,该函数的语法格式如下。

bool imagerectangle(resource $image, int $x1, int $y1, int $x2, int $y2, int $col)

imagerectangle()用 col 颜色在 image 图像中画一个矩形,其左上角坐标为 x1、y1,右下角坐标为 x2、y2,图像的左上角坐标为 0、0。

- imagepolygon()函数用于画一个多边形,该函数的语法格式如下。

bool imagepolygon(resource $image, array $points, int $num_points, int $color)

imagepolygon()在图像中创建一个多边形。points 是一个数组,包含了多边形的各个

顶点坐标，即 points[0] = x0, points[1] = y0, points[2] = x1, points[3] = y1, 以此类推。num_points 是顶点的总数，color 为多边形线的颜色。

8. 图像填充

图像填充的函数有 imagefill()、imagefilledarc()、imagefilledellipse()、imagefilledrectangle() 和 imagefilledpolygon() 等函数。

- imagefill() 函数用于区域填充，该函数的语法格式如下。

```
bool imagefill(resource $image, int $x, int $y, int $color)
```

imagefill() 在 image 图像的坐标 x, y(图像左上角为 0, 0)处用 color 颜色执行区域填充(即与 x, y 点颜色相同且相邻的点都会被填充)。

- imagefilledarc() 函数用于画一椭圆弧且填充，该函数的语法格式如下。

```
bool imagefilledarc(resource $image, int $cx, int $cy, int $w, int $h, int $s, int $e, int $color, int $style)
```

imagefilledarc() 以 cx, cy(图像左上角为 0, 0)为中心在 image 所代表的图像中画一个椭圆弧且填充。w 和 h 分别指定了椭圆的宽度和高度，起始和结束点以 s 和 e 参数以角度指定。0°位于三点钟位置，以顺时针方向绘画。style 代表椭圆弧类型，可选值有 IMG_ARC_PIE、IMG_ARC_CHORD、IMG_ARC_NOFILL 和 IMG_ARC_EDGED。IMG_ARC_CHORD 只是用直线连接了起始和结束点，IMG_ARC_PIE 则产生圆形边界。IMG_ARC_NOFILL 指明弧或弦只有轮廓，不填充。IMG_ARC_EDGED 指明用直线将起始和结束点与中心点相连。

- imagefilledellipse() 函数可画一椭圆并填充，函数语法格式及用法和 imageellipse() 函数基本相同。
- imagefilledrectangle() 函数可画一矩形并填充，函数语法格式及用法和 imagerectangle() 函数基本相同。
- imagefilledpolygon() 函数可画一多边形并填充，函数语法格式及用法和 imagepolygon() 函数基本相同。

9. 图像旋转

图像旋转函数有 imagerotate()，该函数实现用给定角度旋转图像，该函数的语法格式如下。

```
resource imagerotate(resource $image, float $angle, int $bgd_color [, int $ignore_transparent = 0])
```

将 image 图像用给定的 angle 角度旋转。bgd_color 指定了旋转后没有覆盖到的部分的颜色。旋转的中心是图像的中心，旋转后的图像会按比例缩小以适合目标图像的大小(边缘不会被剪去)。ignore_transparent 如果被设为非零值，则透明色会被忽略(否则会被保留)。

例如下面代码(lt5-41.php)实现了图像的旋转。

```php
<?php
$filename = 'img/flag.jpg';                        //文件路径
$degrees = 180;                                    //旋转角度
$source = imagecreatefromjpeg( $filename);         //载入 JPEG 格式图像
$rotate = imagerotate( $source, $degrees, 0);      //旋转图像
header('Content-type: image/jpeg');                //指定输出内容为 JPEG 格式图片
imagejpeg( $rotate);                               //输出图像到浏览器
imagedestroy( $source);                            //销毁图像
imagedestroy( $rotate);                            //销毁图像
?>
```

10. 字体写入

字体写入函数有 imagettftext(),该函数实现用 TrueType 字体向图像写入文本,该函数的语法格式如下。

array imagettftext(resource $image, float $size, float $angle, int $x, int $y, int $color, string $fontfile, string $text)

参数 image 代表由图像函数创建的图像资源,size 代表字体尺寸,angle 代表文本角度,x 和 y 定义了第一个字符的左上角,color 代表文字颜色,fontfile 为字体路径,text 为要写入的文本。例如下面代码(lt5-42.php)实现在图像中输出文字水印的功能。

```php
<?php
function mark_text( $background, $text, $x, $y){
    $back = imagecreatefromjpeg( $background);                  //载入 JPEG 格式图像
    $color = imagecolorallocate( $back, 0, 255, 0);             //为图像分配颜色
    imagettftext( $back, 20, 0, $x, $y, $color, "simhei.ttf", $text); //向图像写入文本
    imagejpeg( $back, "img/test.jpg");                          //输出图像到文件
    header("Content-type: image/jpeg");                         //指定输出内容为 JPEG 格式图片
    imagejpeg( $back);                                          //输出图像到浏览器
    imagedestroy( $back);                                       //销毁图像
}
mark_text("img/penguins.jpg", "网站建设 PHP 版", 50, 50);
?>
```

知识 11　PHP 面向对象功能

在面向对象的程序设计(Object-oriented programming,OOP)中,对象是一个由信息及对信息进行处理的描述所组成的整体,是对现实世界的抽象。在现实世界里我们所面对的事情都是对象,如计算机、电视机、自行车等。PHP 从 4.0 版本后开始逐渐支持面向对象功能,PHP 4.0 版本只能支持简单的面向对象的功能,从 5.0 版本后对面向对象的功能支持已经比较强大。

1. 对象的主要三个特性

行为:可以对对象施加操作,例如,开灯、关灯就是行为。

状态：当施加方法时对象如何响应，以及对象的颜色、尺寸、外形。

表示：对象的表示就相当于身份证，具体区分在相同的行为与状态下有什么不同。

2．面向对象的常用术语

PHP 面向对象常用术语包括类、对象、成员变量和成员函数等，各术语的解释如下。

类：定义了一件事物的抽象特点。类的定义包含了数据的形式以及对数据的操作。

对象：是类的实例。

成员变量：定义在类内部的变量。该变量的值对外是不可见的，但是可以通过成员函数访问，在类被实例化为对象后，该变量即可成为对象的属性。

成员函数：定义在类的内部，可用于访问对象的数据。

继承：继承性是子类自动共享父类数据结构和方法的机制，这是类之间的一种关系。在定义和实现一个类的时候，可以在一个已经存在的类的基础之上来进行，把这个已经存在的类所定义的内容作为自己的内容，并加入若干新的内容。

父类：一个类被其他类继承，可将该类称为父类，或基类，或超类。

子类：一个类继承其他类称为子类，也可称为派生类。

多态：多态性是指相同的函数或方法可作用于多种类型的对象上并获得不同的结果。不同的对象，收到同一消息可以产生不同的结果，这种现象称为多态性。

重载：简单说，就是函数或者方法有同样的名称，但是参数列表不相同的情形，这样的同名不同参数的函数或者方法之间，互相称之为重载函数或者方法。

抽象性：抽象性是指将具有一致的数据结构（属性）和行为（操作）的对象抽象成类。一个类就是这样一种抽象，它反映了与应用有关的重要性质，而忽略其他一些无关内容。任何类的划分都是主观的，但必须与具体的应用有关。

封装：封装是指将现实世界中存在的某个客体的属性与行为绑定在一起，并放置在一个逻辑单元内。

构造函数：主要用来在创建对象时初始化对象，即为对象成员变量赋初始值，总与 NEW 运算符一起使用在创建对象的语句中。

析构函数：析构函数（DESTRUCTOR）与构造函数相反，当对象结束其生命周期时（例如对象所在的函数已调用完毕），系统自动执行析构函数。析构函数往往用来做"清理善后"的工作（例如在建立对象时用 NEW 开辟了一片内存空间，应在退出前在析构函数中用 DELETE 释放）。

3．PHP 类的定义及创建

PHP 定义类通常语法格式如下。

```
<?php
class phpClass {
  var $ var1;
  var $ var2 = "constant string";
  function myfunc( $ arg1, $ arg2) {
     [..]
  }
  [..]
}
?>
```

类使用 class 关键字后加上类名定义。类名后的一对大括号（{}）内可以定义变量和方法。类的变量使用 var 来声明，变量也可以初始化值。函数定义类似 PHP 函数的定义，但函数只能通过该类及其实例化的对象访问。以下代码创建了一个类 Site，在类的内部设置了相应的成员变量和成员方法。

```php
<?php
class Site {
  /* 成员变量 */
  var $url;
  var $title;
  /* 成员方法 */
  function setUrl($par){
     $this->url = $par;
  }
  function getUrl(){
     echo $this->url . "<br>";
  }
  function setTitle($par){
     $this->title = $par;
  }
  function getTitle(){
     echo $this->title . "<br>";
  }
}
?>
```

变量 $this 代表自身的对象。类创建后，可以使用 new 运算符来实例化该类的对象，代码如下：

```php
$pinduoduo = new Site;
$taobao = new Site;
$jingdong = new Site;
```

以上代码创建了三个对象，三个对象各自都是独立的，在实例化对象后就可以通过 -> 操作符访问该对象的成员变量和成员方法，且该对象的成员方法只能操作该对象的成员变量。

```php
//调用成员方法,设置标题和 URL
$pinduoduo->setTitle("拼多多");
$taobao->setTitle("淘宝");
$jingdong->setTitle("京东");
$pinduoduo->setUrl('www.pinduoduo.com');
$taobao->setUrl('www.taobao.com');
$jingdong->setUrl('www.jd.com');
//调用成员方法,获取标题和 URL
$pinduoduo->getTitle();
$taobao->getTitle();
$jingdong->getTitle();
$pinduoduo->getUrl();
$taobao->getUrl();
```

```
$jingdong->getUrl();
```

以上实例完整代码请参照 lt5-43.php 页面,执行后输出结果为:

```
拼多多
淘宝
京东
www.pinduoduo.com
www.taobao.com
www.jd.com
```

4. PHP 构造函数和析构函数

(1) 构造函数

构造函数是一种特殊的方法。主要用来在创建对象时初始化对象,即为对象成员变量赋初始值,在创建对象的语句中与 new 运算符一起使用。

PHP5 允许开发者在一个类中定义一个方法作为构造函数,语法格式如下:

```
void __construct([mixed $args [, $ ... ]])
```

在上面的例子中我们就可以通过构造方法来初始化 $url 和 $title 变量。

```
function __construct( $par1, $par2) {
    $this->url = $par1;
    $this->title = $par2;
}
```

现在我们就不需要再调用 setTitle 和 setUrl 方法了,使用下面的构造函数即可在实例化对象的同时设置成员变量的值。

```
$pinduoduo = new Site('www.pinduoduo.com', '拼多多');
$taobao = new Site('www.taobao.com', '淘宝');
$jingdong = new Site('www.jd.com', '京东');
```

(2) 析构函数

析构函数(destructor)与构造函数相反,当对象结束其生命周期时(例如对象所在的函数已调用完毕),系统自动执行析构函数。PHP 调用析构函数来将一个对象从内存中销毁,默认地 PHP 仅仅释放对象属性所占用的内存并销毁对象相关的资源。PHP5 引入了析构函数的概念,这类似于其他面向对象的语言,其语法格式如下:

```
void __destruct (void)
```

以下代码在 Site 类的定义中添加一个析构函数。

```
function __destruct(){
    echo "销毁 ". $this->url."<br>";
    echo "销毁 ". $this->title."<br>";
}
```

构造函数和析构函数的使用请参考 lt5-44.php 页面,执行后输出结果为:

拼多多
淘宝
京东
www.pinduoduo.com
www.taobao.com
www.jd.com
销毁 www.jd.com
销毁 京东
销毁 www.taobao.com
销毁 淘宝
销毁 www.pinduoduo.com
销毁 拼多多

5．类的继承和方法重写

（1）类的继承

PHP 使用关键字 extends 来继承一个类，PHP 不支持多继承，语法格式如下：

```
class Child extends Parent {
    // 代码部分
}
```

下面代码中 Child_Site 类继承了 Site 类，并扩展了功能。

```php
<?php
//子类扩展站点类别
class Child_Site extends Site {
    var $category;
    function setCate( $par ){
        $this->category = $par;
    }
    function getCate(){
        echo $this->category . "<br>";
    }
}
```

（2）方法重写

如果从父类继承的方法不能满足子类的需求，可以对其进行改写，这个过程叫方法的覆盖（override），也称为方法的重写。

下面代码中重写了 getUrl 与 getTitle 方法。

```
function getUrl() {
    echo $this->url . "<br>";
    return $this->url;
}
function getTitle(){
    echo $this->title . "<br>";
    return $this->title;
}
```

如果子类中定义了构造函数则不会隐式调用其父类的构造函数。要执行父类的构造函数,需要在子类的构造函数中调用 parent::__construct()。如果子类没有定义构造函数则会如同一个普通的类方法一样从父类继承(假如没有被定义为 private 的话)。

和构造函数一样,子类中如果定义了析构函数,父类的析构函数也不会被子类隐式调用。要执行父类的析构函数,必须在子类的析构函数体中显式调用 parent::__destruct()。子类如果自己没有定义析构函数则会继承父类的析构函数。继承和方法重写的使用请参考 lt5-45.php 页面。

6. 访问控制和常量

(1) 访问控制

PHP 对属性或方法的访问控制,是通过在前面添加关键字 public(公有)、protected(受保护)或 private(私有)来实现的。

public(公有): 公有的类成员可以在任何地方被访问。

protected(受保护): 受保护的类成员则可以被其自身以及其子类和父类访问。

private(私有): 私有的类成员则只能被其定义所在的类访问。

类中的属性必须定义为公有、受保护、私有中的一种。如果用 var 定义,则被视为公有。类中的方法可以被定义为公有,私有或受保护。如果没有设置这些关键字,则该方法默认为公有。

(2) 常量

可以把在类中始终保持不变的值定义为常量。在定义和使用常量的时候不需要使用 $ 符号。常量的值必须是一个定值,不能是变量,类属性,数学运算的结果或函数调用。自 PHP5.3.0 起,可以用一个变量来动态调用类。但该变量的值不能为关键字(如 self,parent 或 static)。以下代码(lt5-46.php)定义了一个类并演示了常量的定义和使用。

```php
<?php
class ConstantClass
{
    const constant = '常量值';
    function showConstant() {
        echo self::constant . "<br>";
    }
}
echo ConstantClass::constant . "<br>";
$classname = "ConstantClass";
echo $classname::constant . "<br>";         //自 PHP5.3.0 起
$class = new ConstantClass();
$class->showConstant();
echo $class::constant . "<br>";              //自 PHP 5.3.0 起
?>
```

以上代码输出结果为:

常量值
常量值
常量值
常量值

7. static 和 final 关键字

(1) static 关键字

声明类属性或方法为 static(静态),就可以不实例化类而直接访问。静态属性不能通过一个类已实例化的对象来访问(但静态方法可以)。由于静态方法不需要通过对象即可调用,所以伪变量 $this 在静态方法中不可用。静态属性不可以由对象通过 -> 操作符来访问。自 PHP5.3.0 起,可以用一个变量来动态调用类。但该变量的值不能为关键字 self,parent 或 static。以下代码(lt5-47.php)演示了 static 关键字的使用。

```php
<?php
class staticClass {
    public static $my_static = 'static';
    public function staticValue() {
        return self::$my_static;
    }
}
print staticClass::$my_static . "<br>";
$staticClass = new staticClass();
print $staticClass->staticValue() . "<br>";
?>
```

执行以上程序,输出结果为:

```
static
static
```

(2) final 关键字

PHP5 新增了一个 final 关键字。如果父类中的方法被声明为 final,则子类无法覆盖该方法。如果一个类被声明为 final,则不能被继承。

以下代码(lt5-48.php)演示了 final 关键字的使用。

```php
<?php
class FatherClass {
    public function test1() {
        echo "FatherClass::test1() called" . "<br>";
    }
    final public function test2() {
        echo "FatherClass::test2() called" . "<br>";
    }
}
class ChildClass extends FatherClass {
    public function test2() {
        echo "ChildClass::test2() called" . "<br>";
    }
}
?>
```

执行以上代码将报如下错误:

Fatal error: Cannot override final method FatherClass::test2()

知识点拓展

[1] 整个地球分为 24 个时区，每个时区都有自己的本地时间。同一时间，每个时区的本地时间相差 1~23 小时，例如，英国伦敦本地时间与北京本地时间相差 8 小时。在国际无线电通信领域，使用一个统一的时间，称为通用协调时间（University Time Coordinated，UTC），UTC 与格林尼治标准时间（Greenwich Mean Time，GMT）相同，都与英国伦敦本地时间相同。

地球是自西向东自转，东边比西边先看到太阳，东边的时间也比西边的早。东边时刻与西边时刻的差值不仅要以时计算，而且还要以分和秒来计算，这给人们带来不便。所以为了克服时间上的混乱，1884 年在华盛顿召开的一次国际经度会议（又称国际子午线会议）上，规定将全球划分为 24 个时区（东、西各 12 个时区）。规定英国（格林尼治天文台旧址）为中时区（零时区）、东 1~12 区，西 1~12 区。每个时区横跨经度 15°，时间正好是 1 小时。最后的东、西第 12 区各跨经度 7.5°，以东、西经 180°为界。每个时区的中央经线上的时间就是这个时区内统一采用的时间，称为区时，相邻两个时区的时间相差 1 小时。例如，中国东 8 区的时间总比泰国东 7 区的时间早 1 小时，而比日本东 9 区的时间迟 1 小时。因此，出国旅行的人，必须随时调整自己的手表，才能和当地时间相一致。凡向西走，每过一个时区，就要把表向前拨 1 小时（如 2 点拨到 1 点）；凡向东走，每过一个时区，就要把表向后拨 1 小时（如 1 点拨到 2 点）。并且规定英国（格林尼治天文台旧址）为本初子午线，即零时（24 时）经线。

实际上，世界上不少国家和地区都不是严格按时区来计算时间。但为了在全国范围内采用统一的时间，一般都把某一个时区的时间作为全国统一采用的时间。例如，我国把首都北京所在的东 8 区的时间作为全国统一的时间，称为北京时间。

职业技能知识点考核

1. 填空题

（1）在 PHP 中，heredoc 是一种特殊的字符串，它的结束标志必须_____。

（2）获取 PHP 程序文件名的预定义常量为_____。获取 PHP 程序当前行数的预定义常量为_____。

（3）去除字符串左右两边空格的函数为_____。按照指定的分隔符将一个字符串分开并返回字符串数组的函数为_____。

（4）能对数组进行排序，保持数组索引和单元关联的函数是_____。能对数组按照键名排序，保留键名到数据关联的函数是_____。

（5）获取图像宽度和高度的函数分别是_____和_____等。

（6）PHP 画一个矩形的函数是_____。

（7）PHP 中定义类使用的关键词是_____。

（8）PHP 在实例化对象后通过_____操作符访问该对象的成员变量和成员方法。

(9) PHP 用来在创建对象时初始化对象,即为对象成员变量赋初始值的方法是_____。

(10) PHP 使用关键字_____来继承一个类。

(11) PHP 中声明类属性或方法为_____,就可以不实例化类而直接访问。

(12) PHP 中如果父类的方法被声明为_____,则子类无法覆盖该方法。

2. 简答题

(1) 在网页中标记 PHP 代码的方式有哪些?

(2) 语句 include 和 require 都能把另外一个文件包含到当前文件中,它们的区别是什么?

(3) imagecreate()和 imagecreatetruecolor()函数在改变背景颜色时有什么区别?

3. 编程题

(1) 声明一个关联数组,并使用 foreach()结构遍历数组,输出数组的键值和元素值。

(2) 用 PHP 打印出前一天的时间,格式是 2020-05-10 08:09:21(年-月-日 时:分:秒)。

(3) 用 PHP 图像处理函数编写一个 PHP 程序实现图像旋转和图像大小调整。

练习与实践

1. 现有一个字符串"姓名 王力,年龄 30,籍贯 陕西,住址 西安市雁塔区,爱好 足球",请综合运用字符串处理函数、数组和循环语句输出该字符串到一个表格中,要求输出的表格如下所示。

姓名	王力
年龄	20
籍贯	陕西
住址	西安市雁塔区
爱好	足球

2. 使用三种以上方式获取一个文件的扩展名,例如从文件路径"dir/upload_image.jpg"中找出.jpg 或者 jpg,必须使用 PHP 自带的处理函数进行处理,方法不能明显重复,可以写成函数,如 get_ext1($file_name), get_ext2($file_name)。

模块 06 PHP与Web页面交互

PHP 与 Web 页面交互是学习 PHP 编程语言的基础,交互性也是动态网站区别于静态网站的一个重要特性。本模块将详细讲述表单及常用表单元素、表单数据的提交方式、表单参数值的获取方式、PHP 中获取各种表单元素值、Cookie 和 Session 等相关知识。

能力目标

(1) 能制作简单用户注册或登录表单。
(2) 能编写 PHP 代码获取各种表单元素的值。
(3) 能编写可传送多条数据的复杂表单。
(4) 能利用 Session 判断用户的访问权限。

知识目标

(1) 表单标签<form>各项属性的意义。
(2) 输入域<input>和文本域<textarea>等标签的属性和用法。
(3) 表单提交方式 POST 和 GET。
(4) $_POST[]、$_GET[]和 $_REQUEST[]三种获取参数值方式。
(5) Cookie 的创建、读取、删除和生命周期。
(6) Session 的启动、注册、删除和使用。

知识储备

知识1 表单及常用表单元素

Web 表单主要用于收集用户的信息,它是 Web 程序与用户交互的重要渠道。例如,提交注册信息时需要使用表单。当用户填写完注册信息后做提交(Submit)操作,于是将表单的内容从客户端浏览器传送到服务器端,经过服务器上的 PHP 程序进行相应的处理后,再把反馈信息传递到客户端浏览器上,从而实现客户端和服务器端的交互。

一个 Web 表单通常由表单标签和各种表单元素组成,下面分别介绍它们。

1. 表单标签

表单的 HTML 标签为<form>,使用<form>标签,并在其中插入相关的表单元素,即可创建一个表单。表单结构如下。

```
< form name = "form_name" method = "post/get" action = "url" enctype = "value" target = "_self">
…                          //省略插入的表单元素
</form >
```

< form >标签的属性如下所示。

- name：表单的名称，用户可以自己定义表单的名称，当然最好给表单定义一个有意义的名称。
- method：表单提交方式，通常为 POST 或者 GET，二者的区别会在知识 2 中详细讲述。
- action：指定处理该表单页面的 URL，通常为具有数据处理能力的 Web 程序，如后缀为.php,.asp 或者.jsp 等的动态网页。
- enctype：设置表单内容的编码方式，主要有三种值。设置为"text/plain"会将空格转换为"+"加号，但不对特殊字符编码；设置为"multipart/form-data"将不对字符编码。在使用包含文件上传控件的表单时，必须使用该值；设置为"application/x-www-form-urlencoded"会在发送前编码所有字符（默认）。
- target：设置返回信息的显示方式，主要有四种值。设置为"_blank"表示在新的窗口中显示；设置为"_parent"表示在父级窗口中显示；设置为"_self"表示在当前窗口中显示；设置为"_top"表示在顶级窗口中显示。

2. 表单元素

一个表单(form)通常包含很多表单元素。常用的表单元素有以下几种标签：输入域标签< input >、选择域标签< select >和< option >、文本域标签< textarea >等。下面分别介绍它们。

（1）输入域标签< input >是表单中最常用的标签之一。常用的文本框、密码框、按钮、单选按钮和复选框等都是由< input >标签表示的。语法格式如下。

```
< form name = "form_name" method = "post/get" action = "url" enctype = "value" target = "_self">
    < input name = "element_name" type = " type_name">
</form >
```

参数 name 是指输入域的名称，参数 type 是指输入域的类型。在< input type＝" ">标签中一共提供了 10 种类型的输入域，用户所选择使用的类型由 type 属性决定。type 属性取值及举例如表 6-1 所示。

表 6-1 type 属性取值及举例

值	举 例	说 明	运 行 结 果
text	< input name="username" type="text" value="James" size="12" maxlength="20">	name 为文本框的名称，value 为默认值，size 指定文本框的宽度(以字符为单位)，maxlength 为文本框的最大输入字符数	添加一个文本框： James
password	< input name="pass" type="password" value="123456" size="12" maxlength="20">	密码域，用户在其中输入的字符将被替换显示为 *，以起到保密的作用，其属性意义同文本框	添加一个密码框： ******

续表

值	举 例	说 明	运 行 结 果
file	`< input name = " element_name" type="file" value= "filepath" size ="12" maxlength="100">`	文件域,当上传文件时,可用来打开一个模式窗口以选择文件。然后将文件通过表单上传到服务器,注意此时表单的 enctype 属性应该设置为"multipart/form-data"	添加一个文件域:
hidden	`< input name= "element_name" type="hidden" value= "James">`	隐藏域用于在表单中以隐含的方式提交变量值。隐藏域在页面中对于用户是不可见的,其作用就是通过隐藏的方式收集和发送信息。当用户单击"提交"按钮提交表单时,隐藏域的信息也会一起发送到 action 指定的处理页	添加一个隐藏域:
radio	`< input name="sex" type= "radio" value= "1" checked/>`男 `< input name= "sex" type= "radio" value= "1"/>`女	单选按钮,用于设置一组选择项,用户只能选择一项。Checked 属性用来设置该单选按钮默认被选中	添加一组单选按钮(例如,性别:) ⊙男 ○女
checkbox	`< input name = " like[]" type= "checkbox" id="like[]" value= "1" checked/>`上网 `< input name = " like[]" type= "checkbox" id="like[]" value= "21"/>`看书 `< input name="like[]" type= "checkbox" id="like[]" value= "3"/>`玩游戏	复选框,允许用户选择多个选择项。Checked 属性用来设置该复选框默认被选中。例如,收集个人信息时,要求在个人爱好的选项中进行多项选择。复选框一般都是多个同时存在,为了便于传值,name 属性的值可以是一个数组的形式,例如:like[]	添加一组复选框(例如,爱好:) ☑上网 ☑看书 □玩游戏
submit	`< input type = " submit" name= "tj_btn" value= "提交"/>`	提交按钮,将表单的内容提交到服务器	添加提交按钮: 提交
reset	`< input type = "reset" name = "cz_btn" value = "重置"/>`	重置按钮,清除与重置表单内容,用于清除表单中所有文本框的内容,并使选择菜单项恢复到初始值	添加重置按钮: 重置
button	`< input type = "button" name = "pt_btn" value = "按钮"/>`	普通按钮也可以激发提交表单的动作,但一般要配合 JavaScript 脚本才能进行表单处理	添加普通按钮: 按钮
image	`< input type="image" src= "search.jpg" name= "img_btn"/>`	图像域是指可以用在提交按钮位置上的图片,这幅图片具有按钮的功能	添加图像按钮: 🔍搜索

(2) 选择域标签<select>和<option>用来建立一个列表或者菜单。菜单可以节省空间,正常状态下只能看到一个选项,单击右侧的下三角按钮打开菜单才能看到全部的选项,菜单只能选择一项。列表可以显示一定数量的选项,如果超出了这个数量,会自动出现滚动条,浏览者可以通过拖动滚动条来查看各选项。语法格式如下。

```
< select name = "select_name" size = "int_num" multiple >
    < option value = "value1">选项 1 </option >
    < option value = "value2">选项 2 </option >
    < option value = "value3">选项 3 </option >
    …
</select >
```

参数 name 表示选择域的名称；参数 size 表示列表的行数；参数 value 表示菜单选项值；参数 multiple 表示以列表方式显示数据，省略则以菜单方式显示数据。

选择域标签< select >和< option >的显示方式及举例如表 6-2 所示。

表 6-2　选择域标签< select >和< option >的显示方式及举例

值	举例	说明	运行结果
菜单方式	< select name＝"major" id＝"major"> < option value＝" 1 " selected >计算机应用</option > < option value＝"2">网络工程</option > < option value＝"3">软件工程</option > < option value＝"4">计算机教育</option > </select >	下拉菜单，只能显示菜单中的一项，用户每次只能选择一项	添加一个下拉菜单（例如，您的专业：） 计算机应用 ▼
列表方式	< select name＝"course[]" id＝"course[]" "size＝"4" multiple > < option value＝"1">网络编程</option > < option value＝"2">网页设计</option > < option value＝"3">Java 程序设计</option > < option value＝"4">C 程序设计</option > </select >	列表菜单，size 属性可以指定显示菜单中的行数，用户可以使用 Shift 和 Ctrl 键进行多选。由于列表菜单框允许选择多项，为了便于传值，< select >标签的命名通常采用数组形式，例如：course[]	添加一个列表菜单（例如，您喜欢的课程：） 网络编程 网页设计 Java程序设计 C程序设计

（3）文本域标签< textarea >用来制作多行文本框，可以在其中输入多行文本。语法格式如下。

```
< textarea name = "textarea_name" cols = "20" rows = "6" wrap = "value">
    …文本内容！
</textarea >
```

参数 name 表示文本域的名称；rows 表示文本域的行数；cols 表示文本域的列数（rows 和 cols 都以字符为单位）；wrap 用于设定文本的换行方式，值为 off 表示不自动换行。值为 hard 表示自动硬回车换行，换行标记一同被发送到服务器，输出时也会换行。值为 soft 表示自动软件换行，换行标记不会被发送到服务器，输出时仍然为一列。

文本域标签< textarea >的值及举例如表 6-3 所示。

表 6-3　文本域标签< textarea >的值及举例

值	举例	说明	运行结果
textarea	< textarea name＝"jianjie" id＝"jianjie" cols＝"20" rows＝"6" wrap＝"hard">我这个人很懒，什么都没写！</textarea >	文本域，也叫多行文本框，用于输入和编辑多行文本	添加一个多行文本框（例如，简介：） 我这个人很懒，什么都没写！

知识 2　表单提交方式和参数值获取方式

用户在填写完成表单后,需要将表单内容提交到服务器。用户提交表单的方式有很多种,根据提交方式的不同,参数值获取的方式也不一样。下面分别讲述这两部分的内容。

1. 表单提交方式

表单提交的方式有两种: POST 和 GET。采用哪种方式由< form >表单的 method 属性指定。

要用 POST 方式提交表单,只需要将< form >表单的 method 属性设置为 POST 即可。POST 方式可以没有限制地传递数据到服务器端,所有信息都是在后台传输的,用户在浏览器中看不到这一过程,安全性高。另外,POST 方式不会将信息附加在 URL 后,不会显示在地址栏。POST 方式适合发送一些保密或容量较大的数据到服务器。例如(lt6-1.php):

```
< form id = "myform" name = "myform" action = "lt6 - 1.php" method = "post">
    用户名:< input name = "user" type = "text" id = "user" />< br />< br />
    密   码:< input name = "pass" type = "password" id = "pass" />< br />
    < input type = "submit" name = "Submit" value = "提交" />
</form>
```

以上代码的输出结果如图 6-1 所示。

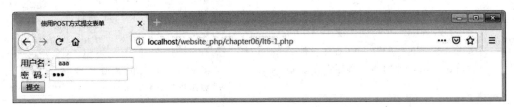

图 6-1　使用 POST 方式提交表单

GET 方式为表单提交的默认方式。使用 GET 方式提交表单数据时,数据被附加到 URL 后,并作为 URL 的一部分发送到服务器。因此,在浏览器地址栏中能够看到用户提交的信息,在地址栏中会显示"URL? 用户传递的参数列表"。GET 方式传递的参数格式如下。

```
http://url?para1 = value1&para2 = value2&para3 = value3…
```

其中,url 为表单响应的地址(如 127.0.0.1/get.php); para1 为表单元素的名称; value1 为表单元素的值。url 和第一个表单元素名之间用"?"隔开,而多对表单元素名及其值之间用"&"隔开,每对表单元素的格式都以"paran=valuen"形式固定不变。例如(lt6-2.php):

```
< form id = "myform" name = "myform" action = "lt6 - 1.php" method = "get">
    用户名:< input name = "user" type = "text" id = "user" />< br />< br />
    密   码:< input name = "pass" type = "password" id = "pass" />< br />
    < input type = "submit" name = "Submit" value = "提交" />
</form>
```

以上代码的输出结果如图 6-2 所示。

图 6-2　使用 GET 方式提交表单

从图 6-2 中可以看出，使用 GET 方式提交表单后，表单中的信息就显示在浏览器地址栏中了。显然这种方式会将一些敏感信息暴露，如信用卡号和密码等。另外，在使用 GET 方式发送表单数据时，URL 的长度应该限制在 1MB 以内。如果发送的数据量太大，数据将被截断，从而导致意外或失败的处理结果。因此在传递小数据量和非敏感信息时可以使用 GET 方式提交表单，反之则应该使用 POST 方式提交表单。

2．参数值获取方式

PHP 获取参数值的方式有三种：$_POST[]、$_GET[]和 $_REQUEST[]，分别用于获取表单和 URL 变量的值。下面分别讲述这三种获取参数值的方式。

1) $_POST[]全局变量

使用 PHP 的 $_POST[]预定义变量可以获取表单元素的值，格式为：

```
$_POST["element_name"]
```

此时需要将表单的提交方式属性 method 设置为 POST，例如要获取文本框 user 和密码框 pass 的值可以使用下面代码。

```
<?php
$user = $_POST["user"];
$pass = $_POST["pass"];
?>
```

2) $_GET[]全局变量

使用 PHP 的 $_GET[]预定义变量也可以获取表单元素的值，格式为：

```
$_GET["element_name"]
```

此时需要将表单的提交方式属性 method 设置为 GET，例如要获取文本框 user 和密码框 pass 的值可以使用下面代码。

```
<?php
$user = $_GET["user"];
$pass = $_GET["pass"];
?>
```

另外，对于非表单提交的数据，例如直接通过超链接附加的数据也可以使用 $_GET[] 的方式获取。例如：

```html
< a href = "doget.php?user = aaa&pass = 123">超链接传递参数</a>
```

也就是只要出现在浏览器地址栏中的参数都可以用 $_GET[] 的方式获取,不管这些数据是来自表单还是来自普通超链接。

> **注意**:$_POST[] 和 $_GET[] 全局变量都可以获取表单元素的值,但获取的表单元素名称是区分大小写的。

3) $_REQUEST[] 全局变量

使用 PHP 的 $_REQUEST[] 预定义变量也可以获取表单元素的值,格式为:

```
$_REQUEST["element_name"]
```

$_REQUEST[] 获取表单元素的值时不用区分表单的提交方式属性 method,无论表单提交方式是 POST 还是 GET 都可以用 $_REQUEST[] 方式获取表单数据,同时 $_REQUEST[] 也可以获取地址栏参数值。

知识 3 在 PHP 中获取表单数据

获取表单元素提交的值是表单应用中最基本的操作方法。本知识点主要以 POST 方法提交表单为例讲述获取表单元素的值,GET 方法提交表单的数据获取同 POST 方法相同。

1. 获取文本框、密码框、隐藏域、按钮和文本域的值

获取表单数据,实际上就是获取不同表单元素的值。<form>标签中的 name 属性表示表单元素的名称,value 属性表示表单元素的值,在获取表单元素值时需要使用 name 属性来获取相应的 value 属性值。所以表单中添加的所有表单元素必须定义对应的 name 属性值,而且 name 属性值最好是具有一定意义的字符串,这个字符串可以由英文字母和数字组合。另外表单元素在命名上尽可能不要重复,以免获取的表单元素值出错。

在 Web 程序开发中,获取文本框、密码框、隐藏域、按钮以及文本域的值的方法是相同的,都是使用 name 属性来获取相应的 value 属性值。下面仅以获取文本框中的值为例,讲解获取表单元素值的方法。读者可以举一反三,自行完成其他表单元素值的获取。

例如,下面是一个只有文本框、密码框和提交按钮的表单,代码(lt6-3.php)如下。

```php
< form id = "form1" name = "form1" method = "post" action = "lt6 - 3.php">
    用户名:< input name = "user" type = "text" id = "user" value = "James" size = "12" />
        密   码:< input name = "pass" type = "password" id = "pass" value = "123456"
    size = "12" />
    < input name = "tj_btn" type = "submit" id = "tj_btn" value = "提交" />
</form>
<?php
if( $_POST["tj_btn"] == "提交"){
    echo "您的用户名是:". $_POST["user"];
    echo "  您的密码是:". $_POST["pass"];
}
?>
```

以上代码的运行结果如图 6-3 所示。

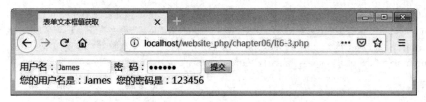

图 6-3　获取文本框、密码框和按钮的值

2. 获取单选按钮的值

单选按钮(radio)一般是成组出现的,具有相同的 name 值和不同的 value 值,在一组单选按钮中,同一时间只能有一个选项被选中。

例如,下面是一个只有一组单选按钮和提交按钮的表单,代码(lt6-4.php)如下。

```
< form id = "form1" name = "form1" method = "post" action = "lt6 - 4.php">
    < input name = "sex" type = "radio" id = "radio" value = "男" checked = "checked" />男
    < input name = "sex" type = "radio" id = "radio2" value = "女" />女
    < input name = "tj_btn" type = "submit" id = "tj_btn" value = "提交" />
</form >
<?php
if( $_POST["tj_btn"] == "提交"){
    echo "您选择的性别是:". $_POST["sex"];
}
?>
```

以上代码的运行结果如图 6-4 所示。

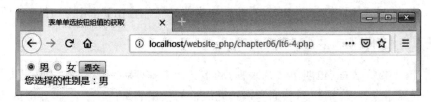

图 6-4　获取单选按钮的值

3. 获取复选框的值

复选框能够进行项目的多项选择。浏览者填写表单时,有时需要选择多个项目,例如,用户注册时为了获取用户的兴趣、爱好等信息,就可以使用复选框。复选框一般都是多个同时存在的,为了便于传值,name 的名字可以是一个数组的形式,格式如下。

```
< input type = "checkbox" name = "like[]" value = "上网"/>
```

在返回页面可以使用 count( )函数计算数组的大小,结合 for 循环语句即可输出选择的复选框的值。下面是一个只有一组复选框和提交按钮的表单,代码(lt6-5.php)如下。

```
< form id = "form1" name = "form1" method = "post" action = "lt6 - 5.php">
```

兴趣爱好：

```
< input name = "like[]" type = "checkbox" id = "like" value = "上网" checked = "checked" />上网
< input name = "like[]" type = "checkbox" id = "like" value = "看书" checked = "checked" />看书
< input name = "like[]" type = "checkbox" id = "like" value = "玩游戏" />玩游戏
< input name = "tj_btn" type = "submit" id = "tj_btn" value = "提交" />
</form>
<?php
if( $_POST["tj_btn"] == "提交"){
    echo "您的兴趣爱好是:";
    for( $i = 0; $i < count( $_POST[like]); $i++){
        echo $_POST[like][ $i]."  ";
    }
}
?>
```

以上代码运行结果如图 6-5 所示。

图 6-5　获取复选框组的值

以上代码中的 $_POST[like]为数组，$_POST[like][$i]则为具体的数组元素，$i 为数组元素下标。如图 6-5 中选择了两个复选框，则 count($_POST[like])的值为 2，for 循环需要运行两次，$i 可取值为 0 和 1，输出的数组元素分别为 $_POST[like][0] 和 $_POST[like][1]。如果想将 $_POST[like]作为数组整体输出，用函数 print_r()即可。

4．获取下拉列表框和多选列表框的值

列表框有下拉列表框(也叫单选列表框)和多选列表框两种形式，其基本语法是一样的。在进行 Web 程序设计时，下拉列表框和多选列表框的应用非常广泛。下面分别讲述这两种表单元素值的获取。

1) 下拉列表框值的获取

下拉列表框值的获取非常简单，与获取文本框的值一样，首先需要定义下拉列表框的 name 属性值，然后应用 $_POST[]全局变量进行获取即可。例如，下面是一个只有下拉列表框和提交按钮的表单，代码(lt6-6.php)如下。

```
< form id = "form1" name = "form1" method = "post" action = "lt6 - 6.php">
您的专业：
< select name = "major" id = "major">
    < option value = "计算机应用" selected = "selected">计算机应用</option >
    < option value = "网络工程">网络工程</option >
    < option value = "软件工程">软件工程</option >
    < option value = "计算机教育">计算机教育</option >
</select >
```

```
< input name = "tj_btn" type = "submit" id = "tj_btn" value = "提交" />
</form>
<?php
if( $_POST["tj_btn"] == "提交"){
    echo "您的专业是:";
    echo $_POST["major"];
}
?>
```

以上代码的运行结果如图 6-6 所示。

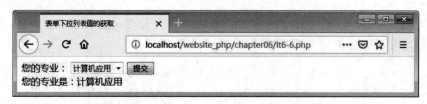

图 6-6　获取下拉列表框的值

2) 多选列表框值的获取

当<select>标签设置了 multiple 属性,则为多选列表框,可以选择多个选项。由于列表框允许选择多个选项,为了便于传值,<select>标签的命名通常采用数组形式,格式如下。

```
< select name = "course[ ]" id = "course[ ]" size = "4" multiple >…</select >
```

在返回页面可以使用 count()函数计算数组的大小,结合 for 循环语句即可输出选择的选项的值。下面是一个只有一个多选列表框和提交按钮的表单,代码(lt6-7.php)如下。

```
< form id = "form1" name = "form1" method = "post" action = "lt6 - 7.php">
您喜欢的课程:
< select name = "course[ ]" id = "course[ ]" size = "4" multiple >
    < option value = "网络编程">网络编程</option >
    < option value = "网页设计">网页设计</option >
    < option value = "Java 程序设计">Java 程序设计</option >
    < option value = "C 程序设计">C 程序设计</option >
</select >
< input name = "tj_btn" type = "submit" id = "tj_btn" value = "提交" />
</form>
<?php
if( $_POST["tj_btn"] == "提交"){
    echo "您喜欢的课程是:";
    for( $i = 0; $i < count( $_POST[course]); $i++){
        echo $_POST[course][ $i]."  ";
    }
}
?>
```

以上代码的运行结果如图 6-7 所示。

5. 获取文件域的值

文件域的作用是实现文件的上传。文件域值的获取同获取文本框的值一样,首先需要

图 6-7 获取列表框的值

定义下拉列表框的 name 属性值,然后应用 $_POST[ ] 全局变量进行获取。例如,下面是一个只有文件域和提交按钮的表单,代码(lt6-8.php)如下。

```
<form id="form1" name="form1" method="post" action="lt6-8.php">
    照片:<input name="zhaopian" type="file" id="zhaopian" size="30"/>
    <input name="tj_btn" type="submit" id="tj_btn" value="提交" />
</form>
<?php
if($_POST["tj_btn"]=="提交"){
    echo "您的照片是:";
    echo $_POST[zhaopian];
}
?>
```

以上代码的运行结果如图 6-8 所示。

图 6-8 获取文件域的值

🔔 说明:本例实现的是获取文件域的值,并没有实现文件的上传,因此不需要设置 <form> 标签的 enctype 属性为 multipart/form-data。

知识 4 复杂表单设计

知识 3 中所设计的表单比较简单,这些表单主要用于传送一条信息。而实际的 Web 程序中可能需要在一个表单中同时传送多条结构相同的数据,例如一个表单同时传送多个学生成绩或者传送一个角色的多条操作权限信息。在设计这样的复杂表单时需要掌握一些表单元素使用的技巧。要传送一项数据同时不希望在表单显示该数据可以使用隐藏元素,例如(lt6-9.php):

```
<form id="form1" name="form1" method="post" action="lt6-9.php">
```

```
< input name = "major" type = "hidden" id = "major" value = "计算机教育" size = "12"/>
< input name = "tj_btn" type = "submit" id = "tj_btn" value = "提交" />
</form>
<?php
if( $_POST["tj_btn"] == "提交"){
    echo "专业:". $_POST["major"];
}
?>
```

上面代码表单提交后会输出以下内容。

专业：计算机教育

也可以将隐藏域的名字命名为数组，这样即可通过多个命名为同一数组名的隐藏域一次性提交多项数据，例如（lt6-10.php）：

```
< form id = "form1" name = "form1" method = "post" action = "lt6 - 10.php">
    < input name = "major[]" type = "hidden" id = "major1" value = "计算机教育" size = "12"/>
    < input name = "major[]" type = "hidden" id = "major2" value = "网络工程" size = "12"/>
    < input name = "major[]" type = "hidden" id = "major3" value = "软件工程" size = "12"/>
< input name = "tj_btn" type = "submit" id = "tj_btn" value = "提交" />
</form>
<?php
if( $_POST["tj_btn"] == "提交"){
    echo "专业:";
    for( $i = 0; $i < count( $_POST["major"]); $i++)
        {
            echo $_POST["major"][ $i]."  ";
        }
}
?>
```

上面代码表单提交后会输出以下内容。

专业：计算机教育　网络工程　软件工程

也可以通过复选框传送多项数据，如果希望表单运行时不显示复选框，可以用CSS样式隐藏复选框，例如（lt6-11.php）：

```
< form id = "form1" name = "form1" method = "post" action = "lt6 - 11.php">
    < input name = "major[ ]" id = "major1" type = "checkbox" value = "计算机教育" checked = "checked" style = "display:none" />
    < input name = "major[ ]" id = "major2" type = "checkbox" value = "网络工程" checked = "checked" style = "display:none" />
    < input name = "major[ ]" id = "major3" type = "checkbox" value = "软件工程" checked = "checked" style = "display:none" />
< input name = "tj_btn" type = "submit" id = "tj_btn" value = "提交" />
</form>
<?php
if( $_POST["tj_btn"] == "提交"){
    echo "专业:";
    for( $i = 0; $i < count( $_POST["major"]); $i++)
        {
            echo $_POST["major"][ $i]."  ";
```

```
        }
    }
?>
```

上面代码表单提交后输出结果同 lt6-10.php 相同。

如果想一次性输入多项同类数据,例如一个学生的多个成绩,可以用多个文本框实现,但需要将多个文本框命名为数组,例如(lt6-12.php):

```
<form id="form1" name="form1" method="post" action="lt6-12.php">
请输入成绩:
    <input name="cj[]" type="text" id="cj1" value="" size="12"/>
    <input name="cj[]" type="text" id="cj2" value="" size="12"/>
    <input name="cj[]" type="text" id="cj3" value="" size="12"/>
<input name="tj_btn" type="submit" id="tj_btn" value="提交" />
</form>
<?php
if($_POST["tj_btn"]=="提交"){
    echo "成绩:";
    for($i=0;$i<count($_POST["cj"]);$i++)
    {
        echo $_POST["cj"][$i]."  ";
    }
}
?>
```

上面代码的运行效果如图 6-9 所示。

图 6-9 一次性输入多项同类数据

可以利用上面表单设计技巧设计一个较为复杂的录入学生成绩的表单,可同时录入多个学生的多门课程成绩,例如(lt6-13.php):

```
<form id="form1" name="form1" method="post" action="lt6-13.php">
    <table width="650" border="1" align="center" cellpadding="0" cellspacing="0">
        <tr>
            <th height="40" colspan="4">学生成绩录入</th>
        </tr>
        <tr>
            <th height="40">学号</th>
            <th>大学语文</th>
            <th>高等数学</th>
            <th>大学英语</th>
        </tr>
        <tr>
            <td height="40">
```

```html
            1401001
            <input name="xuehao[]" id="xuehao1" type="checkbox" value="1401001" checked="checked" style="display:none" />
            <input name="xm[]" type="hidden" id="xm1" value="张三" />
          </td>
          <td><input name="cj0[]" type="text" id="cj01" value="" /></td>
          <td><input name="cj0[]" type="text" id="cj02" value="" /></td>
          <td><input name="cj0[]" type="text" id="cj03" value="" /></td>
        </tr>
        <tr>
          <td height="40">
            1401002
            <input name="xuehao[]" id="xuehao2" type="checkbox" value="1401002" checked="checked" style="display:none" />
            <input name="xm[]" type="hidden" id="xm2" value="李四" />
          </td>
          <td><input name="cj1[]" type="text" id="cj11" value="" /></td>
          <td><input name="cj1[]" type="text" id="cj12" value="" /></td>
          <td><input name="cj1[]" type="text" id="cj13" value="" /></td>
        </tr>
        <tr>
          <td height="40">
            1401003
            <input name="xuehao[]" id="xuehao3" type="checkbox" value="1401003" checked="checked" style="display:none" />
            <input name="xm[]" type="hidden" id="xm3" value="王五" />
          </td>
          <td><input name="cj2[]" type="text" id="cj21" value="" /></td>
          <td><input name="cj2[]" type="text" id="cj22" value="" /></td>
          <td><input name="cj2[]" type="text" id="cj23" value="" /></td>
        </tr>
        <tr>
          <td height="40" colspan="4" align="center">
            <input name="tj_btn" type="submit" id="tj_btn" value="提交" />
          </td>
        </tr>
      </table>
    </form>
```

```php
<?php
if($_POST["tj_btn"] == "提交"){
    $cj = array();                                      //创建数组,用来存每个学生的成绩
    for($i = 0; $i < count($_POST["xuehao"]); $i++)     //按学生学号循环
    {
        $xuehao = trim($_POST["xuehao"][$i]);           //获得学号
        echo "学号:".$xuehao." | ";
        $xm = trim($_POST["xm"][$i]);                   //获得姓名
        echo "姓名:".$xm." | ";
        //利用二级循环获得每个学生的成绩
        $cjname = "cj".$i;                              //用字符串"cj"加数字 0,1,2 组合出三个学生
                                                        //成绩所对应的成绩数组名 cj0,cj1,cj2
        for($j = 0; $j < count($_POST[$cjname]); $j++)  //按学生成绩循环
```

```
                {
                    if( $j == 0){
                        $cj[ $i]. = trim( $_POST[ $cjname][ $j]);
                    }else{
                        $cj[ $i]. = " | ".trim( $_POST[ $cjname][ $j]);
                    }
                                                //如果需要将数据插入数据库,可以在此添加
                                                //相关数据库操作代码
                }
                echo "成绩:". $cj[ $i]."  ";
                echo "< br >-------------------------------------------< br >";
            }
        }
        ?>
```

上面表单元素在命名时有一定技巧,存储学生学号使用的是以下三个复选框。

```
< input name = "xuehao[ ]" id = "xuehao1" type = "checkbox" value = "1401001" checked = "checked" style = "display:none" />
< input name = "xuehao[ ]" id = "xuehao2" type = "checkbox" value = "1401002" checked = "checked" style = "display:none" />
< input name = "xuehao[ ]" id = "xuehao3" type = "checkbox" value = "1401003" checked = "checked" style = "display:none" />
```

这里三个复选框默认都设置为已勾选,同时通过 CSS 样式设置为运行时不可见,这样就可以把三个学号值传递过去。学生的姓名通过三个名字设置为数组的隐藏域传递,代码如下。

```
< input name = "xm[ ]" type = "hidden" id = "xm1" value = "张三" />
< input name = "xm[ ]" type = "hidden" id = "xm2" value = "李四" />
< input name = "xm[ ]" type = "hidden" id = "xm3" value = "王五" />
```

每个学生的多个成绩是通过多个名字设置为数组的文本框传递,代码如下。

```
< input name = "cj0[ ]" type = "text" id = "cj01" value = "" />
< input name = "cj0[ ]" type = "text" id = "cj02" value = "" />
< input name = "cj0[ ]" type = "text" id = "cj03" value = "" />
```

学生成绩数组名可按一定规则命名,方便获取成绩时使用。这里设置的三个学生的成绩数组名分别为 cj0、cj1 和 cj2。这三个数组名在获取表单数据时可以比较容易组合出来,使用字符串"cj"连接(.)一个循环变量($i)即可。然后再利用一次循环即可获得每个学生的多个成绩,如果需要将学生成绩插入数据库,可以在该循环中添加相关数据库操作代码。以上代码运行效果如图 6-10 所示。

以上例子中学生人数是固定的,实际编程中可以用 PHP 代码动态生成表单中每个学生成绩录入行,从而实现更加灵活的表单设计,例如(lt6-14.php):

```
< form id = "form1" name = "form1" method = "post" action = "lt6 - 14.php">
    < table width = "650" border = "1" align = "center" cellpadding = "0" cellspacing = "0">
        < tr >
            < th height = "40" colspan = "4">学生成绩录入</th>
```

```
    </tr>
    <tr>
      <th height="40">学号</th>
      <th>大学语文</th>
      <th>高等数学</th>
      <th>大学英语</th>
    </tr>
    <?php
    $i=0;
    $xuehao=array("1401001","1401002","1401003","1401004");
    $xm=array("张三","李四","王五","马六");
    //学号和姓名信息也可以从数据库获取
    while($i<count($xuehao))
    {
    ?>
      <tr>
        <td height="40">
        <?php echo $xuehao[$i] ?>
        <input name="xuehao[]" id="xuehao<?php echo $i ?>" type="checkbox" value="<?php echo $xuehao[$i] ?>" checked="checked" style="display:none" />
        <input name="xm[]" type="hidden" id="xm<?php echo $i ?>" value="<?php echo $xm[$i] ?>" />
        </td>
        <td><input name="cj<?php echo $i ?>[]" type="text" id="cj<?php echo $i ?>1" value="" /></td>
        <td><input name="cj<?php echo $i ?>[]" type="text" id="cj<?php echo $i ?>2" value="" /></td>
        <td><input name="cj<?php echo $i ?>[]" type="text" id="cj<?php echo $i ?>3" value="" /></td>
      </tr>
      <?php
          $i++;
      }
      ?>
      <tr>
        <td height="40" colspan="4" align="center">
        <input name="tj_btn" type="submit" id="tj_btn" value="提交" />
        </td>
      </tr>
    </table>
</form>
<?php
if($_POST["tj_btn"]=="提交"){
    //这里的表单数据处理代码同 lt6-13.php
}
?>
```

以上代码通过循环输出四个学生的成绩录入行,学生的学号和姓名存储在数组中,也可以从数据库中提取学生信息生成成绩录入表单。以上代码运行效果与 lt6-13.php 相同。

图 6-10 多名学生成绩录入

知识 5 Cookie 管理

Cookie 是在 HTTP 下，服务器或脚本维护客户机上信息的一种方式。有效地使用 Cookie 可以完成很多任务。许多提供个性化服务的网站都是利用 Cookie 来区别不同用户的。下面就详细讲述 Cookie 的相关知识。

1. 了解 Cookie

Cookie 其实就是一小段信息，它可以由脚本在客户端机器上保存。从本质上讲，它是客户的身份证。它不能作为代码执行，也不会传递病毒。简单地说，Cookie 是 Web 服务器暂时存储在用户硬盘上的一个文本文件，并随后被 Web 浏览器读取。当用户再次访问 Web 网站时，网站通过读取 Cookie 文件记录这位访客的特定信息（如上次访问的位置、花费的时间、用户名和密码等），从而迅速作出响应，如再次访问相同网站时不需要输入用户名和密码即可登录等。

Web 服务器可以利用 Cookie 来保存和维护很多与网站有关的信息。Cookie 常用于以下三方面。

（1）记录访客的某些信息。例如可以利用 Cookie 记录用户访问网页的次数，或者记录访客曾经输入过的信息，另外，某些网站可以使用 Cookie 自动记录访客上次登录的用户名和密码等信息。

（2）在网页直接传递变量。浏览器并不会保存当前页面上的任何信息，当页面被关闭时页面上的所有变量信息将随之消失。而通过 Cookie 可以把需要在页面间传递的变量先保存起来，然后到另一个页面再读取即可。

（3）将所存储的 Internet 页存储在 Cookie 临时文件夹中，可以提高以后浏览的速度。

2. 创建 Cookie

在 PHP 中通过 setcookie() 函数创建 Cookie。在创建 Cookie 之前必须了解的是,Cookie 是 HTTP 头标的组成部分,而头标必须在页面其他内容之前发送,它必须最先输出。这需要将函数的调用放到任何输出之前,包括< html >和< head >标签以及任何空格。如果在调用 setcookie() 函数之前有任何输出,本函数将失败并返回 False。如果 setcookie() 函数成功运行,将返回 True。setcookie() 函数的语法格式如下。

```
bool setcookie ( string $name [, string $value [, int $expire = 0 [, string
$path [, string $domain [, bool $secure = false]]]]] )
```

setcookie() 函数的参数说明如表 6-4 所示。

表 6-4　setcookie() 函数的参数说明

参　数	说　明	举　例
name	Cookie 的变量名	可以通过 $_COOKIE["cookie_name"]调用变量名为 cookie_name 的 Cookie
value	Cookie 变量的值,该值保存在客户端,不能用来保存敏感数据	假定 name 是"cookie_name",可以通过 $_COOKIE["cookie_name"]取得其值
expire	Cookie 过期的时间	time()+60*60*24*30 将设定 Cookie 30 天后失效。如果未设定,Cookie 将会在会话结束后(一般是浏览器关闭)失效
path	Cookie 在服务器端的有效路径	如果该参数设置为"/",Cookie 就在整个 domain 内有效;如果设置为"/bm",Cookie 就只在 domain 下的 /bm 目录及其子目录内有效。默认是当前目录
domain	Cookie 有效的域名	如果要使 Cookie 在 ccb.com 域名下的所有子域都有效,应该设置为 ccb.com
secure	指明 Cookie 是否仅通过安全的 HTTPS 连接传送,值为 0 或 1	当设置 1(True) 时,Cookie 仅在安全的连接上有效。默认值为 0(False)

例如(lt6-15.php):

```php
<?php
$value = 'I like php';
$value1= 'I hate php';
setcookie("myCookie1", $value);                    //本网页关闭后该 Cookie 就过期
setcookie("myCookie2", $value,time()+60);          //1 分钟后过期
setcookie("myCookie3", $value1,time()+3600);       //1 小时后过期
?>
```

运行本实例,在 Cookie 文件夹下会自动生成三个有效期不同的 Cookie 文件,在 Cookie 失效后,Cookie 文件会自动删除。

3. 读取 Cookie

在 PHP 中可以直接通过超级全局数组 $_COOKIE[]来读取浏览器端的 Cookie 值,例如(lt6-16.php):

```php
<?php
//输出单独的 Cookie
echo $_COOKIE["myCookie2"] . "<br>";
//另一个调试的方法就是输出所有的 Cookie
print_r( $_COOKIE);
?>
```

以上代码的输出结果如图 6-11 所示。

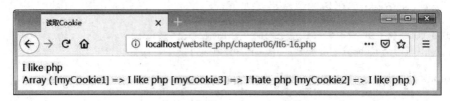

图 6-11　读取并输出 Cookie

4. 删除 Cookie

当 Cookie 被创建后，如果没有设置它的失效时间，其 Cookie 文件会在关闭浏览器时自动删除。如果要在关闭浏览器之前删除 Cookie 文件，方法有两种：一种是使用 setcookie() 函数删除；另一种是在浏览器中手动删除 Cookie。下面分别进行介绍。

1）使用 setcookie() 函数删除 Cookie

删除 Cookie 和创建 Cookie 的方式基本类似，同样使用 setcookie() 函数。删除 Cookie 只需要将 setcookie() 函数中的第二个参数设置为空值，将第三个参数 Cookie 的过期时间设置为小于系统的当前时间即可。

例如，将 Cookie 的过期时间设置为当前时间减 1s，代码如下。

```
setcookie("cookie_name" , "" , time() - 1);
```

在上面的代码中，time() 函数返回以秒表示的当前时间戳，把过期时间减 1s 就会得到过期的时间，从而删除 Cookie。当然，如果把过期时间设置为 0 也可以删除 Cookie。

2）在浏览器中手动删除 Cookie

在使用 Cookie 时，Cookie 自动生成一个文本文件存储在浏览器的 Cookies 临时文件夹中。在浏览器中删除 Cookie 文件是非常快捷的。具体操作步骤如下。

启动浏览器，选择"工具"|"Internet 选项"命令，打开"Internet 选项"对话框。在"常规"选项卡中单击"删除 Cookies"按钮，将弹出"删除 Cookie"对话框，单击"确定"按钮，即可成功删除全部 Cookie 文件。

5. Cookie 的生命周期

如果 Cookie 不设定过期时间，就表示它的生命周期为浏览器会话的时间，只要关闭浏览器，Cookie 就会自动删除。这种 Cookie 被称为会话 Cookie，会话 Cookie 是保存到内存中的，一般不保存到硬盘中。

如果设置了过期时间，那么浏览器会把 Cookie 保存到硬盘中，再次打开浏览器时会继续有效，直到 Cookie 过期之后系统才会自动删除 Cookie 文件。

虽然 Cookie 可以长期保存在客户端浏览器中，但也不是一成不变的。因为浏览器最多允许存储 300 个 Cookie 文件，而且每个 Cookie 文件支持最大容量为 4KB。每个域名最多支持 20 个 Cookie 文件，如果达到限制时，浏览器会自动随机地删除 Cookie 文件。

知识 6　Session 管理

前面提到的 Cookie 虽然可以在客户端保存一定数量的会话状态，但是事实上全部采用 Cookie 来解决会话控制是不现实的，因为 Cookie 本身的容量有限。因此这里提供另外一种解决方案，那就是只在客户端保存一个会话标志符，然后将会话数据都存储在服务器上或者数据库中。这种解决方案就是 Session，下面就详细讲述 Session 的相关知识。

1. 了解 Session

1）什么是 Session

Session 译为"会话"，其本义是指有始有终的一系列动作/消息。在计算机专业术语中，Session 是指一个终端用户与交互系统进行通信的时间间隔，通常指从注册进入系统到注销退出系统之间所经过的时间。具体到 Web 中的 Session 指的是用户在浏览某网站时，从进入网站到浏览器关闭所经过的这段时间，也就是用户浏览这个网站所花费的时间。因此 Session 实际上是一个特定的时间概念，Session 默认的生命周期为 20min。

2）为什么要使用 Session

浏览器和服务器采用 HTTP 协议进行通信，HTTP 协议是无状态的。用户从浏览器向服务器发出的每个请求都独立于它前面的请求。服务器无法知道两个连续的请求是否来自同一个用户，它所能做的就是返回当前请求的页面。为了在服务器保持客户端的状态，就需要使用 Session。

3）Session 的工作原理

Session 的工作原理比较简单，当客户端访问服务器时，服务器根据需要设置 Session，将会话信息保存在服务器上，同时将唯一标识 Session 的 session_id 传递到客户端浏览器。浏览器将这个 session_id 保存在内存中，这个 session_id 相当于无过期时间的"Cookie"。浏览器关闭后，这个"Cookie"就会清除，它不会被存储在用户的 Cookie 临时文件中。以后浏览器每次请求都会额外加上这个 session_id，服务器根据这个 session_id，就能取得客户端的数据状态。

如果客户端浏览器意外关闭，服务器保存的 Session 数据不是立即释放，此时数据还会存在，只要我们知道那个 session_id，就可以继续通过请求获得此 Session 的信息。但是 Session 的保存有一个过期时间，一旦超过规定时间没有客户端请求时，服务器就会清除这个 Session。

2. 创建和管理会话

创建一个会话主要包括启动会话、注册会话、使用会话和删除会话等步骤，下面分别介绍这些步骤。

1）启动会话

启动会话的方式有两种：一种是使用 session_start() 函数；另一种是使用 session_

register()函数为会话登录一个变量来隐含地启动会话。

session_start()函数创建会话的语法格式如下。

```
bool session_start(void);
```

使用 session_start()函数之前浏览器不能有任何输出(包括< html >和< head >标签以及任何空格),否则会产生错误,因此应该把调用 session_start()函数放在网页代码的顶端。

session_register()函数用于为会话登录一个变量来隐含地启动会话,使用 session_register()函数时,不需要再调用 session_start()函数,PHP 会在注册变量之后隐含地调用 session_start()函数。

2) 注册会话

会话变量被启动后,全部保存在数组 $_SESSION 中。通过数组 $_SESSION 创建一个会话变量很容易,只要直接给该数组添加一个元素即可。

例如,启动会话,创建一个 Session 变量并赋值,代码如下。

```
<?php
session_start();                          //启动 Session
$_SESSION["user"] = "James";              //声明一个名为 user 的 Session 变量,并赋值
?>
```

3) 使用会话

使用会话变量很简单,首先需要判断会话变量是否存在,如果不存在就创建新的会话变量;如果存在就可以用数组 $_SESSION 访问该会话变量,例如(lt6-17.php):

```
<?php
session_start();                          //启动 Session
if(!empty( $_SESSION["user"])){           //判断一个会话变量是否存在
    $user = $_SESSION["user"];            //存在就将会话变量赋给一个变量 $user
    echo $user;                           //输出变量 $user
}else{
    $_SESSION["user"] = "James";          //不存在则创建一个新的会话变量
}
?>
```

4) 删除会话

删除会话主要有删除单个会话、删除多个会话和结束当前会话三种。删除单个会话变量同删除数组元素一样,直接注销 $_SESSION 数组的某个元素即可。代码如下。

```
unset( $_SESSION["user"]);
```

在使用 unset()函数时,要注意 $_SESSION 数组中某元素不能省略,即不可以一次注销整个数组。这样会禁止整个会话的功能,如 unset($_SESSION)函数会将全局变量 $_SESSION 销毁,而且没有办法恢复,用户也不能再注册 $_SESSION 变量了。如果要删除多个或者全部会话,可以采用下面的两种方法。

如果想要一次注销所有的会话变量,可以将一个空的数组赋值给 $_SESSION,代码如下。

```
$_SESSION = array();
```

如果整个会话已经基本结束了，首先应该注意销毁所有的会话变量，然后再使用 session_destroy() 函数清除并结束当前会话，清空会话中的所有资源，彻底销毁 Session，代码如下。

```php
session_destroy();
```

3. 会话应用实例

1) 会话控制的简单应用

这里制作了两个简单的 PHP 页面来设置 Session(lt6-18.php)和输出 Session(lt6-19.php)，设置 Session 的代码如下。

```php
<?php
session_start();                                    //启动 Session
echo '欢迎来到第 1 页< br />';
$_SESSION['user'] = 'James';                        //设置 Session
$_SESSION['admin'] = 'John';                        //设置 Session
$_SESSION['time'] = time();                         //设置 Session
echo '< a href = "session2.php">第 2 页</a >';
?>
```

输出 Session 的代码如下。

```php
<?php
session_start();                                    //启动 Session
echo '欢迎来到第 2 页< br />';
echo $_SESSION['user']."< br >";                    //输出 Session
echo $_SESSION['admin']."< br >";                   //输出 Session
echo date('Y m d H:i:s', $_SESSION['time']);
?>
```

设置 Session 运行结果如图 6-12 所示，单击图 6-12 中的"第 2 页"超链接打开输出 Session 页面，运行结果如图 6-13 所示。

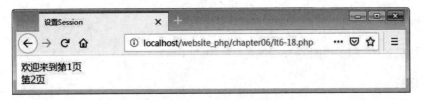

图 6-12　设置 Session 页面执行结果

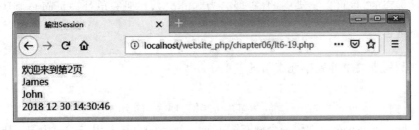

图 6-13　输出 Session 页面执行结果

2）身份验证

身份验证是会话的一个重要功能。一旦用户登录成功后，就会通过会话 ID 一直跟踪用户，并不需要用户在每个页面输入身份验证信息。但是如果用户登录失败，却要尝试登录网站的其他页面，则会提示没有登录，要求重新登录。关于身份验证的应用，将在实训中详细讲解。

3）购物车

购物车也是会话的一个重要功能。通常人们在进行购物的时候，总是选购多样物品，然后进行一次性支付。在挑选的过程中，需要将商品临时存放在一个购物车中，在购物车中用户可以方便地添加或者删除商品。而这个购物车的实现，就是通过会话来进行的。

模拟制作任务

任务　制作一个注册表单

任务背景

用户注册是动态网站的一个基本功能，为了能实现用户注册功能，就需要制作注册表单，通过注册表单网站就可以收集用户的各项信息。

任务要求

该注册表单能够方便用户输入各项信息，并在用户提交后将用户填写的信息再反馈给用户。

【技术要领】　文本框、密码框、单选按钮和文本域等各种表单元素值的获取。
【解决问题】　用户注册。
【应用领域】　注册、登录和数据录入等。

效果图

运行结果如图 6-14 和图 6-15 所示。

任务分析

本任务可以用两个页面完成，一个注册表单页面和一个注册表单处理页面。注册表单页面可以是静态的，也可以是动态的（扩展名为".php"），注册表单处理页面必须是动态的。

重点和难点

复选框和列表菜单等表单元素值的获取。

操作步骤

（1）在 Dreamweaver 中创建一个静态网页 userRegister.html，用来插入用户注册表单。

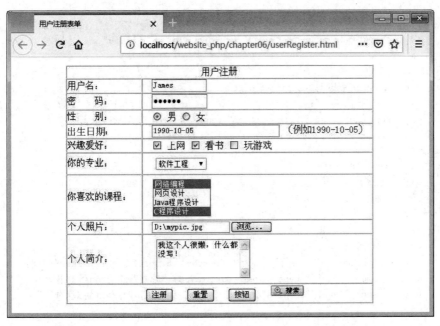

图 6-14 用户注册表单

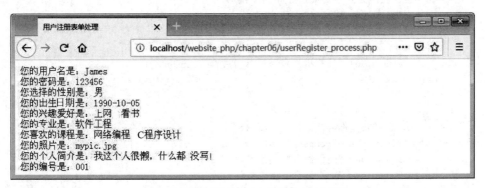

图 6-15 获取并显示用户注册表单元素值

(2) 往网页 userRegister.html 插入<form>标签,然后插入一个多行两列的表格用来布局表单元素。

(3) 往表格中依次加入各种表单元素,制作完成的表单完整代码如下。

```
< form action = "userRegister_process.php" method = "post" name = "form1" id = "form1">
    < table width = "534" height = "404" border = "1" align = "center">
        < tr >
            < td colspan = "2" align = "center">用户注册</td>
        </tr>
        < tr >
            < td width = "131">用户名:</td>
            < td width = "403">
            < input name = "user" type = "text" value = "James" size = "12" /></td>
        </tr>
```

```html
<tr>
    <td>密     码：</td>
    <td><input name="pass" type="password" value="123456" size="12" /></td>
</tr>
<tr>
    <td>性     别：</td>
    <td><input name="sex" type="radio" value="male" checked="checked" />男
        <input name="sex" type="radio" value="female" />女</td>
</tr>
<tr>
    <td>出生日期：</td>
    <td><input name="birthday" type="text" value="1990-10-05" size="30" />
    （例如1990-10-05）</td>
</tr>
<tr>
    <td>兴趣爱好：</td>
    <td><input name="like[]" type="checkbox" value="上网" checked/>上网
    <input name="like[]" type="checkbox" value="看书" checked/>看书
    <input name="like[]" type="checkbox" value="玩游戏" />玩游戏</td>
</tr>
<tr>
    <td height="35">你的专业：</td>
    <td><select name="major" id="major">
        <option value="计算机应用" selected>计算机应用</option>
        <option value="网络工程">网络工程</option>
        <option value="软件工程">软件工程</option>
        <option value="计算机教育">计算机教育</option>
    </select></td>
</tr>
<tr>
    <td height="75">你喜欢的课程：</td>
    <td><select name="course[]" id="course[]" size="4" multiple>
        <option value="网络编程">网络编程</option>
        <option value="网页设计">网页设计</option>
        <option value="Java程序设计">Java程序设计</option>
        <option value="C程序设计">C程序设计</option>
    </select></td>
</tr>
<tr>
    <td>个人照片：</td>
    <td><input name="zhaopian" type="file" id="zhaopian" size="18" /></td>
</tr>
<tr>
    <td height="82">个人简介：</td>
    <td><textarea name="jianjie" cols="20" rows="4" id="jianjie" wrap="hard">
    我这个人很懒，什么都没写！</textarea></td>
</tr>
<tr><td colspan="2" align="center">
    <input name="userid" type="hidden" value="001" /> 
    <input name="tj_btn" type="submit" id="tj_btn" value="注册" />
     <input name="cz_btn" type="reset" id="cz_btn" value="重置" />
```

```
         <input name = "pt_btn" type = "button" id = "pt_btn" value = "按钮" />
         <input type = "image" src = "search2.jpg" name = "button3" id = "button3" />
      </td></tr>
    </table>
</form>
```

（4）制作一个表单处理页面 userRegister_process.php，用来获取表单页面的数据。userRegister_process.php 页面的详细代码如下。

```
<?php
echo "您的用户名是:".$_POST["user"]."<br>";
echo "您的密码是:".$_POST["pass"]."<br>";
echo "您选择的性别是:".$_POST["sex"]."<br>";
echo "您的出生日期是:".$_POST["birthday"]."<br>";
echo "您的兴趣爱好是:";
for($i = 0;$i<count($_POST[like]);$i++){
    echo $_POST[like][$i]."  ";
}
echo "<br>您的专业是:".$_POST["major"]."<br>";
echo "您喜欢的课程是:";
for($i = 0;$i<count($_POST[score]);$i++){
    echo $_POST[score][$i]."  ";
}
echo "<br>您的照片是:".$_POST[zhaopian]."<br>";
echo "您的个人简介是:".$_POST[jianjie]."<br>";
//获取通过隐藏域传递过来的表单元素值
echo "您的编号是:".$_POST[userid]."<br>";
?>
```

（5）将网页 userRegister.html 中的表单标签<form>的 action 属性设置为表单处理页面 userRegister_process.php。

（6）在浏览器中运行表单页面 userRegister.html，结果如图 6-14 所示。填写完成注册信息，单击图 6-14 中的"注册"按钮后结果如图 6-15 所示。

🔔 **注意**：本任务也可以用一个动态网页完成，将表单处理的代码也写在同一个页面中。例如创建了一个名为 userRegister.php 的动态网页，但此时应该将表单标签<form>的 action 属性设置为 userRegister.php 本身。

实训　利用 Session 判断用户的访问权限

实训目的

网站中有些网页可能不想让没有权限的用户访问，如后台管理页面。这时可以利用 Session 判断用户的操作权限，来阻止没有权限的用户访问后台管理页面。具体可以通过会话（Session）变量来判断用户对网页的访问权限。通常的做法是在用户登录时将用户的用户名和角色等信息存储为会话变量（如 $_SESSION["user"]和 $_SESSION["role"]等）中，当用户访问其他非授权网页时先检查该会话变量是否存在,如果存在就可以访问;否则就提示用户登录并跳转到登录页面。

实训内容

利用 Session 判断用户的操作权限。

实训过程

本实训共设计了四个 PHP 网页,分别是 index.php(首页),login.php(登录网页),login_process.php(登录处理网页)和 loginout.php(注销网页)。下面详细讲述这四个 PHP 页面的设计。

(1) index.php 网页的详细代码如下。

```
<?php
session_start();
?>
<html>
<head>
<meta http-equiv="Content-Type" content="text/html; charset=gb2312" />
<title>易购商城首页</title>
</head>
<body>
<table width="997" height="170" border="0" align="center">
    <tr>
        <td height="30">
        <?php if($_SESSION["user"]=="aaa"){
            echo "欢迎您:".$_SESSION["user"].",<a href='loginout.php'>注销</a>";
        }else{
            echo "<script language='javascript'>alert('您还未登录,请先登录!');</script>";
            echo "您还未登录,请<a href='login.php'>登录</a>";
        }
        ?>
        </td>
    </tr>
    <tr>
        <td height="154"><img src="index.jpg" width="997" height="152" border="1" /></td>
    </tr>
</table>
</body>
</html>
```

(2) login.php 网页的详细代码如下。

```
<html>
<head>
<meta http-equiv="Content-Type" content="text/html; charset=gb2312" />
<title>用户登录</title>
</head>
<script language="javascript">
```

```
function check(){
    form = document.getElementById("form1");
    if(form.user.value == ""){
        alert("请输入用户名");
        form.user.focus();
        return false;
    }
    if(form.pass.value == ""){
        alert("请输入密码");
        form.pass.focus();
        return false;
    }
    return true;
}
</script>
<body>
<form id="form1" name="form1" method="post" action="login_process.php" onsubmit="return check()">
    <table width="303" height="140" border="0" align="center">
        <tr>
            <td colspan="2" align="center">用户登录</td>
        </tr>
        <tr>
            <td width="114">用户名：</td>
            <td width="189"><input name="user" type="text" id="user" /></td>
        </tr>
        <tr>
            <td>密码：</td>
            <td><input name="pass" type="text" id="pass" /></td>
        </tr>
        <tr>
            <td colspan="2" align="center">
<input name="deng_btn" type="submit" id="deng_btn" value="登录" />  
<input name="cz_btn" type="reset" id="cz_btn" value="重置" />
            </td>
        </tr>
    </table>
</form>
</body>
</html>
```

（3）login_process.php 网页的详细代码如下。

```
<?php
    session_start();
    $user = $_POST["user"];
    $pass = $_POST["pass"];
    if( $user == "aaa" and $pass == "123"){
        echo "<script language='javascript'>alert('登录成功!');
        window.location.href='index.php'</script>";
        $_SESSION["user"] = $user;
    }else{
        echo "<script language='javascript'>alert('用户名或密码错误!');
```

```
            history.back();</script>";
    }
?>
```

（4）loginout.php 网页的详细代码如下。

```
<?php
session_start();                              //启动 Session
unset($_SESSION['user']);                     //销毁会话变量 $_SESSION['user']
session_destroy();                            //清空会话
header("location:login.php");                 //跳转到登录页面
?>
```

代码运行的结果如图 6-16～图 6-18 所示。

图 6-16　登录前的网站首页

图 6-17　登录网页

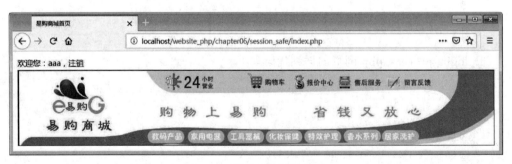

图 6-18　登录后的网站首页

从图 6-16～图 6-18 运行的结果可以看出，当用户未登录之前会提示"您还未登录，请登录"（如图 6-16 所示）。当用户正确登录后会提示相应的欢迎信息（如图 6-18 所示），登录后还可以单击"注销"超链接注销用户登录。注销功能其实就是销毁相关的会话（Session）变量并清空所有的会话。而在其他需要进行操作权限验证的网页，只需要在网页头部添加如下几条代码即可。

```
<?
session_start();
if( $_SESSION["user"] == "" or !isset( $_SESSION["user"])){
    echo "< script language = 'javascript'> alert('您还未登录,请先登录!');
    window.location.href = 'login.php';</script>";
}
?>
```

实训总结

本实训主要目的是让学生掌握利用会话（Session）变量实现对网页进行访问控制，同时熟悉会话变量的添加和清除等操作。让学生能综合运用本章所学的知识制作一个简单的控制用户访问权限的功能模块。

职业技能知识点考核

1．填空题

（1）< form >标签中_____属性指定处理该表单的 URL，_____属性指定表单的提交方式。

（2）输入域标签< input >是表单中最常用的标签之一，当该标签的 type 属性为_____时表示文本框，当该标签的 type 属性为_____时表示密码框。

（3）PHP 获取参数值的三种方式是_____、_____、_____。

（4）Session 默认的声明周期是_____分钟。

2．简答题

（1）简述 POST 和 GET 两种表单提交方式的区别与联系。

（2）简述 Cookie 和 Session 的区别与联系。

练习与实践

1．参照模拟制作任务，自己动手编写一个简单的图书信息录入表单，要求有 ISBN（书号）、BookName（书名）、Author（作者）、Price（价格）和 PublishDate（出版时间）等项。然后制作一个表单处理页面，将图书表单提交的信息提取并显示出来。

2．参照知识 4 复杂表单设计，自己动手编写一个用于按角色授权的复杂表单。

3．参照实训，自己动手编写一个简单用户登录程序，并将用户的用户名和密码信息存储在 Session 变量中，然后在另外的页面中输出 Session 中存储的数据。

模块 07 PHP数据库编程

任何一种编程语言都需要对数据库进行操作，PHP 语言也一样。现有的常用数据库有 Oracle、SQL Server、MySQL 和 Access 等，PHP 几乎支持所有数据库。而 MySQL 作为 PHP 语言的最佳搭档通常被优先选择为 Web 程序的后台数据库。本模块主要讲述如何使用 SQLyog 创建和管理数据库、使用 PHP 语言操作 MySQL 和利用 ADODB 类库操作 MySQL 等内容。

能力目标

(1) 能使用 SQLyog 创建数据表和数据库。
(2) 能使用 SQLyog 导出和导入数据库。
(3) 能使用 SQLyog 运行常用 SQL 语句。
(4) 能利用 PHP 语言操作 MySQL 数据库。
(5) 能利用 ADODB 类库操作 MySQL 数据库。

知识目标

(1) insert、select、update 和 delete 语句的语法格式及应用。
(2) mysqli_connect() 和 mysqli_select_db() 等函数的使用。
(3) mysqli_query() 函数的使用。
(4) mysqli_fetch_array() 和 mysqli_fetch_row() 等函数的使用。
(5) ADODB 类库常用函数的使用。

知识储备

知识 1 MySQL 管理工具 SQLyog 的安装和连接

MySQL[1]数据库是开放源代码的数据库，中小公司和客户可以免费使用 MySQL 数据库。其速度、可靠性和适应性都比较强，又由于 MySQL 数据库是 PHP 语言优先选择的数据库，因此 MySQL 数据库使用广泛。

MySQL 数据库的管理可以使用命令行方式和图形化管理工具，由于命令行方式使用难度较大,要熟记的命令较多,本书不做介绍。而 MySQL 图形化管理工具形象直观,易学易用,因此使用广泛。下面将详细讲述一个 MySQL 图形化管理工具 SQLyog[2],用户可以在其官方网站下载 30 天试用版。

SQLyog 的安装比较简单,只需双击安装文件 SQLyog-10.5.1-0Trial.exe,根据提示单击多次"下一步"按钮就可完成安装。安装完成后双击桌面上的 SQLyog 快捷方式或者选择"开始"|"所有程序"|SQLyog|SQLyog 都可以启动程序。

程序第一次启动时会弹出"用户选择 UI(用户界面)语言"的对话框,默认的语言为简体中文,选择好需要的语言后单击"确定"按钮。如果软件是试用版,则会弹出对话框,提示试用版距离过期天数信息(退出软件时也会弹出该对话框),这时单击"继续"按钮就会出现如图 7-1 所示的对话框。

在图 7-1 中,"我的 SQL 主机地址""用户名""密码""端口""数据/库"等输入框还无法输入信息。单击图 7-1 中的"新建"按钮,弹出图 7-2 所示的 New Connection 对话框,在"名称"框中输入连接的名称(如 goodsstore)。

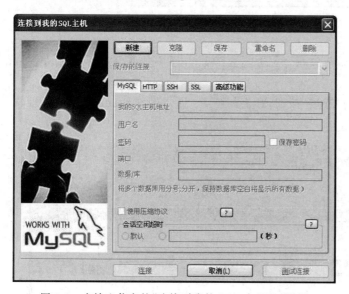

图 7-1　未输入信息的"连接到我的 SQL 主机"对话框　　　　图 7-2　新建连接

单击图 7-2 中的"确定"按钮,这时图 7-1 中的各项信息输入框就可以输入信息了。输入完成信息后的对话框如图 7-3 所示。

图 7-3 中的 MySQL 选项卡的各项信息的意义如下。

我的 SQL 主机地址:数据库服务器的 IP 地址或主机名,如果数据库服务器为本地计算机,则可以填写为 127.0.0.1 或者 localhost。如果数据库服务器为网络中其他计算机,则可以填写该服务器的 IP 地址或主机名。

用户名:数据库中用户的名字,这里使用安装数据库时的默认用户 root。

密码:数据库中用户的密码。

端口:MySQL 数据库服务使用的端口号,默认为 3306。

数据/库:要连接的数据库的名字,如果没有可以不写。

图 7-3 输入信息后的"连接到我的 SQL 主机"对话框

对于 HTTP、SSH、SSL 和"高级功能"等选项卡参数可以不用设置,使用默认参数即可。

图 7-3 中信息填写完成后单击"连接"按钮,弹出如图 7-4 所示的 SQLyog 数据库管理软件主界面。

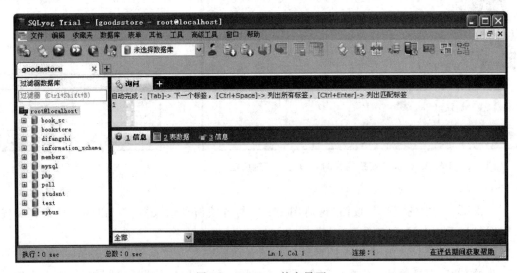

图 7-4 SQLyog 的主界面

从图 7-4 可以看出,由于在图 7-3 中的"数据/库"输入框中没有填写具体的数据库名称,所以在图 7-4 中"root@localhost"下面将显示服务器中已有的所有数据库的名称。如果用户在图 7-3 中的"数据/库"输入项中填写了具体的数据库名称(如 bookstore),那么在图 7-4 中的"root@localhost"下面将只显示该数据库的名称,不会再显示其他数据库的名称。

知识 2　创建数据库和表

在 SQLyog 中创建数据库较为简单，操作步骤如下。

（1）在图 7-4 中的"root@localhost"下方空白处单击右键或者右击"root@localhost"都会出现如图 7-5 所示的快捷菜单。

（2）单击图 7-5 中的"创建数据库"命令就会出现如图 7-6 所示的创建数据库对话框。

图 7-5　"root@localhost"快捷菜单

图 7-6　创建数据库

（3）在图 7-6 对话框中输入"数据库的名称"，选择"数据库字符集"（建议选择 utf8）和"数据库校对规则"等信息后单击"创建"按钮，即可创建一个名为 student 的数据库，如图 7-7 所示。

（4）新创建的数据库中暂时没有数据表，这时可以右击 student 数据库下的"表"，在弹出的快捷菜单中选择"创建表"命令。在主界面右侧出现的"新表"选项卡中设置新表的"表名称""引擎""字符集""核对"等信息，然后设置表中每个字段（对应表中的"列名"）的名称和"数据类型"等信息，如图 7-8 所示。

图 7-7　创建一个数据库 student

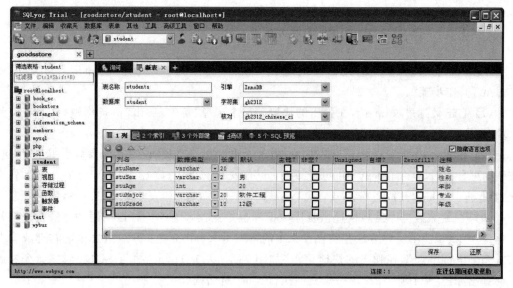

图 7-8　创建新的数据表

(5) 设置完成各项信息后，单击"保存"按钮即可创建一个新的数据表 students。数据表创建之后如果不满意还可以随时修改表结构，修改的方法也很简单。只需右击数据表 students，在弹出的快捷菜单中选择"改变表"命令即可，改变表对话框和图 7-8 基本类似，在此不做赘述。

(6) 新创建的表可以手动输入数据，选择新创建的表 students，选择右边的"2 表数据"选项卡。在表中输入 9 条数据，如图 7-9 所示。

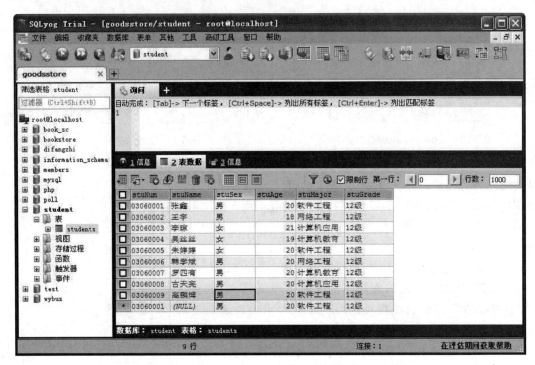

图 7-9 在 students 表中输入数据

知识 3 导出和导入数据库

SQLyog 能够轻松实现数据库的导出（备份）到导入（恢复）。例如要导出数据库 student，操作步骤如下。

(1) 右击数据库 student，在弹出的快捷菜单中选择"备份/导出"|"备份数据库，转储到 SQL"命令。此时会弹出如图 7-10 所示的对话框。

(2) 在图 7-10 中选择要导出的对象，指定导出的文件路径，设置其他参数后单击"导出"按钮即可导出数据库 student 到扩展名为".sql"的文本文件中（路径为"D:\student.sql"）。至此，数据库 student 完成备份。

如果在删除数据库后想快速恢复原数据库也是比较容易的。可以用两种方法快速恢复数据库 student。第一种方法是在图 7-9 中的"root@localhost"下方空白处单击右键或者右击"root@localhost"，在弹出的快捷菜单（如图 7-5 所示）中单击"执行 SQL 脚本"命令。此时会弹出如图 7-11 所示的"从一个文件执行查询"对话框。

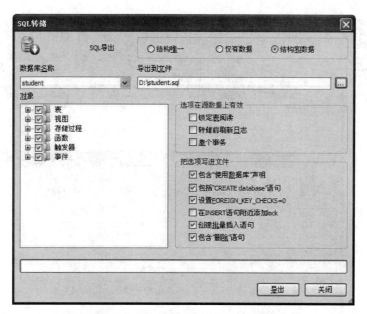

图 7-10　导出数据库为外部文本文件

在图 7-11 中指定"文件执行"框中数据库备份文件的路径（如"D:\student.sql"）后，单击"执行"按钮即可恢复原数据库 student。数据库 student 恢复后需要刷新才能在图 7-9 中的"root@localhost"下方显示，单击图 7-5 中的"刷新对象浏览器"或按快捷键 F5 即可刷新。

第二种方法是首先创建一个空的数据库 student，然后右击数据库 student，在弹出的快捷菜单中选择"导入"|"执行 SQL 脚本"命令，此时也会弹出如图 7-11 所示的对话框。

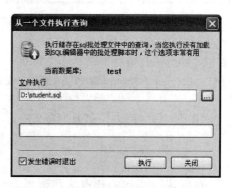

图 7-11　"从一个文件执行查询"对话框

知识 4　运行 SQL 语句

在 SQLyog 中运行 SQL 语句也是比较简单的，在主界面的"询问"子窗口中输入要执行的 SQL 语句后，通过三种方式都可执行该 SQL 语句。第一种方式是在"询问"子窗口中右击，从弹出的快捷菜单中选择"执行查询"|"执行查询"命令；第二种方式是选择"编辑"|"执行查询"|"执行查询"命令；第三种方式是选择工具栏中的"执行查询"按钮。这三种方式都可以用快捷键 F9 代替。

如图 7-12 所示即为查询 students 表中所有记录的执行结果。

图 7-12 运行的是 select 语句，insert、update 和 delete 语句同样可以在"询问"子窗口中执行。

由于篇幅限制，关于 SQLyog 软件的使用本书只讲述了一些常用的功能，还有很多操作没有涉及。读者在参考其帮助文件的基础上多使用该软件就可以更加熟悉它。另外，除了

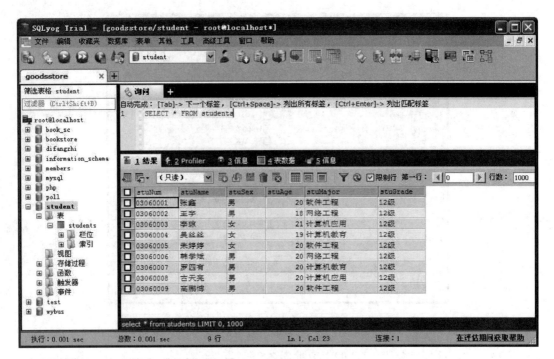

图 7-12 查询 students 表中所有记录

SQLyog 之外，还有一些其他的 MySQL 图形化管理软件，如 navicat[3] 和 phpMyAdmin[4]。如需了解这两款软件的使用，请参考它们的官方网站和相关资料。

知识 5 常用 SQL 语句

1. 插入记录 insert

在创建一个空的数据库和数据表时，除了可以手动给数据表添加数据，还可以使用 insert 语句向数据表中插入记录。insert 语句的语法格式如下。

insert into table_name(column_name1, column_name2, …) values(value1, value2, …)

table_name 表示要插入数据的表名，column_name1 和 column_name2 表示表中的字段名，各行记录值的清单在 values 关键字后的圆括号中以逗号","分隔。在 MySQL 中，一次可以同时插入多条记录，而标准的 SQL 插入语句一次只能插入一条记录。

例如，要向 students 数据表中插入一条记录，可以使用下面 SQL 语句。

insert into students(stuNum,stuName,stuSex,stuAge,stuMajor,stuGrade) values('03060010','李芳','女',21,'网络工程','11级')

执行上面语句后即可在 students 数据表中插入一条记录，如图 7-13 所示。

2. 查询记录 select

要从数据库中查询数据，就要用到数据查询语句 select，select 语句是最常用的查询语

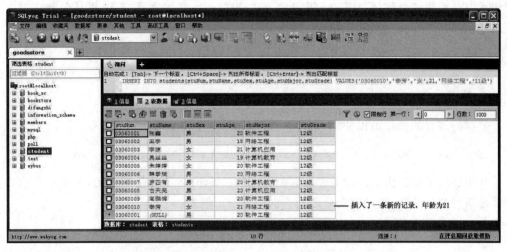

图 7-13 插入记录

句,它的使用方式有些复杂,但功能强大。select 语句的语法格式如下。

```
select selection_list                //要查询的内容,选择哪些列
from table_name                      //指定的数据表
where primary_constraint             //查询时记录必须满足的条件
group by grouping_columns            //如何对结果进行分组
order by sorting_columns             //如何对结果进行排序
having secondary_constraint          //指定对结果进行分组的条件
limit count                          //限制输出时的查询结果的数量
```

下面介绍 select 语句的一些简单的应用。

selection_list 表示要查询的数据表中的字段列表,如果查询所有字段,可以使用"＊"表示。例如:

select * from students

上面语句表示从 students 数据表中查询所有字段。

select stuNum,stuName,stuSex from students

上面语句表示从 students 数据表中查询学号、姓名和性别三个字段。

select * from students limit 5

上面语句表示从 students 数据表中查询所有字段,但只显示前 5 条记录。

select * from students where stuName like '李_'

上面语句为模糊查询,查询姓李且名字为两个汉字的学生信息。like 字句中的通配符主要有两个:_(下画线)代表模糊匹配一个字符;％(百分号)代表模糊匹配若干个字符。

select * from students order by stuNum desc

上面语句表示从 students 数据表中查询所有字段,并按学号降序排序。使用 order by

子句可以对查询结果排序。其中 asc 表示升序排序,desc 表示降序排序,默认为升序排序。

select count(*) from students

上面语句将返回学生总人数。

3. 修改记录 update

要执行修改的操作可以使用 update 语句,update 语句的语法格式如下。

update table_name set column_name1 = value1, column_name2 = value2, … where condition

其中,set 子句指出要修改的列和它们给定的值,where 子句是可选的,如果给出它将修改满足条件的记录行,否则就会修改所有的记录行。例如:

update students set stuAge = stuAge + 1 where stuNum = '03060010'

执行上面语句将修改学号为'03060010'的同学的年龄,将其年龄增加1,即从原来的21变为22,如图7-14所示。

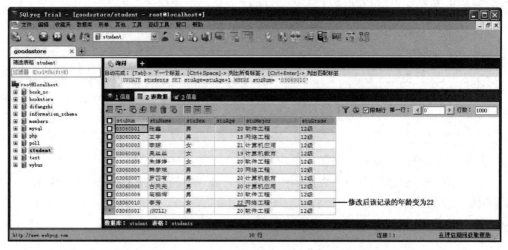

图 7-14 修改记录

注意:更新数据时一定要保证 where 子句的正确性,一旦 where 子句出错,将会破坏所有改变的数据。

4. 删除记录 delete

在数据库中,有些数据已经失去意义或者错误时就需要将它们删除,此时可以使用 delete 语句,delete 语句的语法格式如下。

delete from table_name where condition

例如:

delete from students where stuNum = '03060010'

上面语句将删除学号为'03060010'的同学的信息。如果不加 where 子句,将删除数据表中的所有数据,例如:delete from students。对于删除数据表中所有数据的删除语句应该谨慎使用,因为删除所有数据后,如果删除前没有进行数据备份,数据将无法恢复。

注意:删除数据时一定要保证where子句的正确性,一旦where子句出错,可能会删除有用的数据。

知识6 连接服务器和选择数据库

1. 连接服务器

要使用数据库首先需要连接数据库服务器,MySQL函数库中提供连接数据库服务器的函数是mysqli_connect(),该函数的语法格式如下。

resource mysqli_connect(host,username,password,dbname,port,socket);

参数host表示主机名或IP地址;username表示连接数据库的用户名;password表示连接数据库的用户密码;dbname(可选)表示默认使用的数据库;port(可选)表示尝试连接到MySQL服务器的端口号,默认为3306;socket(可选)规定socket或要使用的已命名pipe。如果该函数调用成功,则会返回连接句柄。如果失败,则会返回False,例如(lt7-1.php):

```
<?php
$link = mysqli_connect('localhost', 'root', 'xianyang');    //连接数据库服务器
if (! $link) {
    die ('连接失败: '. mysqli_error());
}
echo '服务器信息: '.mysqli_get_host_info( $link);
mysqli_close( $link);                                        //关闭连接
?>
```

以上代码连接到本地机器的MySQL数据库服务器,如果连接成功,则输出服务器信息。代码执行后输出结果如下。

服务器信息:localhost via TCP/IP

mysqli_get_host_info($link)函数用于获取服务器信息。

2. 关闭连接

通常创建一个连接后,如果不再使用后应该关闭该连接以释放资源,同时可以避免出现各种意外错误。关闭数据库连接的函数是mysqli_close(),该函数的语法格式如下。

bool mysqli_close(resource $link)

参数link(可选)表示MySQL的连接标识符,如果没有指定,默认使用最后被mysqli_connect()打开的连接。通常不需要使用mysqli_close(),因为已打开的非持久连接会在脚本执行完毕后自动关闭。但建议读者养成良好的编程习惯,在使用完毕后关闭连接。

3. 选择数据库

通常一个数据库服务器会包含多个数据库,而Web编程是要针对具体数据库的,因此在连接到数据库服务器后,还需要选择具体的数据库。选择目标数据库的函数名称为

mysqli_select_db(),该函数的语法格式如下。

bool mysqli_select_db(resource $link, string $database_name)

参数 link 表示已经创建的 MySQL 连接标识符；database_name 表示目标数据库的名称。mysqli_select_db()设定与指定的连接标识符所关联的服务器上的当前活动数据库。如果成功则返回 True，失败则返回 False。例如(lt7-2.php)：

```php
<?php
$link = mysqli_connect('localhost', 'root', 'xianyang');
if (! $link) {
    die('连接失败: '. mysqli_error());
}
//设定当前的连接数据库为 student
if (mysqli_select_db( $link,'student'))
    echo "已经选择数据库 student";
else
    echo('数据库选择失败: '. mysqli_error());
?>
```

以上代码执行后输出结果如下。

已经选择数据库 student

知识 7　创建查询和显示查询结果

数据库选择完毕，就可以针对数据库中的数据表执行插入、查询、修改和删除等基本操作了。对数据表执行基本操作的函数是 mysqli_query()，该函数的语法格式如下。

resource mysqli_query($link, $query, $resultmode);

参数 link 表示要使用的 MySQL 连接，query 表示查询字符串，resultmode(可选)表示一个常量，可选值有 MYSQLI_USE_RESULT(如果需要检索大量数据，请使用此选项)和 MYSQLI_STORE_RESULT(默认)。

mysqli_query()向与指定的连接标识符关联的服务器中的当前活动数据库发送一条查询。mysqli_query()仅对 select,show,explain 或 describe 语句返回一个结果集(资源标识符)，如果查询执行不正确则返回 False。对于其他类型的 SQL 语句，mysqli_query()在执行成功时返回 True，出错时返回 False。

如果返回一个新的结果集，可以将其传递给处理结果集的函数。处理完结果集后可以通过调用 mysqli_free_result()来释放与之关联的资源。PHP 中处理结果集的函数比较多，下面介绍其中比较常用的三个函数。

1. mysqli_fetch_row()

该函数的语法格式如下。

array mysqli_fetch_row(resource $result)

参数 result 表示 resource 型的结果集(通常由 mysqli_query()调用返回)。

mysqli_fetch_row()从和指定的结果集中取得一行数据并作为数组返回。每个结果的列(字段)存储在一个数组的单元中,偏移量从 0 开始。依次调用 mysqli_fetch_row()将返回结果集中的下一行,如果没有更多行则返回 False。例如(lt7-3.php):

```php
<?php
$link = mysqli_connect('localhost', 'root', 'xianyang') or die ('连接失败 : '. mysqli_error());
//设定当前的连接数据库为 student
if (mysqli_select_db( $link,'student')){
    echo "已经选择数据库 student";
}else{
    echo('数据库选择失败 : '. mysqli_error()); }
mysqli_set_charset( $link,"utf8");                        //指定数据库字符集
$result = mysqli_query( $link,"SELECT stuNum,stuName from students")
    or die("查询表 students 失败:" . mysqli_error());
$row = mysqli_fetch_row( $result);                        //读取结果集中的一行
while( $row)
{
    echo $row[0].'----'. $row[1] . "<br>";
    $row = mysqli_fetch_row( $result);                    //读取结果集中的下一行
}
?>
```

以上代码的执行结果如图 7-15 所示。

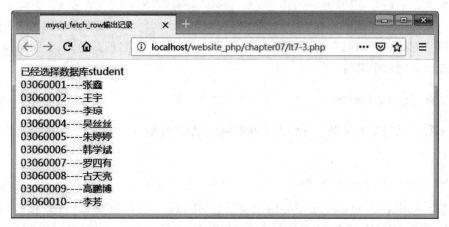

图 7-15 遍历输出查询记录

在以上代码中,首先使用 mysqli_fetch_row()函数读取结果集 $result 中的一行数据至数组 $row,然后通过 $row[字段索引]来获取数据。如果要获取记录集中所有行就应该使用循环语句,并在循环中继续使用语句"$row＝mysqli_fetch_row($result);"读取结果集中的下一行,直到 $row 返回 False 循环才结束。可以把读取结果集中一行数据代码直接放置到 while 循环的条件中,这样循环部分的代码就可以精简为以下代码。

```php
<?php
…//省略部分相同的代码
while( $row = mysqli_fetch_row( $result))
{
```

```
        echo $row[0].'----'. $row[1] . "<br>";
    }
?>
```

2. mysqli_fetch_assoc()

该函数同 mysqli_fetch_row()函数基本相同,函数的语法格式也一样,但用法上稍微有所区别。mysqli_fetch_assoc()返回从结果集取得的行生成的关联数组,如果没有更多行则返回 False。例如(lt7-4.php):

```
<?php
…//省略部分相同的代码
$row = mysqli_fetch_assoc( $result);                    //读取结果集中的一行
while ( $row)
{
    echo $row['stuNum'].'----'. $row['stuName'] . "<br>";   //用字段名访问
    $row = mysqli_fetch_assoc( $result);                //读取结果集中的下一行
}
?>
```

以上代码的运行结果和图 7-15 所示结果一样。代码首先使用 mysqli_fetch_assoc()函数读取结果集的一行,但因为 mysqli_fetch_assoc()函数返回的是关联数组,所以应该通过 $row['字段名称']来获取数据,而不能使用 $row[字段索引]来获取数据。如果结果中两个或两个以上的列具有相同字段名,最后一列将优先。要访问同名的其他列,必须用该列的数字索引或给该列起个别名。

3. mysqli_fetch_array()

该函数从结果集中取得一行作为关联数组,或数字数组,或二者兼有。该函数的语法格式如下。

```
array mysqli_fetch_array(resource $result, int $result_type)
```

参数 result 表示 resource 型的结果集。result_type 为可选参数,可以接收以下值:MYSQL_ASSOC,MYSQL_NUM 和 MYSQL_BOTH,默认值是 MYSQL_BOTH。如果使用 MYSQL_BOTH,将得到一个同时包含关联和字段索引的数组。用 MYSQL_ASSOC 只得到关联索引(如同 mysqli_fetch_assoc()一样),用 MYSQL_NUM 只得到字段索引(如同 mysqli_fetch_row()一样)。例如(lt7-5.php):

```
<?php
…//省略部分相同的代码
//读取结果集中的一行,使用 MYSQL_BOTH 参数
$row = mysqli_fetch_array( $result,MYSQL_BOTH);
while ( $row)
{
    echo $row[0].'----'. $row['stuName'] . "<br>";      //用字段索引和字段名称皆可访问数组
```

```
        $row = mysqli_fetch_array($result,MYSQL_BOTH);      //读取结果集中的下一行
}
?>
```

以上代码运行结果和图 7-15 所示结果一样。从以上代码可以看出，当用 mysqli_fetch_array()函数读取结果集 $result 并把 result_type 设置为 MYSQL_BOTH，此时将得到一个同时包含关联和数字索引的数组 $row。因此可以用字段索引(如 $row[0])和字段名称(如 $row['stuName'])两种方式来访问返回的数组。对于结果中同名列的处理同 mysqli_fetch_assoc()函数。

知识 8　获取检索记录数量

前面的三个函数用于检索记录，但是并没有直观地反映出一共检索了多少条记录。要统计获得的记录数量可以使用 mysqli_num_rows()函数。该函数的语法格式如下。

```
int mysqli_num_rows(resource $result)
```

参数 result 表示 resource 型的结果集。mysqli_num_rows()返回结果集中行的数目。此命令仅对 select 语句有效。如果想要取得被 insert、update 或者 delete 查询所影响到行的数目，用 mysqli_affected_rows()函数。例如(lt7-6.php)：

```
<?php
…//省略了连接数据库的代码
mysqli_set_charset($link,"utf8");                          //指定数据库字符集
$result = mysqli_query($link,"select * from students")
   or die("查询表 students 失败: " . mysqli_error());
$rows = mysqli_num_rows($result);                          //取得记录数量
echo "总记录数: $rows <br>";
echo "<table border=1><tr><td>学号</td>";
echo "<td>姓名</td><td>性别</td><td>年龄</td></tr>";
//因为已经获得的记录的行数 $rows,因此可以用 for 循环输出所有记录
for($i=0; $i<$rows; $i++)
{
    $row = mysqli_fetch_array($result,MYSQL_BOTH);
    echo "<tr><td>". $row['stuNum']."</td><td>". $row['stuName']."</td>";
    echo "<td>". $row['stuSex']."</td><td>". $row['stuAge']."</td></tr>";
}
echo "</table>";
?>
```

以上代码的执行结果如图 7-16 所示。

另外，除了用 mysqli_num_rows()函数可以获得记录数量外，还可以通过 SQL 中的 count 子句获取被查询的记录数目。例如下面 SQL 语句即可统计数据表中的记录数量。

```
select count(*) as record_num from students
```

再通过以下 PHP 代码即可获得并输出数据表中的记录数量。

```
<?php
…//省略了连接和选择数据库的代码
```

```
$result = mysqli_query( $link,"select count( * ) as record_num from students ")
    or die("查询表 students 失败： " . mysqli_error());
$row = mysqli_fetch_array( $result,MYSQL_BOTH);
echo "总记录数:". $row['record_num '];
?>
```

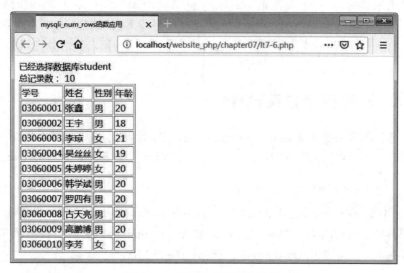

图 7-16　获取检索记录的数量

知识 9　插入、更新和删除记录

前面的知识点讲述了连接数据库服务器、选择数据库和检索数据，接下来将介绍如何向数据库中插入记录。插入记录同查询检索记录在用法上没有本质的区别，唯一不同的是使用插入 SQL 语句。例如通过以下 PHP 代码(lt7-7.php)即可向数据表中插入记录。

```
<?php
…//省略连接数据库的代码
$insert_sql = "insert into students(stuNum,stuName,stuSex,stuAge,stuMajor,stuGrade) values
('03060011','江月凤','女',22,'软件工程','10 级')";                　　//设定插入 sql 语句
//执行插入 sql 语句
mysqli_query( $link, $insert_sql) or die("插入失败： " . mysqli_error());
…//省略查询输出数据表记录的代码
?>
```

更新记录同插入记录类似，不同的是使用 update 语句来更新记录。例如通过以下 PHP 代码(lt7-8.php)即可更新数据表中的记录。

```
<?php
…//省略连接数据库的代码
//设定更新 SQL 语句
$update_sql = "update students set stuAge = stuAge + 1 where stuNum = '03060011'";
//执行更新 SQL 语句,修改学号为'03060011'的学生,将其年龄增加 1 岁
mysqli_query( $link, $update_sql) or die("插入失败： " . mysqli_error());
…//省略查询输出数据表记录的代码
```

```
?>
```

删除记录是通过 delete 语句实现的,过程同插入和编辑记录类似。例如,通过以下 PHP 代码(lt7-9.php)即可删除数据表中的记录。

```php
<?php
…//省略连接数据库的代码
$delete_sql = "delete from students where stuNum = '03060011'";   //设定删除 sql 语句
//执行删除 sql 语句,删除学号为'03060011'的记录
mysqli_query( $link, $delete_sql) or die("插入失败: " . mysqli_error());
…//省略查询输出数据表记录的代码
?>
```

以上插入、更新和删除记录的过程中用户无法与 Web 程序交互,要插入、更新和删除记录的字段值都是提前指定的,这种 Web 程序的灵活性和交互性较差。如果要提高用户的可操作性和 Web 程序的交互性,就需要结合表单实现记录的插入、更新和删除。这些知识将在后续内容中详细讲解。

知识 10　ADODB 类库概述

ADODB,全称是 Active Data Objects Data Base,它是存取数据库所使用的一组函数。虽然 PHP 是构建 Web 程序强有力的工具,但是由于 PHP 的数据库存取函数一直没有标准化,操作不同数据库的函数名称、参数差异很大,在更换数据库时,会带来大量的代码修改工作。这时就需要一组函数来隐藏不同数据库间的差异,让开发者可以实现相对简单的数据库系统移植,这就是 ADODB 类库。ADODB 类库具有以下优点。

(1) 安装简单,易学易用。提供了与微软公司的 ADODB 相似的语法功能。初学者尤其是有一定 ASP 语言基础的开发人员都可以很快上手。

(2) 以标准的 SQL 语句书写的程序在更换数据库时不需要改变源程序。

(3) 支持缓存查询,可以最大限度提高查询速度。

ADODB 目前支持的数据库系统有 MySQL、Oracle、MS SQL Server、Sybase/Sybase SQL Anywhere、Informix、PostgreSQL、FrontBase、Interbase、FoxPro、Access、ADO 和 ODBC 连接。

ADODB 拥护者很多,很多著名的开源软件如 PostNuke、phpWiki、Mambo、eGroupware 等,都使用 ADODB 作为数据库抽象类库。

ADODB 的类库非常大,仅主执行类(adodb.inc.php)就有 120KB,因此这在一定程度上影响它的执行效率。所以在使用 ADODB 类库时应该充分考虑到这一点。

要使用 ADODB 来操作数据库,首先要获取和安装 ADODB,读者只要到网上下载 ADODB 类库包,将其解压到 Web 服务器目录下,然后在需要使用的位置调用 ADODB 中的文件即可。

本书下载的 ADODB 版本是 5.0,并将其解压到网站根目录 adodb5 中。在需要使用 ADODB 类库的网页中导入其主类即可。导入 ADODB 主类的代码如下。

```
include_once('../adodb5/adodb.inc.php');
```

注意：要使用 ADODB 类库，PHP 的版本必须是 4.0 以上。

知识 11　使用 ADODB 操作 MySQL

利用 ADODB 操作 MySQL 数据库是非常简单的，例如(lt7-10.php)：

```php
<?php
include_once('../adodb5/adodb.inc.php');        //载入 adodb.ini.php 文件
$conn = ADONewConnection('mysql');              //建立连接对象
$conn -> PConnect('localhost','root','xianyang','student'); //连接 MySQL 数据库 student
$conn -> execute('set names utf8');             //设置编码
$rst = $conn -> Execute('select * from students') or die('执行错误'); //执行 SQL 查询
//循环输出 students 表中数据
echo '<table width=300 border=1><tr><th>学号</th><th>姓名</th><th>性别</th>';
    while(!$rst -> EOF){                        //如果没有错误,则配合 while 语句循环输出结果
        echo '<tr align=center><td>'.$rst -> fields['stuNum'].'</td><td>'.//续下行
            $rst -> fields['stuName'].'</td><td>'.$rst -> fields['stuAge'].'</td><tr>';
        $rst -> movenext();                     //指针下移
    }
echo '</table>';
$rst -> close();                                //关闭结果集
$conn -> close();                               //关闭数据库连接
?>
```

以上代码执行结果如图 7-17 所示。读者从上面代码不难发现使用 ADODB 编写的代码语法和 ASP 语言比较类似。如其中的 while 循环，记录指针下移，关闭记录集和关闭数据库连接等代码。

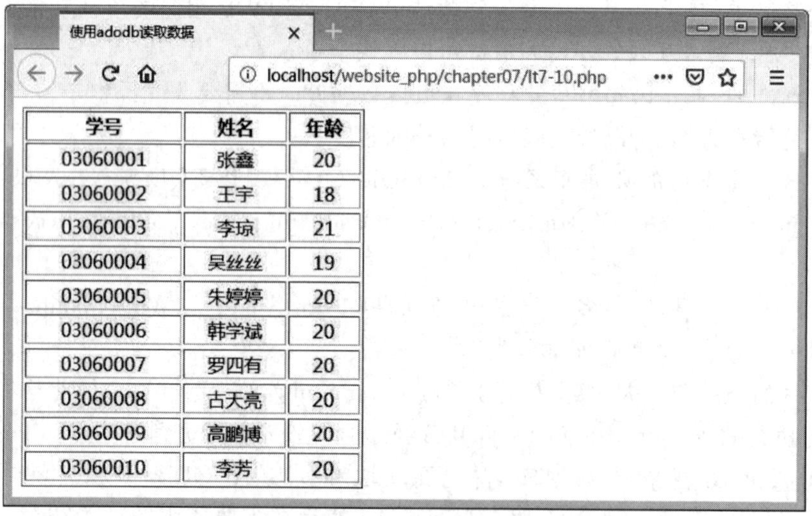

学号	姓名	年龄
03060001	张鑫	20
03060002	王宇	18
03060003	李琼	21
03060004	吴丝丝	19
03060005	朱婷婷	20
03060006	韩学斌	20
03060007	罗四有	20
03060008	古天亮	20
03060009	高鹏博	20
03060010	李芳	20

图 7-17　使用 ADODB 读取数据

总体来说，使用 ADODB 类库操作数据库的基本步骤如下。

（1）载入 adodb.ini.php 文件。adodb.inc.php 作为 ADODB 的主执行类，必须在任何需要使用 ADODB 类库的网页中载入。

（2）建立连接对象，使用 ADONewConnection()函数。

（3）连接数据库，当建立好一个连接对象时，并没有真正连接上数据库。仍需要使用 Connect()或者 PConnect()两个方法来完成真正的连接。

（4）定义结果集的存储方式。

（5）执行 SQL 语句，使用 Execute 方法返回结果集。

（6）获取结果集。

（7）关闭结果集和数据库连接。

知识 12　ADODB 类库常用函数

ADODB 是一个非常庞大的类库，里面包含了大量的函数和变量，这里主要介绍其中使用比较频繁的一些函数和变量。下面以知识 11 中总结的基本步骤为顺序，对 ADODB 类库中的常用函数和变量进行分类讲解。

1．连接数据库的函数和方法

ADODB 类库中连接数据库的函数主要有三个，下面分别介绍它们。

（1）ADONewConnection()函数，建立数据库连接对象。

该函数的语法格式如下。

```
ADONewConnection( $databaseType)
```

参数 databaseType 为要连接的数据库系统的名称。例如 mysql、mssql 和 ado_access 等。无论何时需要连接到一个数据库时，都必须使用 ADONewConnection()函数建立了一个连接对象。NewADOConnection()是 ADONewConnection()的另一个功能相同的函数。

（2）PConnect()函数，实现与数据库持久化连接。

该函数的语法格式如下。

```
PConnect( $host, $user, $password, $database)
```

参数 host 表示数据库服务器所在 IP 地址或主机名。如果本机就是数据库服务器，其值为 127.0.0.1 或 localhost；user（可选）表示数据库用户名；password（可选）表示该用户密码；database（可选）表示要连接到的数据库名。连接成功返回 True，失败则返回 False。

（3）Connect()函数，实现与数据库非持久化连接。

Connect()函数的语法格式和各参数的意义同 PConnect()函数一样。

持久化和非持久化连接的区别在于：持久化连接不用每次都创建新连接，这样就可以提高程序的执行速度，减少对数据库服务器资源的消耗。但有些数据库服务器不支持持久化连接，这时就可以使用 Connect()函数代替 PConnect()函数。

2．结果集控制的常用共享变量

对结果集存取方式的控制需要使用 ADODB 类库中的共享变量。ADODB 类库中的共享变量可以控制结果集的存取方式，模拟 select 语句返回记录总数以及设置缓存目录等。下面分别介绍它们。

(1) $ADODB_COUNTRECS：当本变量（$ADODB_COUNTRECS）被设定为 True 时，如果数据库驱动程序接口（API）不支持回传被 select 指令所选取的数据笔数，那么 RecordCount()函数将会自动仿真，并回传正确的数据笔数，默认值即为 True。仿真方式是建立一个内存暂存区来放置这些资料，因此当取回的资料笔数很大时，会占用很大量的内存。当设定本变量值为 False 时，会有最好的效能。本变量在每次执行查询时都会自动检查，所以应该依实际需要在每次查询前进行设定。

(2) $ADODB_CACHE_DIR：如果你使用了资料集快取功能，那么那些快取资料都会被放置到这个变量所指定的目录里。所以当要使用诸如 CacheExecute()函数前，应该要先设定好本变量。

(3) $ADODB_FETCH_MODE：这个共享变量决定结果集以哪种方式将资料传给数组。结果集在被建立时（如 Execute()或 SelectLimit()）会把本变量（$ADODB_FETCH_MODE）的值保存下来，而随后本变量（$ADODB_FETCH_MODE）的任何改变都不会影响到现存的结果集，只有在以后结果集被建立起来时才会改变。该共享变量的取值如下。

ADODB_FETCH_DEFAULT 或 0（默认值）
ADODB_FETCH_NUM 或 1　（数字索引存取字段）
ADODB_FETCH_ASSOC 或 2　（关联索引存取字段）
ADODB_FETCH_BOTH 或 3　（数字和关联索引皆可存取字段）

例如，将知识 11 中的读取数据表 students 的代码改写如下（lt7-11.php）：

```
<?php
…//省略了部分相同的代码
$ADODB_FETCH_MODE = ADODB_FETCH_NUM;
//或者 $ADODB_FETCH_MODE = 1
$rst = $conn -> Execute('select stuNum,stuName,stuAge from students') or die('执行错误');
echo "学号    姓名    性别<br>";
while(!$rst -> EOF){                //如果没有错误,则配合 while 语句循环输出结果
  echo $rst -> fields[0].'  '.$rst -> fields[1].
   '  '.$rst -> fields[2].'<br>';
  $rst -> movenext();               //指针下移
}
$rst -> close();
$conn -> close();
?>
```

在本范例中，由于将共享变量 $ADODB_FETCH_MODE 设定为 ADODB_FETCH_NUM 或 1，所以读取结果集中数据就需要使用字段索引来访问（如 $rst->fields[0]）。

如果没有任何的模式被设定，默认值则是 ADODB_FETCH_DEFAULT（或 0）。呈现的模式则依据数据库驱动程序而有所不同。为了提高 Web 程序的可移植性，建议开发者将本变量固定为 ADODB_FETCH_NUM 或 ADODB_FETCH_ASSOC，因为有许多数据库驱动程序并不支持 ADODB_FETCH_BOTH。

3．执行 SQL 语句和获取结果集

在完成与数据库的连接后，接下来要做的就是执行 SQL 语句和获取结果集了。

ADODB 中执行 SQL 语句和获取结果集的函数比较多。下面介绍一些比较常用的函数。

(1) execute()函数：该函数执行 SQL 语句，并返回一个结果集（ADORecordset 对象），即使是执行 insert 或 update 指令也一样返回一个结果集；失败则返回 false。语法格式如下。

```
execute( $sql, $inputarr = false)
```

参数 sql 表示要执行的 SQL 语句；inputarr（可选）用来作为传入的结合变量。没有变量 inputarr 时，sql 为普通 SQL 语句，execute 的格式如下。

```
execute('select stuNum,stuName,stuAge from students where stuNum = 03060001');
```

当使用变量 inputarr 是，execute 的格式如下。

```
execute('select stuNum,stuName,stuAge from students where stuNum = ?',array( $val));
```

结合变量（Binding variables）的结合可以加快 SQL 指令编译及快取的速度，产生较佳的效果。例如，将知识 11 中的读取数据表 students 的代码改写如下（lt7-12.php）：

```
<?php
…//省略了部分相同的代码
$ADODB_FETCH_MODE = ADODB_FETCH_NUM;
$rst = $conn -> Execute('select * from students where stuNum = ?',array('03060001')) or die('执行错误');
while(! $rst -> EOF){                    //如果没有错误,则配合 while 语句循环输出结果
  echo '学号:'. $rst -> fields[0]. '  姓名:'. $rst -> fields[1]. '  性别:'. $rst -> fields[2];
  $rst -> movenext();                    //指针下移
}
$rst -> close();
$conn -> close();
?>
```

以上代码输出结果如下。

学号：03060001 姓名：张鑫 性别：男

(2) CacheExecute()函数：该函数不但具有 execute()函数的功能，而且可以将查询结果保存到缓存中。如果以后还有相同的查询，就可以直接从缓存中获取。语法格式如下。

```
CacheExecute( $sec, $sql, $inputarr = false)
```

参数 sec（可选）表示查询结果集在缓存中保存的时间，单位为秒；sql 表示要执行的 select 查询语句，这里只能是 select 语句；inputarr（可选）为结合变量。CacheExecute()的调用方法如下。

```
CacheExecute(20,'select * from students where stuNum >?',array('03060004'));
```

如果 CacheExecute()被多次呼叫，而且资料集也持续在快取中，sec 参数不会延长被快取的资料集的保留时间（因为会被忽略掉）。

当数据库服务器运行效率慢于 Web 服务器或数据库的负荷非常重的时候，快取的效益

极为显著。ADODB 的快取能减少数据库服务器的负荷。当然，如果数据库服务器负荷不大，而且运作速度也比 Web 服务器快，那快取反而会降低效能。

（3）SelectLimit()函数：该函数返回一个指定起始位置和记录数的结果集。语法格式如下。

```
SelectLimit( $sql, $numrows = -1, $offset = -1, $inputarr = false)
```

参数 numrows(可选)表示要查询的记录数，如果该值为－1，则函数会一直查询到最后一条记录；offset(可选)表示从第几条记录开始计算；其他参数的含义同 CacheExecute()函数一样。SelectLimit()函数的调用方法如下。

```
SelectLimit('select * from students where stuNum >?',3,2,array('03060004'));
```

（4）CacheSelectLimit()函数：该函数不但具有 SelectLimit()函数的功能，而且具有 CacheExecute()函数的功能。语法格式如下。

```
CacheSelectLimit([ $sec,] $sql[, $numrows = -1][, $offset = -1][, $inputarr = false])
```

参数含义同 SelectLimit 函数。CacheSelectLimit()函数的调用方法如下。

```
CacheSelectLimit(20,'select * from students where stuNum >?',3,2,array('03060004'));
```

（5）CacheFlush()函数：该函数用于清除所有 ADODB 数据库的缓存。

4．控制结果集的函数

当使用 Execute()函数执行 SQL 指令时，会回传一个结果集。该结果集实际上就是一个 ADORecordset 对象。通过对该对象的控制，可以对结果集进行各项操作。下面介绍一些常用的操作结果集的变量和函数。

（1）EOF 变量：记录当前指针是否指向最后一条记录。如果是最后一条记录，则返回 True，否则返回 False。

（2）fields 变量：保存当前指针所指向的记录。

（3）MoveNext()函数：将结果集的指针下移一位。如果成功，则返回 True，否则返回 False。

（4）Move($num)函数：将结果集的指针移动到指定的位置。如果 $num 等于 0，则移动指针至结果集的第一条记录；如果 $num 的值大于结果集总记录数，则移动指针至结果集的最后一条记录。

（5）MoveFirst()函数：移动指针至结果集的第一条记录，相当于 Move(0)。

（6）MoveLast()函数：移动指针至最后一条记录，相当于 Move(RecordCount()－1)。

（7）FieldCount()函数：返回结果集中的字段数。

（8）RecordCount()函数：返回结果集中的记录数。

（9）CurrentRow()函数：返回当前指针所指的记录序号，第一条记录用 0 表示。

另外可以使用 GetAll()函数代替 Execute()函数，该函数返回的结果为一个关联数组，这样可以使用 foreach 或 for 循环语句非常方便地输出数组中的数据。例如（lt7-13.php）：

```php
<?php
…//省略部分连接数据库的代码
$conn -> Execute('set names gb2312');
//构造并执行一个查询
$query = "SELECT * FROM students";
$result = $conn-> GetAll( $query) or die('执行错误');
foreach( $result as $row){
    echo $row[stuNum] . " - " . $row[stuName] . "< br >";
}
//取得和显示返回的记录行数
echo "\n[" . sizeof( $result) . " 行记录被返回]\n";
//清除无用的对象
$conn-> Close();
?>
```

以上代码执行结果如图 7-18 所示。

图 7-18　使用 GetAll()函数获取表中数据

ADODB 的 GetOne($sql)函数可以方便地检测某条记录是否存在。该函数返回查询记录的第 1 条第 1 个字段的值，如果执行过程中出现错误，则返回布尔值 False。例如（lt7-14.php）：

```php
<?php
include_once('../adodb5/adodb.inc.php');
//创建一个mysql连接实例对象
$db = NewADOConnection("mysql");
//打开一个数据库连接
$db-> Connect("localhost", "root", "xianyang", "student") or die('执行错误');
$rs = $db-> GetOne("SELECT * FROM students WHERE stuNum = '03060001'");
if( $rs){
    echo $rs.'记录存在';
}else {
    echo '记录不存在';
}
?>
```

以上代码的输出结果如下。

03060001 记录存在

如果数据表中 id=$id 的记录有多条，不仅要知道是否存在有这样一条记录，还要把这条记录提取出来，则可以使用 ADODB 的 GetRow($sql)函数。该函数执行 SQL 指令，并且以数组的方式回传第一条记录。例如（lt7-15.php）：

```php
<?php
include_once('../adodb5/adodb.inc.php');
//创建一个 mysql 连接实例对象
$db = NewADOConnection("mysql");
//打开一个数据库连接
$db->Connect("localhost", "root", "xianyang", "student") or die("Unable to connect");
mysql_query("set names gb2312");
$rs = $db->GetRow("SELECT * FROM students WHERE stuNum = '03060001'");
if(is_array($rs)){
    echo '记录存在<br>';
    echo '学号:'.$rs['stuNum'].'  姓名:'.$rs['stuName'];
} else {
    echo '记录不存在';
}
?>
```

以上代码的输出结果如下。

记录存在
学号：03060001 姓名：张鑫

需要注意的是，GetOne($sql)和 GetRow($sql)都能得到一条特定的记录，或者得到该记录不存在的信息，但是如果符合查询条件的记录存在多条时，则这两个方法只传回第一条记录，其他的都自动放弃。

5. 生成 HTML 表格函数

rs2html()函数，返回一个 HTML 表格格式的结果集。语法格式如下。

rs2html($adorecordset, $tableheader_attributes, $col_titles)

参数 adorecordset 表示要返回的结果集；tableheader_attributes（可选）允许控制表格里的参数如 cellpadding，cellspacing 及 border 等的属性；col_titles（可选）用于更换数据库字段名称，使用自己的字段抬头。要使用这个函数，必须引入 tohtml.inc.php。例如（lt7-16.php）：

```php
<?php
include_once ('../adodb5/adodb.inc.php');
include_once '../adodb5/tohtml.inc.php';                //载入 tohtml.inc.php 文件
$conn = ADONewConnection('mysql');
$conn->PConnect('127.0.0.1','root','xianyang','student');
$conn->execute('set names gb2312');
$rst = $conn->execute('select * from students');        //返回查询结果集
```

```
//输出结果集
rs2html($rst,'width="550" border="1" cellpadding="1" cellspacing="0"
bordercolor="#FF0000" bgcolor="#FFFFFF"',array('学号','姓名','性别','年龄','专业','年级'));
?>
```

以上代码设置输出表格的宽度为550px,边框为1px,单元格填充为1px,单元格间距为0px,边框颜色为红色,背景颜色为白色。输出结果如图7-19所示。

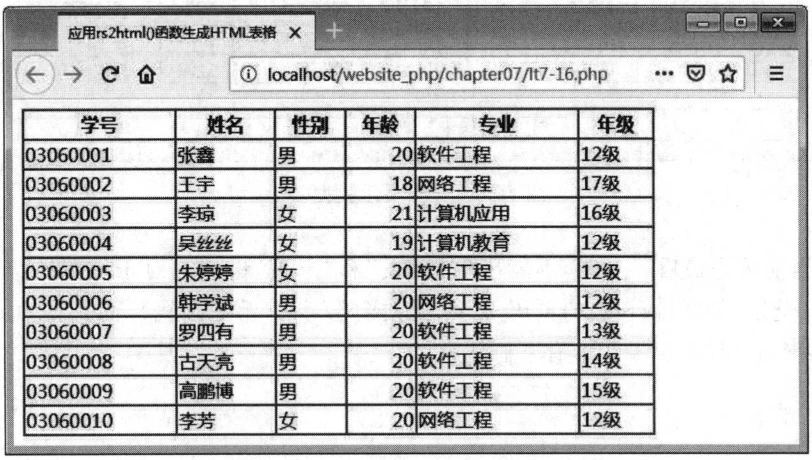

学号	姓名	性别	年龄	专业	年级
03060001	张鑫	男	20	软件工程	12级
03060002	王宇	男	18	网络工程	17级
03060003	李琼	女	21	计算机应用	16级
03060004	吴丝丝	女	19	计算机教育	12级
03060005	朱婷婷	女	20	软件工程	12级
03060006	韩学斌	男	20	网络工程	12级
03060007	罗四有	男	20	软件工程	13级
03060008	古天亮	男	20	软件工程	14级
03060009	高鹏博	男	20	软件工程	15级
03060010	李芳	女	20	网络工程	12级

图7-19　应用rs2html()函数生成HTML表格

模拟制作任务

任务1　制作一个分页浏览的PHP网页

任务背景

当网页中一页的内容显示比较多时,需要提供分页功能。

任务要求

(1) 应该提供"首页""前页""后页""末页"等链接供用户实现翻页。

(2) 应该提供页码链接让用户单击后跳转到相应页。

【技术要领】　翻页链接和页码链接的实现。

【解决问题】　分页浏览。

【应用领域】　网页数据分页显示。

效果图

分页浏览运行结果如图7-20所示。

任务分析

这一任务的重点是翻页和页码链接的实现,当前页为第一页时,不能出现"首页"和"前

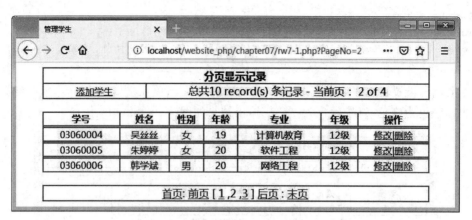

图 7-20 分页显示数据效果

页"链接;当前页为最后一页时,不能出现"后页"和"末页"链接。对于页码链接,要求当前页码不能有链接,如图 7-20 中的页码 2 没有链接(数字 2 无下画线),而其他页码链接如 1 和 3 就应该有链接(数字 1 和 3 有下画线)。

重点和难点

翻页链接和页码链接的实现。

操作步骤

创建 rw7-1.php 网页,该网页代码如下所示。

```php
<?php
//每页显示记录数
$PageSize = 3;
$StartRow = 0;                                  //开始显示记录的编号
//从地址栏中获取用户提交的页码数
if(empty( $_GET['PageNo'])){                    //如果为空,则表示第 1 页
    if( $StartRow == 0){
        $PageNo = 1;                            //设定为 1
    }
}else{
    $PageNo = $_GET['PageNo'];                  //获得用户提交的页数
    $StartRow = ( $PageNo - 1) * $PageSize;     //获得开始显示的记录编号
}
/* 因为显示页码的数量是动态变化的,假如总共有 100 页,则不可能同时显示 100 个链接,
而是根据当前的页数显示一定数量的页面链接,变量 $CounterStart 用于设置显示页码的初始
值。*/
if( $PageNo % $PageSize == 0){
  $CounterStart = $PageNo - ( $PageSize - 1);
}else{
  $CounterStart = $PageNo - ( $PageNo % $PageSize) + 1;
}
//显示页码的最大值
$CounterEnd = $CounterStart + ( $PageSize - 1);
```

```php
?>
<html>
<head>
<title>管理学生</title>
</head>
<?php
    $link = mysqli_connect("localhost", "root", "xianyang") or die("could not connect");
    mysqli_select_db( $link,"student");
    mysqli_set_charset( $link,"utf8");                        //指定数据库字符集
    $TRecord = mysqli_query( $link,"SELECT * FROM students ORDER BY stuNum");
    $result = mysqli_query( $link,"SELECT * FROM students ORDER BY stuNum LIMIT $StartRow, $PageSize");
    //获取总记录数
    $RecordCount = mysqli_num_rows( $TRecord);
    //获取总页数
    $MaxPage = $RecordCount % $PageSize;
    if( $RecordCount % $PageSize == 0){
        $MaxPage = $RecordCount / $PageSize;
    }else{
        $MaxPage = ceil( $RecordCount / $PageSize);
    }
?>
<body class = "UsePageBg">
<table width = "90%" border = "1" align = "center" cellpadding = "0" cellspacing = "0">
    <tr>
        <th height = "25" colspan = "2" align = "center"><font size = 4>分页显示记录</font></th>
    </tr>
    <tr>
        <td width = "27%" align = "center"><a href = "studentAdd.php" target = "_blank">添加学生</a></td>
        <td width = "73%" align = "center"><font size = 4><?php print "总共 $RecordCount record(s) 条记录 - 当前页: $PageNo of $MaxPage" ?></font></td>
    </tr>
</table>
<br>
<table width = "90%" border = "1" align = "center" cellpadding = "0" cellspacing = "0">
    <tr><th>学号</th><th>姓名</th><th>性别</th><th>年龄</th><th>专业</th><th>年级</th><th>操作</th></tr>
<?php
while ( $row = mysqli_fetch_array( $result, MYSQL_BOTH)) {
?>
<tr><td colspan = "7" height = "3" bgcolor = "#CCCCCC"></td></tr>
<tr>
    <td align = "center"><?php echo $row["stuNum"] ?></td>
    <td align = "center"><?php echo $row["stuName"] ?></td>
    <td align = "center"><?php echo $row["stuSex"] ?></td>
    <td align = "center"><?php echo $row["stuAge"] ?></td>
    <td align = "center"><?php echo $row["stuMajor"] ?></td>
    <td align = "center"><?php echo $row["stuGrade"] ?></td>
    <td align = "center"><a href = "studentEdit.php?id = <?php echo $row["stuNum"] ?>" target
```

```php
    = "_blank">修改</a>|<a href = "studentDelete.php?id = <?php echo $row["stuNum"] ?>" target
    = "_blank">删除</a></td>
</tr>
<?php } ?>
</table><br>
<table width = "90%" border = "1" align = "center" cellpadding = "0" cellspacing = "0">
    <tr><td align = "center">
        <?php
    echo "<font size = 4>";
        //如果当前页不是第一页,则显示第一页和前一页的链接
        if( $PageNo != 1){
            $PrevStart = $PageNo - 1;
            print "<a href = rw7-1.php?PageNo = 1>首页</a>: ";
            print "<a href = rw7-1.php?PageNo = $PrevStart>前页</a>";
        }
        print " [ ";
        $c = 0;
        //打印需要显示的页码
        for( $c = $CounterStart; $c <= $CounterEnd; $c++){
            if( $c < $MaxPage){
                if( $c == $PageNo){
                    if( $c % $PageSize == 0){
                        print " $c ";
                    }else{
                        print " $c ,";
                    }
                }elseif( $c % $PageSize == 0){
                    echo "<a href = rw7-1.php?PageNo = $c>$c</a> ";
                }else{
                    echo "<a href = rw7-1.php?PageNo = $c>$c</a> ,";
                }//END IF
            }else{
                if( $PageNo == $MaxPage){
                    print " $c ";
                    break;
                }else{
                    echo "<a href = rw7-1.php?PageNo = $c>$c</a> ";
                    break;
                }//END IF
            }//END IF
        }//NEXT
    echo "] ";
    if( $PageNo < $MaxPage){        //若当前非最后页,则显示下一页和最后一页链接
        $NextPage = $PageNo + 1;
       echo "<a href = rw7-1.php?PageNo = $NextPage>后页</a>";
        print " : ";
       echo "<a href = rw7-1.php?PageNo = $MaxPage>末页</a>";
    }
    echo "</font>";
    ?>
    </td>
```

```
        </tr>
    </table>
<?php
    mysqli_free_result( $result);
    mysqli_free_result( $TRecord);
?>
</body>
</html>
```

代码说明：

本程序可以通过"首页"、"前页"、"后页"和"末页"四个超链接实现翻页；也可以单击页码链接跳转到相应页。程序通过变量 $PageSize 指定每页显示的记录数。并在翻页链接 href 属性指定的 PHP 网页后附加参数，如< a href＝rw7-1.php?PageNo＝$PrevStart >前页</a>。当用户单击"前页"链接时，参数 PageNo 及其值会出现在地址栏中（见图 7-20），获取参数 PageNo 的值即可用于指定当前要显示的页码。页码链接也是通过在 href 属性指定的 PHP 网页后附加参数实现。需要注意的是翻页和页码链接 href 属性指定的目标网页就是当前 PHP 网页 rw7-1.php。

在该分页程序中，每页要显示的记录是分别从数据库中提取的，提取每页记录的 SQL 语句如下。

```
SELECT * FROM students ORDER BY stuNum LIMIT $StartRow, $PageSize
```

该 SQL 语句使用了 MySQL 中的 LIMIT[5] 关键字，其后的两个参数 $StartRow 和 $PageSize 都是整型变量。第一个参数指定第一个返回记录行的偏移量，第二个参数指定返回记录行的最大数目。注意初始记录行的偏移量是 0，而不是 1。

任务 2　制作一个支持字段排序的 PHP 网页

任务背景

有时为了方便浏览者对记录的排序，需要在网页提供数据排序的功能。

任务要求

用户可根据字段排序表格数据。

【技术要领】　Select 查询语句的编写。
【解决问题】　数据排序显示。
【应用领域】　网页数据排序。

效果图

在浏览器中运行结果如图 7-21 所示。

任务分析

在实现数据排序时可以在网页中添加一些超链接。通过在超链接 href 属性指定的 PHP 网页后附加字段名参数。网页在查询数据库时先获取该字段名，然后根据该字段名排

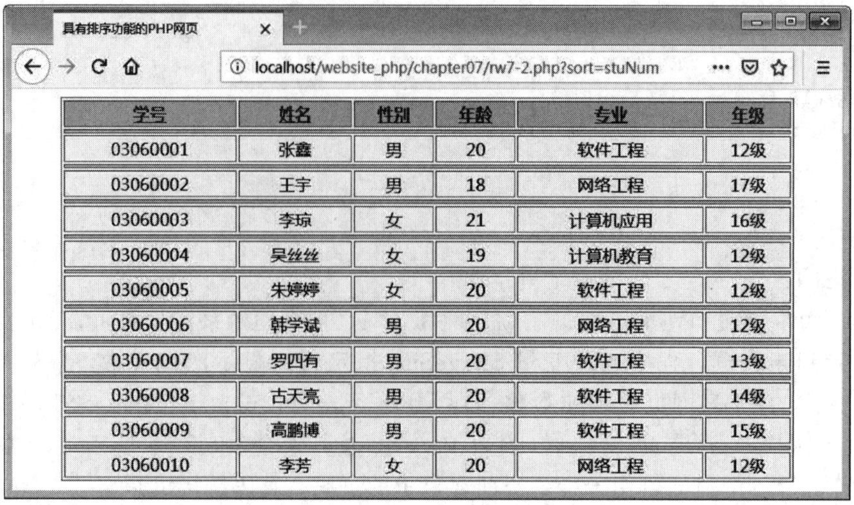

学号	姓名	性别	年龄	专业	年级
03060001	张鑫	男	20	软件工程	12级
03060002	王宇	男	18	网络工程	17级
03060003	李琼	女	21	计算机应用	16级
03060004	吴丝丝	女	19	计算机教育	12级
03060005	朱婷婷	女	20	软件工程	12级
03060006	韩学斌	男	20	网络工程	12级
03060007	罗四有	男	20	软件工程	13级
03060008	古天亮	男	20	软件工程	14级
03060009	高鹏博	男	20	软件工程	15级
03060010	李芳	女	20	网络工程	12级

图 7-21　具有排序功能的 PHP 网页

序返回排序记录，这样就可以轻松实现很直观的网页记录排序了。

重点和难点

Select 查询语句的编写。

操作步骤

使用 ADO 技术制作一个支持字段排序的 PHP 网页，详细步骤如下。

创建 rw7-2.php 网页，该网页代码如下所示。

```
<html><title>具有排序功能的 PHP 网页</title>
<body>
<table border = "1" width = "90 %" bgcolor = "#fff5ee" align = "center">
<tr>
<th align = "center" bgcolor = "#b0c4de">
<a href = "rw7-2.php?sort = stuNum">学号</a>
</th>
<th align = "center" bgcolor = "#b0c4de">
<a href = "rw7-2.php?sort = stuName">姓名</a>
</th>
<th align = "center" bgcolor = "#b0c4de">
<a href = "rw7-2.php?sort = stuSex">性别</a>
</th>
<th align = "center" bgcolor = "#b0c4de">
<a href = "rw7-2.php?sort = stuAge">年龄</a>
</th>
<th align = "center" bgcolor = "#b0c4de">
<a href = "rw7-2.php?sort = stuMajor">专业</a>
</th>
<th align = "center" bgcolor = "#b0c4de">
<a href = "rw7-2.php?sort = stuGrade">年级</a>
```

```php
    </th>
  </tr>
<?php
  $link = mysqli_connect("localhost", "root", "xianyang") or die("could not connect");
  mysqli_select_db( $link,"student");
  mysqli_set_charset( $link,"utf8");                    //指定数据库字符集
  //获取排序字段存于$sort变量中,默认的排序字段为stuNum
  if( $_GET['sort']<>""){
      $sort = $_GET['sort'];
  }else{
      $sort = "stuNum";
  }
  //执行查询,按获取的排序字段$sort排序
  $result = mysqli_query( $link,"SELECT * FROM students ORDER BY ". $sort);
  while ( $row = mysqli_fetch_array( $result, MYSQL_BOTH)) {
?>
<tr><td colspan = "6" height = "3" bgcolor = "#CCCCCC"></td></tr>
<tr>
  <td align = "center"><?php echo $row["stuNum"] ?></td>
  <td align = "center"><?php echo $row["stuName"] ?></td>
  <td align = "center"><?php echo $row["stuSex"] ?></td>
  <td align = "center"><?php echo $row["stuAge"] ?></td>
  <td align = "center"><?php echo $row["stuMajor"] ?></td>
  <td align = "center"><?php echo $row["stuGrade"] ?></td>
</tr>
<?php
  }
  mysqli_free_result( $result);
?>
</table></body></html>
```

如图7-21所示,单击"学号"标题即可实现记录按学号排序。程序将需要排序的字段名附加到超链接参数中,如<a href="rw7-2.php?sort=stuNum">学号</a>。rw7-2.php中获取sort参数值后,通过在SQL查询语句中设置按sort参数指定的字段值排序即可。但需要注意的是sort参数值应该对应数据表相应的字段名(如stuNum和stuName等)。

知识点拓展

[1] MySQL是一个关系数据库管理系统,由瑞典MySQL AB公司开发,目前属于Oracle公司。MySQL是一种关联数据库管理系统,关联数据库将数据保存在不同的表中,而不是将所有数据放在一个大仓库内,这样就增加了速度并提高了灵活性。MySQL的SQL是用于访问数据库的最常用标准化语言。MySQL软件采用了双授权政策,它分为社区版和商业版,由于其体积小、速度快、总体拥有成本低,尤其是开放源码这一特点,一般中小型网站的开发都选择MySQL作为网站数据库。

与其他的大型数据库如Oracle、DB2、SQL Server等相比,MySQL自有它的不足之处,如规模小、功能有限(MySQL Cluster的功能和效率都相对比较差)等,但是这丝毫不影响

它受欢迎的程度。对于一般的个人使用者和中小型企业来说，MySQL 提供的功能已经绰绰有余，而且由于 MySQL 是开放源码软件，因此可以大大降低总体拥有成本。

MySQL 数据库具有如下特点。

（1）使用 C 语言和 C++语言编写，并使用了多种编译器进行测试，保证源代码的可移植性。

（2）支持 AIX、FreeBSD、HP-UX、Linux、Mac OS、NovellNetware、OpenBSD、OS/2 Wrap、Solaris、Windows 等多种操作系统。

（3）为多种编程语言提供了 API。这些编程语言包括 C、C++、Python、Java、Perl、PHP、Eiffel、Ruby 和 Tcl 等。

（4）支持多线程，充分利用 CPU 资源。

（5）优化的 SQL 查询算法，有效地提高查询速度。

（6）既能够作为一个单独的应用程序应用在客户端服务器网络环境中，也能够作为一个库而嵌入到其他的软件中。

（7）提供多语言支持，常见的编码如中文的 GB 2312、Big5，日文的 Shift_JIS 等都可以用作数据表名和数据列名。

（8）提供 TCP/IP、ODBC 和 JDBC 等多种数据库连接途径。

（9）提供用于管理、检查、优化数据库操作的管理工具。

（10）支持大型的数据库。可以处理拥有上千万条记录的大型数据库。

（11）支持多种存储引擎。

［2］SQLyog 是业界著名的 Webyog 公司出品的一款简洁高效、功能强大的图形化 MySQL 数据库管理工具。使用 SQLyog 可以快速、直观地让用户从世界的任何角落通过网络来维护远端的 MySQL 数据库。

SQLyog 相比于其他类似的 MySQL 数据库管理工具有如下特点。

（1）基于 C++和 MySQL API 编程。

（2）方便快捷地数据库同步与数据库结构同步工具。

（3）易用的数据库、数据表备份与还原功能。

（4）支持导入与导出 XML、HTML、CSV 等多种格式的数据。

（5）直接运行批量 SQL 脚本文件，速度极快。

（6）新版本更是增加了强大的数据迁移。

［3］Navicat 是一套快速、可靠并价格相宜的数据库管理工具，专为简化数据库的管理及降低系统管理成本而设。它的设计符合数据库管理员、开发人员及中小企业的需要。Navicat 是以直觉化的图形用户界面而建的，让用户可以以安全且简单的方式创建、组织、访问并共享信息。

Navicat 是闻名世界、广受全球各大企业、政府机构、教育机构所信赖，更是各界从业人员每天必备的工作伙伴。自 2001 年以来，Navicat 已在全球被下载次数超过 200 万次，并且已有超过 7 万个用户的客户群。目前《财富》世界 500 强中有超过 100 家公司都在使用 Navicat。

Navicat 目前提供多达 7 种语言供客户选择，被公认为全球最受欢迎的数据库前端用户界面工具。

它可以用于对本机或远程的 MySQL、SQL Server、SQLite、Oracle 及 PostgreSQL 数据

库进行管理及开发。

Navicat 的功能足以满足专业开发人员的所有需求,但是对数据库服务器的新手来说又相当容易学习。有了极其完备的图形用户界面(GUI),Navicat 让用户可以简便地以安全且简单的方法创建、组织、访问和共享信息。

Navicat 适用于 Microsoft Windows、Mac OS X 和 Linux 等多种操作系统平台。它可以让用户连接到任何本机或远程服务器,提供一些实用的数据库工具,如数据模型、数据传输、数据同步、结构同步、导入、导出、备份、还原、报表创建工具及计划以协助管理数据。

[4] phpMyAdmin 是一个用 PHP 开发的基于 B/S 模式的 MySQL 客户端软件,可以通过 Web 方式控制和操作 MySQL 数据库,具有很好的跨平台性。通过 phpMyAdmin 可以完全对数据库进行操作,如建立、复制、删除数据等。当前出现很多图形用户界面的 MySQL 客户程序,phpMyAdmin 的特殊在于它是基于 B/S 模式的客户端软件,它的跨平台性要优于其他 MySQL 客户程序。

[5] MySQL 数据库中 LIMIT 子句可以接收一个或两个数字参数,参数必须是一个整数常量。如果给定两个参数,第一个参数指定第一个返回记录行的偏移量,第二个参数指定返回记录行的最大数目。初始记录行的偏移量是 0(而不是 1)。例如:

```
SELECT * FROM table LIMIT 5,10;
```

检索记录行 6~15。为了检索从某一个偏移量到记录集的结束所有的记录行,可以指定第二个参数为-1。例如:

```
SELECT * FROM table LIMIT 9,-1;
```

检索记录行 9~last。如果只给定一个参数,它表示返回最大的记录行数目。例如:

```
SELECT * FROM table LIMIT 5;
```

检索前 5 个记录行。换句话说,LIMIT n 等价于 MySQL LIMIT 0,n。

实训 一个完整的学生管理程序设计和实现

实训目的

通过上机编程,让学生理解 PHP 数据库编程的基本思想,掌握 PHP 数据库编程的基本方法。掌握数据库编程的增加、删除、修改和查询等基本操作,能熟练运用表单和 PHP 脚本编写具有图形界面的 Web 程序。

实训内容

利用 PHP 数据库编程设计学生信息的浏览、发布、修改和删除等功能,实现一个简单的学生信息管理系统。

实训过程

本模块中的实例大都是实现了简单查询的 Web 程序,并没有把信息的查询、添加、修改和删除完整地结合起来实现一个功能完整的 Web 程序。为实现一个完整的 Web 程序，本实训制作以下六个页面，各个页面名称及功能如下。

students.php：浏览所有学生信息页面，并提供增加、删除、修改和查询等功能。
studentAddform.html：增加学生表单页面，提供学生信息录入界面。
studentAdd.php：增加学生处理页面，将从学生表单页面收集的数据提交到数据库。
studentEditform.php：修改学生表单页面，提取需要修改的学生信息显示以供修改。
studentEdit.php：修改学生处理页面，将从修改学生表单页面收集的数据提交数据库。
studentDelete.php：学生删除页面，删除选定的学生信息。

1. students.php 页面代码

```html
<html><head><title>管理学生</title>
  <meta http-equiv="Content-Type" content="text/html; charset=utf-8" />
</head><body>
<table width="90%" border=0 align="center" cellpadding="0" cellspacing="0">
<tr><th height="25">学生信息如下</th></tr>
<tr><td width="59%">
<form method="post" action="students.php">
    <table border=0 cellpadding="0">
    <tr>
      <td><a href="studentAddform.html">添加学生</a>  查询项</td>
      <td><select name="searchitem">
          <option value="stuName" selected>姓名</option>
          <option value="stuMajor">专业</option>
          </select>
      </td><td>  关键字</td>
      <td><input type="next" size="10" name="searchvalue"></td>
      <td><input type="submit" name="submit" value="查询"></td>
    </tr></table>
</form>
</td></tr>
<tr><td>
<table width="100%" border=1 align="center" cellspacing=1>
    <tr><th>学号</th><th>姓名</th><th>性别</th>
    <th>年龄</th><th>专业</th><th>年级</th><th>操作</th> </tr>
    <?php
$link = mysqli_connect('localhost', 'root', 'xianyang') or die ('连接失败：'. mysqli_error());
mysqli_set_charset( $link,"utf8");                //指定数据库字符集
//选择当前连接数据库为 student
mysqli_select_db( $link,'student');
//获取查询项和查询关键字的值
$searchitem = $_POST['searchitem'];
$searchvalue = $_POST['searchvalue'];
/*定义查询语句,如果查询关键字的值不为空,则在 SQL 语句的 Where 子句中
指定查询项模糊匹配关键字,否则查询所有记录*/
if( $searchvalue!= "")
   $myquery = "SELECT * from students where {$searchitem} like '%{$searchvalue}%'";
else
```

```php
    $myquery = "SELECT * from students";
//执行查询,生成结果集
$result = mysqli_query( $link, $myquery)or die("查询失败: " . mysqli_error());
//从结果集中取得一行作为关联数组
$row = mysqli_fetch_array( $result,MYSQL_BOTH);
//循环读取每一行记录
while ( $row) {
?>
<tr align = "center">
<td><?php echo $row["stuNum"] ?></td>
<td><?php echo $row["stuName"] ?></td>
<td><?php echo $row["stuSex"] ?></td>
<td><?php echo $row["stuAge"] ?></td>
<td><?php echo $row["stuMajor"] ?></td>
<td><?php echo $row["stuGrade"] ?></td>
<td><a href = "studentEditform.php?stuNum = <?php echo $row["stuNum"] ?>">修改</a>
|<a href = "studentDelete.php?stuNum = <?php echo $row["stuNum"] ?>" onClick = "return confirm('你确定要删除吗?')">删除</a></td>
</tr>
<?
    $row = mysqli_fetch_array( $result,MYSQL_BOTH); }
?>
</table></td></tr></table></body></html>
```

2. studentAddform.html 页面代码

```html
<html><head><title>添加学生</title></head>
<body>
  <form action = "studentAdd.php" method = post>
    <table width = "370" border = 1 align = "center" cellpadding = "3" cellspacing = 0>
      <tr><th height = "25" colspan = "2" align = "center">添加一个学生</th></tr>
      <tr><td>学号:</td>
        <td><input name = "stuNum" type = "text" id = "stuNum" size = "20"></td></tr>
      <tr><td>姓名:</td>
        <td><input name = "stuName" type = "text" id = "stuName" size = "20"></td>
      </tr>
      <tr><td>性别:</td>
        <td><input name = "stuSex" type = "radio" value = "男" checked>男
        <input type = "radio" name = "stuSex" value = "女">女</td></tr>
      <tr>
        <td>年龄:</td>
        <td><input name = "stuAge" type = "text" id = "stuAge" size = "20"></td></tr>
      <tr><td>专业:</td>
        <td><input name = "stuMajor" type = "text" id = "stuMajor" size = "20"></td></tr>
      <tr><td>年级:</td>
        <td><input name = "stuGrade" type = "text" id = "stuGrade" size = "20"></td></tr>
      <tr><td colspan = "2" align = "center">
        <input name = "submit" type = submit value = "添加">
         <input type = "reset" name = "Submit" value = "重填"></td></tr>
    </table>
```

```
</form></body></html>
```

3. studentAdd.php 页面代码

```php
<?php
$link = mysqli_connect('localhost', 'root', 'xianyang') or die ('连接失败：'. mysqli_error());
//设定当前的连接数据库为student
mysqli_select_db( $link,'student');
mysqli_set_charset( $link,"utf8");                    //指定数据库字符集
/* 从表单中获取数据, $stuNum 为 PHP 中的变量, $_POST['stuNum']中的 stuNum
表示表单元素的名字,二者可以同名 */
$stuNum = $_POST['stuNum'];
$stuName = $_POST['stuName'];
$stuSex = $_POST['stuSex'];
$stuAge = $_POST['stuAge'];
$stuMajor = $_POST['stuMajor'];
$stuGrade = $_POST['stuGrade'];
//设定插入SQL语句
$myquery = "insert into students(stuNum,stuName,stuSex,stuAge,stuMajor,stuGrade)
values('". $stuNum."' , '". $stuName."' , '". $stuSex."' ,". $stuAge.", '". $stuMajor."' , '".
$stuGrade."')";
//执行插入SQL语句
mysqli_query( $link, $myquery) or die("插入失败：" . mysqli_error());
//使用 javascript 弹出反馈信息并返回至 students.php 页面
echo "<script language = 'javascript'>";
echo "alert('添加成功!');";
echo "window.location.href = 'students.php';";
echo "</script>";
?>
```

4. studentEditform.php 页面代码

```php
<html><head><title>修改学生信息</title></head><body>
<?php
$link = mysqli_connect('localhost', 'root', 'xianyang') or die ('连接失败：'. mysqli_error());
mysqli_set_charset( $link,"utf8");                    //指定数据库字符集
//设定当前的连接数据库为student
mysqli_select_db( $link,'student');
$stuNum = $_GET['stuNum'];
$result = mysqli_query( $link,"SELECT * from students where stuNum = '". $stuNum."'")
or die("查询表students失败：" . mysqli_error());
//创建记录集
$row = mysqli_fetch_array( $result,MYSQL_BOTH);
?>
  <form action = "studentEdit.php" method = post>
    <table width = "370" border = 1 align = "center" cellpadding = "3" cellspacing = 0>
      <tr><th height = "25" colspan = "2" align = "center">修改学生信息</th></tr>
      <tr><td>学号：</td>
        <td><input name = "stuNum" type = "text" id = "stuNum" size = "20" value = <?php echo
```

```
$row["stuNum"] ?> readonly = "True"></td></tr>
    <tr><td>姓名：</td>
        <td><input name = "stuName" type = "text" id = "stuName" size = "20" value = <?php echo $row["stuName"] ?>></td></tr>
    <tr><td>性别：</td>
        <td><input name = "stuSex" type = "radio" value = "男" <?php if( $row["stuSex"] == "男"){?> checked <?php } ?>>男
            <input type = "radio" name = "stuSex" value = "女" <?php if( $row["stuSex"] == "女"){?> checked <?php } ?>>女</td></tr>
    <tr><td>年龄：</td>
        <td><input name = "stuAge" type = "text" id = "stuAge" size = "20" value = <?php echo $row["stuAge"] ?>></td></tr>
    <tr><td>专业：</td>
        <td><input name = "stuMajor" type = "text" id = "stuMajor" size = "20" value = <?php echo $row["stuMajor"] ?>></td></tr>
    <tr><td>年级：</td>
        <td><input name = "stuGrade" type = "text" id = "stuGrade" size = "20" value = <?php echo $row["stuGrade"] ?>></td></tr>
    <tr><td colspan = "2" align = "center">
        <input name = "submit" type = submit value = "修改">
         <input type = "reset" name = "Submit" value = "重填"></td></tr>
    </table>
  </form>
</body>
</html>
```

5. studentEdit.php 页面代码

```
<?php
//连接数据库服务器
$link = mysqli_connect('localhost', 'root', 'xianyang') or die ('连接失败：'. mysqli_error());
//设定当前的连接数据库为 student
mysqli_select_db( $link,'student');
mysqli_set_charset( $link,"utf8");                //指定数据库字符集
/* 从表单中获取数据,$stuNum 为 PHP 中的变量,$_POST['stuNum']中的 stuNum
表示表单元素的名字,二者可以同名 */
$stuNum = $_POST['stuNum'];
$stuName = $_POST['stuName'];
$stuSex = $_POST['stuSex'];
$stuAge = $_POST['stuAge'];
$stuMajor = $_POST['stuMajor'];
$stuGrade = $_POST['stuGrade'];
$myquery = "update students set stuName = '{$stuName}',stuSex = '{$stuSex}',
stuAge = {$stuAge},stuMajor = '{$stuMajor}',stuGrade = '{$stuGrade}'
where stuNum = '{$stuNum}'";                      //设定更新语句
//执行更新 SQL 语句
mysqli_query( $link, $myquery) or die("更新失败:" . mysqli_error());
//使用 javascript 弹出反馈信息并返回至 students.php 页面
```

```php
echo "< script language = 'javascript'>";
echo "alert('修改成功!');";
echo "window.location.href = 'students.php';";
echo "</script>";
?>
```

6. studentDelete.php 页面代码

```php
<?php
$link = mysqli_connect('localhost', 'root', 'xianyang') or die ('连接失败：'. mysqli_error());
//设定当前的连接数据库为 student
mysqli_select_db( $link,'student');
$stuNum = $_GET['stuNum'];
//设定删除 SQL 语句
$myquery = "delete from students where stuNum = '". $stuNum."'";
//执行删除 SQL 语句
mysqli_query( $link, $myquery) or die("删除失败：" . mysqli_error());
//使用 javascript 弹出反馈信息并返回至 students.php 页面
echo "< script language = 'javascript'>";
echo "alert('删除成功!');";
echo "window.location.href = 'students.php';";
echo "</script>";
?>
```

程序的运行结果如图 7-22～图 7-24 所示，输入关键词，单击"查询"按钮能查询出符合条件的学生信息。当单击图 7-22 中的"添加学生"链接时会打开如图 7-23 所示的"添加学生"的页面；当单击图 7-22 中的"修改"链接时，会打开如图 7-24 所示的"修改学生"的页面；当单击图 7-22 中的"删除"链接会删除某条学生信息，如果希望在删除前询问用户是否删除，可以在删除链接添加鼠标单击事件及代码（onClick＝"return confirm('你确定要删除吗？')"）即可。

图 7-22 管理学生页面

图 7-23　添加学生页面

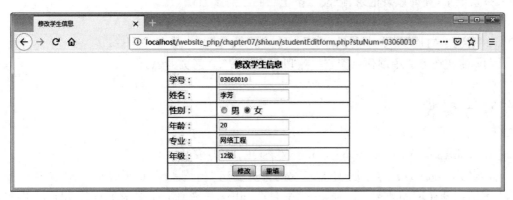

图 7-24　修改学生信息页面

实训总结

本实训通过一个简单的学生信息管理程序的设计实现，学生应该能够掌握 PHP 数据库编程的基本方法，熟悉 PHP 数据库编程的常用操作（如查询、插入、修改和删除等）。同时能制作简单动态网站或小型信息管理系统。

职业技能知识点考核

1. 填空题

（1）MySQL 数据库服务使用的默认端口号为_____，本地服务器的主机名和 IP 地址分别是_____和_____。

（2）查询数据表 students 中所有记录的 SQL 语句是_____，删除数据表 students 中所有记录的 SQL 语句是_____。

（3）常用的 MySQL 图形化管理软件有_____、_____和_____等。

（4）phpMyAdmin 是一个用_____开发的基于_____模式的 MySQL 客户端软件。

（5）PHP 对数据表执行增加、删除、修改和查询基本操作的函数是_____。

（6）如果打算从结果集中取得一行数据即可作为关联数组也可作为数字数组，则该读取结果集的函数是_____。

（7）要统计获得结果集的记录数量可以使用函数_____。

（8）ADONewConnection()的另一个功能相同的函数是_____。

（9）当使用 ADODB 连接 MySQL 数据库时，在使用 ADONewConnection()建立连接对象时的参数是_____。

2．简答题

（1）假定有个数据表 students，表结构如图 7-9 所示，请写出四条 SQL 语句，分别实现插入一条记录，查询该条记录，修改该条记录和删除该条记录。

（2）简述 SQLyog 的作用和特点。

（3）简述 ADODB 类库的优点。

（4）简述任务 2 中制作一个支持字段排序的 PHP 网页的思路。

练习与实践

1．从 http://www.webyog.com 下载 SQLyog 并安装。

2．使用 SQLyog 连接本地 MySQL 数据库并创建一个数据库 books 和一张数据表 book。book 表的字段有 isbn(书号)、bookname(书名)、author(作者)、price(价格)、publishDate(出版时间)等。

3．在 SQLyog 中运行插入、修改、删除和查询等 SQL 语句操作 book 表中的记录。

4．参照任务 1 和任务 2，编写一个既可以翻页又有排序功能的学生信息浏览页面。

5．参照实训内容，编写一个简单的图书管理系统，要求实现对图书信息的增加、删除、修改和查询等基本操作。

08 模块 注册登录

注册登录模块是大部分 Web 应用程序都应有的基本模块,是用户首先使用的功能,它的好坏直接影响使用者对应用程序的第一印象。本模块通过一个简单的注册和登录过程,介绍一般网站注册和登录模块实现的基本方法。

能力目标

(1) 能设计简单的用户表。
(2) 能熟练使用 Session 变量和 Cookie 变量记录用户登录信息。
(3) 能熟练使用 jQuery 框架实现表单验证。
(4) 能熟练使用 PHP 加密函数加密字符串。

知识目标

(1) PHP 加密函数 crypt()、md5()和 sha1()的用法。
(2) JavaScript 函数 alert()的用法。
(3) JavaScript 内置对象 document 和 window 的用法。

知识储备

知识 1 注册登录模块的工作原理

一般网站的注册模块是在注册页面中收集用户的基本信息,并判断在数据表中是否已经存在该用户名,若不存在,则使用该用户名注册;若要注册的用户名已经存在,则提示用户更改注册名。同时在注册页面中还需要收集用户的其他信息,如密码提示问题和问题答案等,注册成功后还会给用户反馈相关的信息,或返回登录界面让用户登录。

登录模块通常使用用户输入的登录信息从数据表中查找,查找到相关信息则成功登录,否则提示出错信息,并让用户重新登录。登录成功后一般会将用户的登录信息保存到 Session 变量中,服务器在用户登录后根据 Session 变量中的信息确定用户的身份。

可以将用户的登录信息保存到 Cookie 中,用户在 Cookie 过期前再次访问网站时就不需要再登录了。退出模块的操作相对比较简单,只需要将登录时登记在 Session 变量中的内容清空即可,若 Cookie 中也保存有用户登录的信息,则需要将 Cookie 设置为过期使其失效。

知识2　PHP中的加密函数

数据加密的基本原理就是将明文的文件或数据按照某种算法进行处理,使其转换为不可读取的一段字符串,通常称为"密文"。保存在数据表中的敏感信息如果不进行加密,很容易被非法窃取和阅读。在PHP中能对数据进行加密的函数主要有crypt()、md5()和sha1()等,下面分别介绍。

1. 使用crypt()函数进行加密

crypt()函数可以完成单向加密功能,密文不可以还原成为明文,该函数语法格式如下。

```
string crypt(string $str[,string $salt]);
```

参数str是需要加密的字符串,参数salt表示加密时使用的干扰串。如果省略第二个参数,则会随机生成一个干扰串。这样的话每次产生的加密字符串就都不一样,给加密后数据的判断带来了较大的问题。这时就需要使用salt参数来解决这一问题,crypt()函数用salt参数对明文进行加密,判断时,对输出的信息再次使用相同的salt参数进行加密,对比两次加密后的结果来进行判断两者是否一致。

现在假定变量$_POST["password"]来自用户注册表单,要将它加密存于数据表中。可以这样调用crypt()函数,代码如下。

```
crypt($_POST["password"],"pm");
```

现在又假定变量$row["password"](其值已用crypt()函数加密过了)来自数据表中的记录,而$_POST["password"]变量来自用户登录表单,如果要比较这两个变量的值是否一致,可以使用下面语句。

```
if($row["password"] == crypt($_POST["password"],"pm"))
{
…                    //省略了两者相等时的操作代码
}
```

2. 使用md5()函数进行加密

md5()函数使用MD5算法。MD5的全称是Message-Digest Algorithm(消息-摘要算法),MD5将任意长度的"字节串"映射为一个128位的大整数,并且是通过该128位反推原始字符串是困难的,即使你看到源程序和算法描述,也无法将一个MD5的值转换回原始的字符串,这样就可以实现数据的加密。MD5是目前应用比较广泛的加密算法之一,主流编程语言普遍已有MD5实现。PHP中md5()函数的语法格式如下。

```
string md5(string $str[,string $raw_output]);
```

参数str是需要加密的字符串。raw_output参数如果设置为True,则函数返回一个二进制形式的密文,该参数默认为False。

很多网站注册用户的密码都是先使用MD5加密后保存到数据库中。用户登录时,PHP程序把用户输入的密码用MD5加密,然后再与数据库中保存的密码值(已经过MD5

加密)进行比较。在这个过程中,用户的密码都是以密文的形式传递的,从而保证了注册用户的密码安全,提高了安全性。

3. 使用 sha1()函数进行加密

和 MD5 类似的还有 SHA 算法。SHA 的全称为 Secure Hash Algorithm(安全哈希算法),PHP 提供的 sha1()函数使用的就是 SHA 算法,函数的语法格式如下。

```
String sha1(string $str[,string $raw_output]);
```

参数 str 是需要加密的字符串。函数默认返回一个 40 位的十六进制数,如果参数 raw_output 设置为 True,则函数返回一个 20 位的二进制形式的密文,该参数默认为 False。需要注意的是 sha 后面的 1 是阿拉伯数字(如 1、2、3)中的 1,而不是小写字母 l(大写字母为 L)。

例如(lt8-1.php):

```
<?php
echo "crypt 加密算法:".crypt("phpsite","tm")."<br>";
echo "md5 加密算法:".md5("phpsite")."<br>";
echo "sha1 加密算法:".sha1("phpsite")."<br>";
?>
```

以上代码运行结果如图 8-1 所示。

图 8-1　PHP 加密算法的使用

模拟制作任务

任务 1　编写注册模块

任务背景

数据表设计好后,初始是没有用户数据的,只有用户注册后才有数据,因此需要编写用户注册模块。

任务要求

(1)需要提供表单让用户输入基本信息。
(2)用户提交后应该将有效注册信息写入数据库的 users 表中。

【技术要领】　如何将有效用户注册信息写入数据表。
【解决问题】　注册信息的收集和存储。

【应用领域】 用户注册。

效果图

注册页面的运行如图 8-2 所示,输入注册用户名、密码、密码提示问题和答案等信息,单击"注册"按钮即可。若注册成功,则给出如图 8-3 所示提示,否则给出如图 8-4 所示的提示。

图 8-2 注册页面

图 8-3 注册成功

图 8-4 注册失败

任务分析

注册模块首先通过注册表单收集用户所填写的信息,然后到数据表中查找该用户是否存在,如果已经存在,则不能注册;否则可以注册。一般来说,若注册成功则跳转到登录页面,让刚注册成功的用户进行登录;若注册不成功则仍停留在注册页面,请用户重新注册。

重点和难点

收集注册信息和写入数据库。

操作步骤

(1) 参照 07 模块创建一个名为 goodsstore 的数据库,并在该数据库中创建一个名为 users 的数据表,users 数据表的表结构(在 SQLyog 中打开效果)如图 8-5 所示。

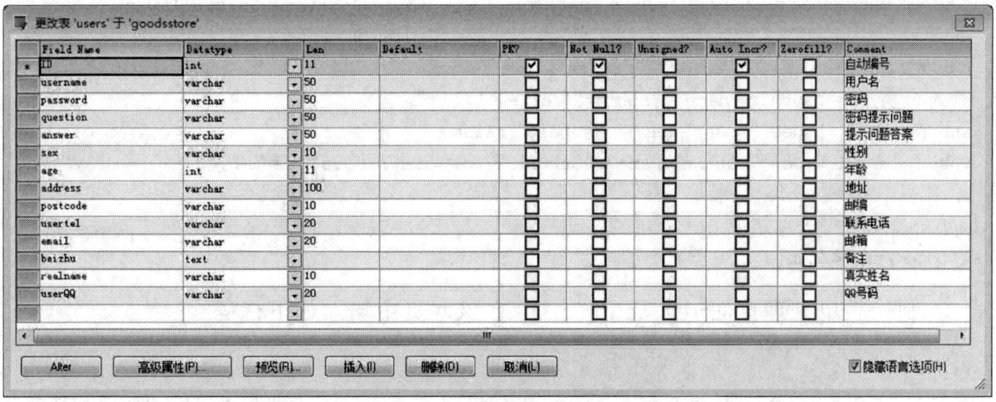

图 8-5　users 表的表结构

（2）新建注册页面 reg.php，并在页面中添加表单及表单元素，然后添加相应的数据处理代码，主要代码如下。

```
<?php session_start();?>
<!-- 本网页是利用表格辅助布局的，所以网页代码中出现了很多与表格有关的标签 -->
<table width = "500" border = "1" align = "center" cellpadding = "5" cellspacing = "0">
<tr><td align = "center">
<?php
if( $_SESSION["username"] == "")
   echo "<a href = index.php>首页</a> <a href = reg.php>注册</a> <a href = login.php>登录</a>";
else
   echo "欢迎您". $_SESSION["username"] . ",<a href = index.php>首页</a> <a href = loginout.php>注销登录</a>";
?>
</td></tr></table>
<table width = "500" border = "1" align = "center" cellpadding = "5" cellspacing = "0">
<tr><th>用户注册</th></tr>
<tr><td>
<!-- 表单开始 -->
<form name = "form1" id = "form1" method = "post" action = "reg_action.php">
<table width = "347" border = "1" align = "center" cellingspace = "0">
<tr><td width = "142">用户名</td><td width = "179">
<input name = "username" type = "text" id = "username" style = "width:150px;"></td>
</tr>
<tr><td>密  码</td>
<td><input name = "password1" type = "password" id = "password" style = "width:150px;"></td>
</tr>
<tr><td>确认密码</td>
<td><input name = "password2" type = "password" id = "password" style = "width:150px;"></td>
</tr>
<tr><td>密码提示问题</td>
<td><input name = "question" type = "text" id = "question" style = "width:150px;"></td>
</tr>
<tr><td>密码提示答案 </td>
```

```
<td><input name = "answer" type = "password" id = "answer" style = "width:150px;"></td>
</tr>
<tr><td colspan = "2" align = "center">
<input type = "submit" name = "submit" value = "注册">
 <input type = "reset" name = "submit" value = "重置">
 <input type = "button" name = "Submit3" id = "denglu" value = "登录" />
</td></tr></table>
</form><!-- 表单结束 -->
</td></tr></table>
```

(3) 制作表单处理页面 reg_action.php, 在该网页中输入如下代码。

```php
<?php
$link = mysqli_connect('localhost','root','xianyang') or die('连接数据库失败:'.mysqli_error());
mysqli_select_db( $link, 'goodsstore');
mysqli_set_charset( $link,"utf8");           //指定数据库字符集
//获取表单数据
$username = $_POST['username'];
$password = $_POST['password1'];
$question = $_POST['question'];
$answer = $_POST['answer'];
//设定查询语句,使用用户提交的用户名查询该用户是否已经注册
$myquery = "select * from users where username = '". $username."'";
//执行查询 SQL 语句
$result = mysqli_query( $link, $myquery) or die("操作失败: " . mysqli_error());
$num_rows = mysqli_num_rows( $result);
if( $num_rows!= 0){
  echo "<script language = 'javascript'>";
  echo "alert('注册失败,用户名已存在,请重新注册!');";
  echo "window.location.href = 'reg.php';";
  echo "</script>";
}else{
  //设定插入语句
  $myquery = "insert into users(username,password,question,answer)
      values('". $username."','". $password."','". $question."','". $answer."')";
  //执行插入 SQL 语句
  $result = mysqli_query( $link, $myquery) or die("操作失败:".mysqli_error());
  echo "<script language = 'javascript'>";
  echo "alert('注册成功!');";
  echo "window.location.href = 'login.php';";
  echo "</script>";
}
mysqli_free_result( $result);
mysqli_close( $link);
?>
```

任务 2 编写登录模块

任务背景

用户注册后就能使用注册的用户名登录网站,登录模块通常是在页面上利用表单收集

用户信息(如用户名和密码等),然后到数据表中查找该用户信息,若找到则登录成功,否则登录不成功。

任务要求

(1)登录过程中应该要求用户输入验证码。
(2)需要用Cookie存储用户登录信息,用户再次访问网站时就无须登录。
【技术要领】 验证码的使用以及在Cookie中记录用户登录信息。
【解决问题】 验证码的使用和使用Cookie保留用户登录信息。
【应用领域】 用户登录。

效果图

图8-6为登录页面,负责收集用户信息,图8-7为登录成功后的页面,登录失败后则返回登录页面让用户重新输入登录信息。

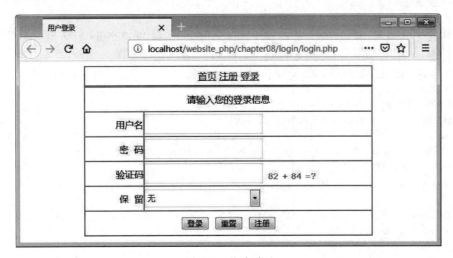

图8-6 登录页面

在图8-6的"保留"下拉列表框中选择在本地保留登录信息的时间为一周。这样在一周之内用户再次访问登录页面时,浏览效果仍然如图8-7所示。而一周之后,保存在Cookie中的用户信息过期,再次访问登录页面时将提示用户"您还未登录,请登录"。

图8-7 登录成功页面

任务分析

成功登录的条件是使用用户名和密码作为查询条件在数据表里找到相应的记录,只有这两个信息和验证码都输入正确之后,用户才能登录成功。

作为一个较好的登录模块,除了能正确地使合法用户通过验证正常登录外,还需要在用户登录失败时给出相应的提示,以便用户根据提示做出相应的处理。为了做到更加人性化的设计,可以提供保存用户登录信息的功能,例如,将用户登录信息保存到本地 Cookie 中,在 Cookie 过期之前,用户再次访问网站时就无须登录。另外为了提高登录的安全性,防止恶意用户使用黑客程序登录网站后台,还可在登录时要求用户输入验证码。

重点和难点

登录验证码的处理以及将用户登录信息记录在本地 Cookie 中。

操作步骤

该任务中登录页面是 login.php,登录信息验证页面是 loginok.php,该页面判断登录是否成功,若登录成功则跳转到 index.php 页面,否则返回登录页面。

(1) 制作 index.php 页面,其完整代码如下所示。

```php
<?php session_start(); ?>
<html xmlns="http://www.w3.org/1999/xhtml">
<head>
<meta http-equiv="Content-Type" content="text/html; charset=gb2312" />
<title>网站首页</title>
</head>
<body>
<table width="997" height="170" border="0" align="center" cellspacing="0">
  <tr><td height="30">
<?php
    /*先判断 Cookie 中 username 变量是否为空,然后再分别判断 Session 中 username 变量是否
      为空*/
if($_COOKIE["username"]==""){
    //再判断 Session 中 username 变量的值是否为空,并输出不同的信息
    if($_SESSION["username"]==""){
        echo "您还未登录,请<a href=login.php>登录</a>";
    }else{
        echo $_SESSION["username"]."欢迎您! <a href=loginout.php>注销登录</a>";
    }
}else{
    //再判断 Session 中 username 变量的值是否为空,并输出不同的信息
    if($_SESSION["username"]==""){
        $_SESSION["username"]=$_COOKIE["username"];
        echo $_COOKIE["username"]."欢迎再次回来! <a href=loginout.php>
            注销登录</a>";
    }else{
        echo $_SESSION["username"]."欢迎您! <a href=loginout.php>注销登录</a>";
    }
```

```
                }
        ?></td></tr>
            <tr>
                <td height="154"><img src="index.jpg" width="997" height="152" border="1" />
</td>
            </tr>
</table></body></html>
```

(2) 制作 login.php 页面,其完整代码如下所示。

```
<?php session_start();?>
<html>
<head><meta http-equiv="Content-Type" content="text/html; charset=gb2312" />
<title>用户登录</title></head>
<body>
<table width="500" border="1" align="center" cellpadding="5" cellspacing="0">
<tr><td align="center">
<?php
if($_SESSION["username"]=="")
    echo "<a href=index.php>首页</a> <a href=reg.php>注册</a> <a href=login.php>登录</a>";
else
    echo "欢迎您 ". $_SESSION["username"] ." ,<a href=index.php>首页</a> <a href=loginout.php>注销登录</a>";
?>
</td></tr></table>
<!-- 表单开始 -->
<form id="form1" name="form1" method="post" action="loginok.php">
    <table width="500" border="1" align="center" cellpadding="0" cellspacing="0">
        <tr><td colspan="2" align="center">请输入您的登录信息</td></tr>
        <tr><td width="199" align="right">用户名</td>
            <td width="295"><input name="username" type="text" id="username" />
            </td></tr>
        <tr><td align="right">密  码</td>
            <td><input name="pwd" type="password" id="pwd" /></td></tr>
        <tr><td align="right">验证码</td><td>
            <input name="yzm_code" type="text" id="yzm_code" value="" size="10" maxlength="4"><img id="yanzhengma" src="getcode.php" alt="登录验证码" border="0" style="cursor:hand;margin-bottom:-7px;" title="看不清,点这里换一张"/>
</td></tr>
            <tr><td align="right">保  留</td>
                <td><select name="savetime" id="savetime">
                    <option value="-1">无</option>
                    <option value="7">一周</option>
                    <option value="30">一个月</option>
                    <option value="365">一年</option>
                </select></td></tr>
                <tr><td colspan="2" align="center">
                <input type="submit" name="Submit" value="登录" />
                 <input type="reset" name="Submit2" value="重置" />
                 <input type="button" name="Submit3" id="zhuce" value="注册" />
```

```
        </td></tr>
    </table></form><!-- 表单结束 -->
</body></html>
```

> **注意**：验证码由网页 getcode.php 产生,将显示验证码图片的 img 标签的 src 属性设置为 getcode.php,如< img id = "yanzhengma" src = "getcode.php" />。这样 getcode.php 网页产生的图片就可以直接显示出来。getcode.php 网页产生的验证码保存在 $_SESSION['code']变量中。在登录处理时将用户输入的验证码同 $_SESSION['code']变量中的验证码进行比较,如果相同就说明用户输入的验证码正确,继续比较用户名和密码等信息,当这些信息都正确就允许用户登录。否则用户不能登录。

(3) 制作 loginok.php 页面,其完整代码如下所示。

```
<?php
session_start();
    /* 比较验证码,getcode.php 网页产生的验证码保存 $_SESSION['code']变量中,而用户提交
    的验证码保存在 $_POST['yzm_code']变量中 */
if ( $_SESSION['code'] == $_POST['yzm_code']) {
        echo "验证码输入正确";
} else {
        echo "< script LANGUAGE = 'javascript'> alert('请输入正确的验证码!');
            history.go( -1);</script>";
}
//获取表单数据
$username = $_POST["username"];
$pwd = $_POST["pwd"];
$savetime = $_POST["savetime"];
        $link = mysqli_connect('localhost', 'root', 'xianyang') or die('连接数据库服务器失败:'.
mysqli_error());
mysqli_select_db( $link,'goodsstore');
mysqli_set_charset( $link,"utf8");                    //指定数据库字符集
//根据用户输入的用户名和密码设置查询语句
$myquery = "Select * from users where username = '". $username ."'"
   and password = '". $pwd."'";
        $result = mysqli_query( $link, $myquery) or die("操作失败:".mysqli_error());
$recordCount = mysqli_num_rows( $result);           //获取记录数
//如果记录数为 0,说明登录用户不存在
if( $recordCount == 0){
   echo "< script LANGUAGE = 'javascript'> alert('你输入的用户不存在!');
        history.go( -1);</script>";
}else{
   $row = mysqli_fetch_array( $result,MYSQL_BOTH);
   //将用户名存储在 Session 的 username 变量中
    $_SESSION['username'] = $row["username"];
   //将用户名存储在 Cookie 的 username 变量中
   setcookie("username","{ $row["username"]}",time() + 60 * 60 * 24 * $savetime);
   //回到登录界面
   echo "< script language = 'javascript'>";
   echo "alert('登录成功!');";
   echo "window.location.href = 'index.php';";
```

```php
    echo "</script>";
}
mysqli_free_result($result);
mysqli_close($link);
?>
```

（4）制作 getcode.php 页面，其完整代码如下所示。

```php
<?php
$cimg = imagecreate(100, 20);
imagecolorallocate($cimg, 14, 114, 180);
$red = imagecolorallocate($cimg, 255, 0, 0);
$num1 = rand(1, 99);                    //产生一个 1 到 99 的随机数 1
$num2 = rand(1, 99);                    //产生一个 1 到 99 的随机数 2
session_start();
//将两个随机数相加存储在 Session 的 code 变量中
$_SESSION['code'] = $num1 + $num2;
//输出两个随机数相加的图片
imagestring($cimg, 5, 5, 5, $num1, $red);
imagestring($cimg, 5, 30, 5, "+", $red);
imagestring($cimg, 5, 45, 5, $num2, $red);
imagestring($cimg, 5, 70, 5, "=?", $red);
header("Content-type: image/png");
imagepng($cimg);
?>
```

任务 3　编写注销模块

任务背景

注销模块的实现比较简单，但却是必不可少的。

任务要求

（1）通过清空 Session 功能注销用户。
（2）用户注销完成后让用户返回首页。
（3）如果用户信息已保存到 Cookie 中，还需要将 Cookie 设置为过期。

【技术要领】　使用清空 Session 值，实现用户注销。
【解决问题】　清空 Session。
【应用领域】　用户注销。

任务分析

一个用户关闭网站而不注销可能会使登录信息仍然保留在服务器上。一般情况下服务器保留用户登录信息都是通过 Session 的方式来实现，所以要完成退出的功能，只需要将该用户登录时网站所保留的 Session 值清空即可。如果用户信息已保存到本地 Cookie 中，还需要将 Cookie 设置为过期。

重点和难点

清空 Session 和设置 Cookie 过期。

操作步骤

制作 loginout.php 页面,其完整代码如下所示。

```php
<?php
session_start();                                     //启动会话
/* 如果 Session 中 username 变量不存在,则提示用户"您还没有登录"并跳转到登录页面
login.php */
if ( $_SESSION["username"] == "")
{
    echo "< script LANGUAGE = 'javascript'> alert('您还没有登录!');
        window.document.location.href = 'login.php';</script>";
}
    setcookie("username","session expired",time() - 60 * 60 * 24 * 1);      //设置 Cookie 过期
session_unset();                                     //删除会话
session_destroy();                                   //删除与当前 Session 有关的所有数据
header("Location: index.php");                       //返回到登录界面
?>
```

🔔 **注意**:该代码的功能是通过清空 Session 值和设置本地 Cookie 过期,从而实现用户注销。

任务 4 用 jQuery 实现表单的验证

任务背景

有时在验证用户信息时,需要在用户输入用户名时立即获得该用户名是否已经被注册的反馈。如果已经被注册,则提示用户输入其他用户名。要完成这种无刷新的反馈,通常需要用到 Ajax 框架,jQuery[1]就是目前应用比较广泛的 Ajax 框架。

任务要求

用户输入用户名时可立即获得该用户名是否已经被注册的反馈。
【技术要领】 使用 jQuery 实现无刷新的表单验证。
【解决问题】 无刷新表单验证。
【应用领域】 表单验证。

效果图

运行添加了 jQuery 表单验证后的注册页面效果如图 8-8 所示。

任务分析

本任务需要用到 jQuery 的 load(url,[data],[callback])方法实现表单验证,本任务可

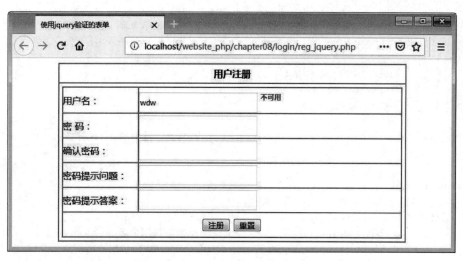

图 8-8 jQuery 表单验证效果

以用两个网页实现,除了注册表单网页 reg_jquery.php 外,还需要制作一个 PHP 网页 userExist.php,用于检测用户拟注册的用户名是否已被注册。

重点和难点

jQuery 在表单验证中的应用。

操作步骤

(1) 制作 reg_jquery.php 页面,其主要代码如下所示。

```
<html>
<head>
<meta http-equiv="Content-Type" content="text/html; charset=gb2312" />
<title>使用 jquery 验证的表单</title>
<script language="javascript" src="js/jquery-3.3.1.js"></script>
<script language="javascript">
<!--
function isEmpty(text)                    //判断字符串是否为空
{
    if(text == "")
        return true;
    else
        return false;
}
function isEqual(text1,text2)             //判断两字符串是否相同
{
    if(text1 == text2)
        return true;
    else
        return false;
}
function check()
```

```
    {
        var f = document.getElementById("form1");          //获取表单对象
        if(isEmpty(f.username.value))                       //验证用户名是否为空
        {
            alert("用户名必须填写!");
            f.username.focus();
            return false;
        }
        …                                                   //省略了部分表单验证代码
        return true;
    }
    function startCheck(oInput){
        //首先判断是否有输入,没有输入直接返回,并提示
        if(!oInput.value){
            oInput.focus();                                 //聚焦到用户名的输入框
            document.getElementById("UserResult").innerHTML = "用户名不能为空!";
            return;
        }
        oInput = $.trim(oInput.value);                      //使用 jQuery 的 $.trim()方法过滤左右空格
        var sUrl = "userExist.php?username = " + oInput;
        sUrl = encodeURI(sUrl);                             //使用 encodeURI()编码,解决中文乱码问题
        $("#UserResult").load(sUrl,function(data){
            $("#UserResult").html(decodeURI(data));         //使用 decodeURI()解码
            }
        );
    }
    -->
</script>
</head>
<body>
<table width = "500" bgcolor = "#FFFFFF" border = "1" align = "center" cellpadding = "5">
<tr><th>用户注册</th></tr>
<tr><td>
<!-- 表单开始 -->
    <form name = "form1" id = "form1" method = "post" action = "reg_action.php" onSubmit =
    "return check()">
<table width = "480" border = "1" align = "center" cellpadding = "0" cellspacing = "0" >
<tr><td width = "98">用户名:</td>
<td width = "341"><input name = "username" type = "text" id = "name" onBlur =
    "startCheck(this)"><span id = "UserResult"></span></td></tr>
<tr><td>密码:</td>
<td><input name = "password1" type = "password" id = "password" style = "width:
    146px;"></td></tr>
<tr><td>确认密码:</td>
<td><input name = "password2" type = "password" id = "password" style = "width:
    146px;"></td></tr>
<tr><td>密码提示问题:</td>
<td><input name = "question" type = "text" id = "question"></td></tr>
<tr><td>密码提示答案:</td>
<td><input name = "answer" type = "text" id = "answer"></td></tr>
<tr><td colspan = "2" align = "center"><input type = "submit" name = "submit"
```

```
                value="注册">
<input type="reset" name="submit" value="重置"></td></tr>
</table></form><!-- 表单结束 -->
</td></tr></table></body></html>
```

🔔**注意**：本网页代码中设置表单的 onSubmit 为 onSubmit="return check()"，该验证使用 JavaScript 的 check 函数实现对表单各项的客户端验证。但如果要检测用户想注册的用户名是否已经被注册，单纯使用客户端验证是无法实现的。这时就需要利用 Ajax 技术或框架，本例中使用当前广泛运用的 Ajax 框架 jQuery。

(2) 从 http://jquery.com/网站下载 jQuery 的 js 函数库，如 jquery-3.3.1.js，然后通过如下代码导入 jQuery 库。

```
<script language="javascript" src="js/jQuery-3.3.1.js"></script>
```

(3) 在网页 JavaScript 代码中添加 startCheck(oInput)用于实现 Ajax 的异步调用。然后修改用户名文本框<input name="username" type="text">。给"username"文本框添加 onBlur 事件(onBlur="startCheck(this)")，并在其后添加<span id="UserResult"></span>标签用于接收异步调用的反馈信息。startCheck(oInput)函数代码如下所示。

```
function startCheck(oInput){
    //首先判断是否有输入,没有输入直接返回,并提示
    if(!oInput.value){
        oInput.focus();                         //聚焦到用户名的输入框
        document.getElementById("UserResult").innerHTML="用户名不能为空!";
        return;
    }
    oInput = $.trim(oInput.value);              //使用 jQuery 的 $.trim()方法过滤左右空格
    var sUrl = "userExist.asp?username=" + oInput;
    sUrl = encodeURI(sUrl);                     //使用 encodeURI()编码,解决中文乱码问题
    $("#UserResult").load(sUrl,function(data){
        $("#UserResult").html(decodeURI(data)); //使用 decodeURI()解码
        }
    );
}
```

(4) 制作 userExist.php 页面，用于检测用户想注册的用户名是否已经被注册。userExist.php 的完整代码如下所示。

```
<?php
header("Content-type: text/html; charset = gb2312");
$link = mysql_connect('localhost','root','xianyang') or die('连接数据库服务器失败:'.mysqli_error());
//设定当前的连接数据库为 goodsstore
mysqli_select_db( $link,'goodsstore');
mysqli_set_charset( $link,"utf8");              //指定数据库字符集
$username = $_GET['username'];
$myquery = "select * from users where username = '". $username."'"; //设定查询语句
$result = mysqli_query( $link, $myquery) or die("操作失败:".mysqli_error());
//执行插入语句
```

```
$recordCount = mysqli_num_rows( $result );
if( $recordCount!= 0 )
    echo "对不起,该用户已被占用!";
else
    echo "该用户名可用!";
mysqli_free_result( $result );
mysqli_close( $link );
?>
```

知识点拓展

[1] jQuery 由美国人 John Resig 创建。jQuery 是继 prototype 之后又一个优秀的 JavaScript 框架。其宗旨是——"Write Less,Do More",写更少的代码,做更多的事情。它是轻量级的 js 库(压缩后只有 21KB),这是其他的 js 库所不及的,它兼容 CSS3,还兼容各种浏览器(IE 6.0+、FF 1.5+、Safari 2.0+、Opera 9.0+)。jQuery 是一个快速、简洁的 JavaScript 库,使用户能更方便地处理 HTML 文档操作、事件处理、实现动画效果,并且方便地为网站提供 Ajax 交互。jQuery 还有一个比较大的优势,它的文档说明很全,而且各种应用也很详细,同时还有许多成熟的插件可供选择。jQuery 能够使用户的 HTML 页保持代码和 HTML 内容分离。也就是说,不用再在 HTML 里面插入 JavaScript 来调用命令了,只需要定义 id 即可。

实训 复杂表单的验证

实训目的

通过上机编程,让学生理解表单验证的基本思想,掌握 JavaScript 编程实现表单验证的基本方法、步骤和思路。

实训内容

制作一个较为复杂的表单,用 JavaScript 实现表单相关验证。

实训过程

制作网页 userReg.html,在网页中插入表单,并在<head></head>标签中加入 JavaScript 验证代码。最后在表单 form 的 onsubmit 事件中添加相应的表单验证函数。网页完整代码如下所示。

```
<html><head>
<meta http-equiv="Content-Type" content="text/html; charset=utf-8" />
<title>用户注册表单验证</title>
</head>
<body>
```

```html
<form action="userReg.html" method="post" name="myform" id="myform" onsubmit="return bdyz()">
  <table width="500" border="1" align="center">
    <tr><td height="30" colspan="2" align="center">用户注册</td></tr>
    <tr><td width="93" height="30">用户名：</td>
      <td width="391"><input type="text" name="yhm" id="yhm"/></td>
    </tr>
    <tr><td height="30">密码：</td>
      <td><input type="password" name="mima" id="mima"/></td>
    </tr>
    <tr><td height="30">确认密码：</td>
      <td><input type="password" name="mima2" id="mima2"/></td>
    </tr>
    <tr><td height="30">性别：</td>
      <td>
        <input name="xb" type="radio" id="radio" value="boy" checked="checked"/>男
        <input type="radio" name="xb" id="radio2" value="girl"/>女
      </td>
    </tr>
    <tr><td height="30">年龄：</td>
      <td><input type="text" name="age" id="age"/></td>
    </tr>
    <tr><td height="30">爱好：</td>
      <td>
        <input name="like[]" type="checkbox" id="like1" value="sw"/>上网
        <input name="like[]" type="checkbox" id="like2" value="gjie"/>逛街
        <input name="like[]" type="checkbox" id="like3" value="slj"/>睡懒觉
        <input name="like[]" type="checkbox" id="like4" value="dyx"/>玩游戏
      </td>
    </tr>
    <tr><td height="30">邮箱：</td>
      <td><input type="text" name="email" id="email"/></td>
    </tr>
    <tr><td height="30">薪金:</td>
      <td><input type="text" name="xinshui" id="xinshui"/>(元)</td>
    </tr>
    <tr><td height="30">专业：</td>
      <td>
        <select name="zy" id="zy">
          <option value="0">请选择专业</option>
          <option value="szmtjs">数字媒体技术</option>
          <option value="jyjsx">教育技术学</option>
          <option value="jyx">教育学</option>
          <option value="xlx">心理学</option>
        </select>
      </td>
    </tr>
    <tr><td height="30">课程：</td>
      <td>
        <select name="kc[]" size="4" multiple="multiple" id="kc">
          <option value="wlbc">网络编程</option>
          <option value="wysj">网页设计</option>
          <option value="Cyycxsj">C语言程序设计</option>
          <option value="Javacxsj">Java语言程序设计</option>
```

```html
                <option value="sjk">数据库</option>
            </select>
          </td>
      </tr>
      <tr><td height="30">照片:</td>
          <td><input type="file" name="zp" id="zp" /></td>
      </tr>
      <tr><td height="30">简介:</td>
          <td>
              <textarea name="jianjie" id="jianjie" cols="45" rows="3">无</textarea>
          </td>
      </tr>
      <tr><td height="40" colspan="2" align="center">
          <input type="submit" name="button" id="button" value="用户注册" />
          <input type="reset" name="button2" id="button2" value="重置" />
          </td>
      </tr>
  </table></form>
</body></html>
<script type="text/javascript">
//获取列表框被选择元素的个数
function getSelectedCount(objSelect)
{
var count=0;
for(var i=0;i<objSelect.options.length;i++)
{
    var el=objSelect.options[i];
    if(el.selected) count++;
}
return count;
}
function bdyz(){
    var f=document.getElementById("myform");
    if(f.yhm.value==""){
        alert("用户名不能为空!");
        f.yhm.focus();
        return false;
    }
    if(f.yhm.value.length<=5){
        alert("用户名至少6个字符!");
        f.yhm.focus();
        return false;
    }
    …                                              //省略了部分表单验证代码
    if(f.mima.value!=f.mima2.value){
        alert("密码和确认密码必须相同!");
        f.mima2.focus();
        return false;
    }
    //验证是否选择了至少一项爱好
    if(!(f.like1.checked||f.like2.checked||f.like3.checked||f.like4.checked))
    {
        alert("至少选择一项爱好");
        return false;
```

```
    }
    if(f.zy.selectedIndex == 0){
        alert("请选择专业!");
        f.zy.focus();
        return false;
    }
    var kc = document.getElementById("kc");
    xzkcshu = getSelectedCount(kc);          //选择的课程数
    if(xzkcshu < 1)
    {
        alert("至少选择一门课程");
        kc.focus();
        return false;
    }
    …                                         //省略了部分表单验证代码
    if(f.jianjie.value.length < 20){
        alert("简介不能少于 20 个字符!");
        f.jianjie.focus();
        return false;
    }
    return true;
}
</script>
```

网页运行结果如图 8-9 所示。

图 8-9　用户注册表单验证

实训总结

本实训主要目的是让学生掌握使用 JavaScript 进行客户端的表单验证。让学生能综合运用本章所学的知识制作一个较为复杂的表单验证。

练习与实践

1. 创建一个简单的用户表,只需有用户 ID、用户名和密码三个字段即可,编写一个简单的用户注册和登录程序。
2. 使用 JavaScript 和 jQuery 程序实现对练习 1 的注册和登录表单进行验证。

模块 09 商品发布、购物车和订单

在电子商务网站中,购物车、订单和商品发布是很重要和特色的功能。用户在购买商品时应在其购物车显示所想购买的商品,同时应允许用户修改和删除购物车中的商品;用户提交购物后应该能生成订单;同时网站后台应该提供给管理员商品发布的功能。本模块主要以实例的形式讲述商品发布、购物车和订单等功能的实现。

能力目标

(1) 能使用 PHP 的 Session 实现"购物车"功能。
(2) 能使用 Select…Case 多分支结构在一个 PHP 网页实现多个操作步骤。
(3) 能使用 KindEditor 实现商品的在线发布。

知识目标

(1) Session 对象的使用。
(2) Switch…Case 语句的使用。
(3) KindEditor 的使用。

模拟制作任务

任务1 编写商品展示页面

任务背景

用户在购买商品前需要浏览商品信息,本任务负责从数据库中提取出部分最新发布的商品展示给用户,用户在浏览商品后决定是否购买。

任务要求

商品展示页面要求一行显示多个商品,让浏览者先大致了解商品的信息,然后单击商品图片或商品名浏览详细的信息。

【技术要领】 使用一个计数变量 i 记录行当前显示商品的个数,当 i 值达到行显示最大数时换行。

【解决问题】 控制表格一行的显示商品个数。
【应用领域】 商品展示。

效果图

商品信息展示的界面如图 9-1 所示。

图 9-1　商品信息展示界面

任务分析

商品信息展示需要访问数据表，通过循环遍历数据表中的部分数据，然后将这些数据显示出来。在展示商品时，为了展示更多商品信息通常一行要显示多个商品。此时使用一个计数变量 i 记录行当前显示商品的个数，当 i 值达到行显示最大数时输出行结束符"</tr>"。

重点和难点

使用一个计数变量 i 记录行当前显示商品的个数，当 i 值达到行显示最大数时输出行结束符"</tr>"。

操作步骤

(1) 参照 09 模块在 goodsstore 数据库中创建两个数据表 goods 和 orders，goods 数据表用于存储商品信息，它的表结构（在 SQLyog 中打开效果）如图 9-2 所示。

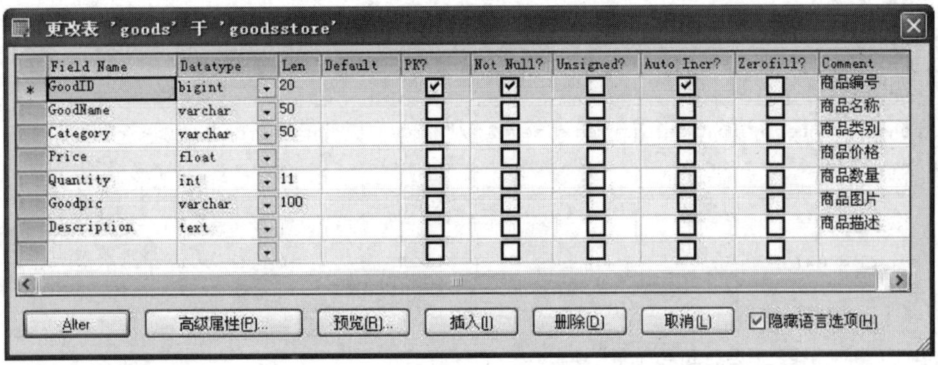

更改表 'goods' 于 'goodsstore'

Field Name	Datatype	Len	Default	PK?	Not Null?	Unsigned?	Auto Incr?	Zerofill?	Comment
GoodID	bigint	20		☑	☑	☐	☑	☐	商品编号
GoodName	varchar	50		☐	☐	☐	☐	☐	商品名称
Category	varchar	50		☐	☐	☐	☐	☐	商品类别
Price	float			☐	☐	☐	☐	☐	商品价格
Quantity	int	11		☐	☐	☐	☐	☐	商品数量
Goodpic	varchar	100		☐	☐	☐	☐	☐	商品图片
Description	text			☐	☐	☐	☐	☐	商品描述

图 9-2 goods 表的表结构

orders 数据表用于存储订单信息，它的表结构（在 SQLyog 中打开效果）如图 9-3 所示。

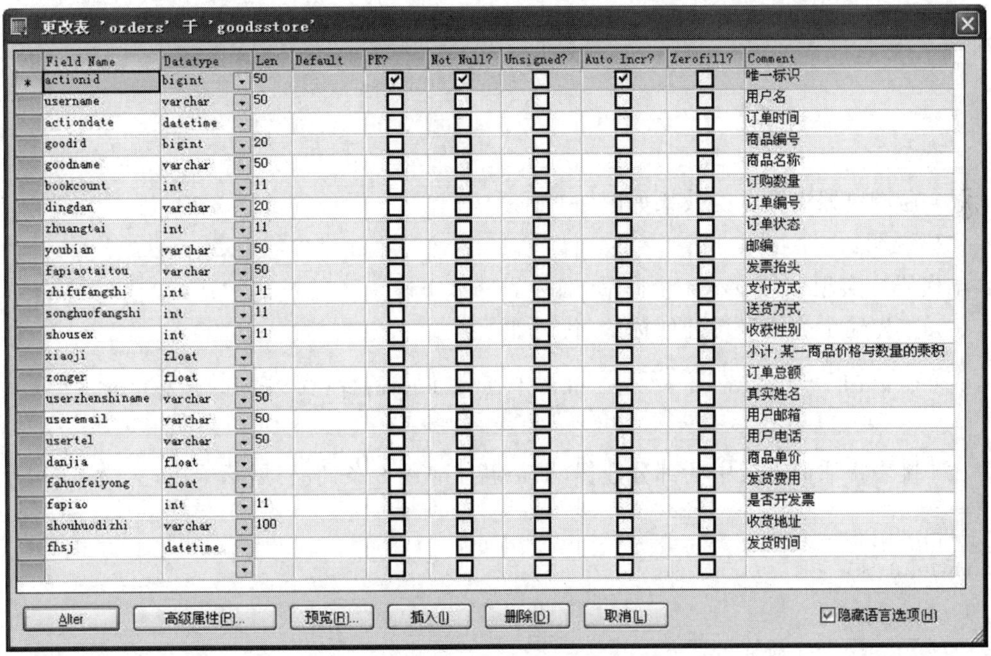

更改表 'orders' 于 'goodsstore'

Field Name	Datatype	Len	Default	PK?	Not Null?	Unsigned?	Auto Incr?	Zerofill?	Comment
actionid	bigint	50		☑	☑	☐	☑	☐	唯一标识
username	varchar	50		☐	☐	☐	☐	☐	用户名
actiondate	datetime			☐	☐	☐	☐	☐	订单时间
goodid	bigint	20		☐	☐	☐	☐	☐	商品编号
goodname	varchar	50		☐	☐	☐	☐	☐	商品名称
bookcount	int	11		☐	☐	☐	☐	☐	订购数量
dingdan	varchar	20		☐	☐	☐	☐	☐	订单编号
zhuangtai	int	11		☐	☐	☐	☐	☐	订单状态
youbian	varchar	50		☐	☐	☐	☐	☐	邮编
fapiaotaitou	varchar	50		☐	☐	☐	☐	☐	发票抬头
zhifufangshi	int	11		☐	☐	☐	☐	☐	支付方式
songhuofangshi	int	11		☐	☐	☐	☐	☐	送货方式
shousex	int	11		☐	☐	☐	☐	☐	收获性别
xiaoji	float			☐	☐	☐	☐	☐	小计，某一商品价格与数量的乘积
zonger	float			☐	☐	☐	☐	☐	订单总额
userzhenshiname	varchar	50		☐	☐	☐	☐	☐	真实姓名
useremail	varchar	50		☐	☐	☐	☐	☐	用户邮箱
usertel	varchar	50		☐	☐	☐	☐	☐	用户电话
danjia	float			☐	☐	☐	☐	☐	商品单价
fahuofeiyong	float			☐	☐	☐	☐	☐	发货费用
fapiao	int	11		☐	☐	☐	☐	☐	是否开发票
shouhuodizhi	varchar	100		☐	☐	☐	☐	☐	收货地址
fhsj	datetime			☐	☐	☐	☐	☐	发货时间

图 9-3 orders 表的表结构

（2）创建 index.php 页面，网页展示商品的主要代码如下。

```
<table width="700" border="0" align="left" cellpadding="0" cellspacing="0">
<tr>
<?php
$link = mysqli_connect('localhost', 'root', 'xianyang') or die('连接失败 : '. mysqli_error());
mysqli_select_db($link,'goodsstore');
mysqli_set_charset($link,"utf8");                    //这就是指定数据库字符集
//创建记录集
$result = mysqli_query($link,"SELECT * from goods limit 8")
  or die("查询失败: " . mysqli_error());
```

```
//读取记录
$row = mysqli_fetch_array( $result,MYSQL_BOTH);
$rows = mysqli_num_rows( $result);                    //取得记录数量
if ( $rows == 0)
  echo "<center><font color = red size = 2>对不起,暂无此类商品!</font></center>";
else
{
   $i = 1;
   while( $row)
   {
?>
<td align = "left" valign = "top">
      …                                          //省略了输出商品图片、名称和价格的代码
</td>
      <?php
         if ( $i % 4 == 0) echo "</tr>";
             $row = mysqli_fetch_array( $result,MYSQL_BOTH);
             $i = $i + 1;
          }
       ?>
</table>
```

(3) 在浏览器中预览的效果如图 9-1 所示。

代码说明:

本代码中实现一行显示 4 个商品,总体思路如下。

(1) 首先输出表格和行开始标签,代码如下。

```
<table width = "700" border = "0" align = "left" cellpadding = "0" cellspacing = "0">
    <tr>
```

(2) 接着提取商品表中的部分数据(如最新发布的 8 条商品)展示给用户,代码如下。

```
$i = 1;
while( $row)
{
  //逐一显示单个商品……
  $row = mysqli_fetch_array( $result,MYSQL_BOTH);
  $i = $i + 1;
}
```

(3) 在上面的循环中如果不输出行结束符"</tr>",则所有商品会显示在一行,这样就达不到换行显示的效果。所以需要在循环中 $row = mysqli_fetch_array($result,MYSQL_BOTH);代码行前加入如下代码。

```
if ( $i % 4 == 0) echo "</tr>";
```

以上代码的作用是判断当一行显示了 4 个商品时输出表格行结束符"</tr>",这样就实现了一行显示多个商品的功能,最后输出表格的结束标签"</table>"。

任务 2　编写浏览具体商品页面

任务背景

用户需要单击某一具体商品获得该商品的详细信息，同时在该页面给用户提供"购买"和"收藏"等功能。

任务要求

浏览具体商品界面将向用户显示详细的商品信息，可使用商品 ID 从数据库中提取商品详细信息显示给用户。

【技术要领】　首先获取地址栏中商品 ID 的值，然后使用该商品 ID 的值从数据库中提取商品详细信息。

【解决问题】　商品信息展示。

【应用领域】　商品信息展示。

效果图

浏览某一商品详细信息的界面如图 9-4 所示。

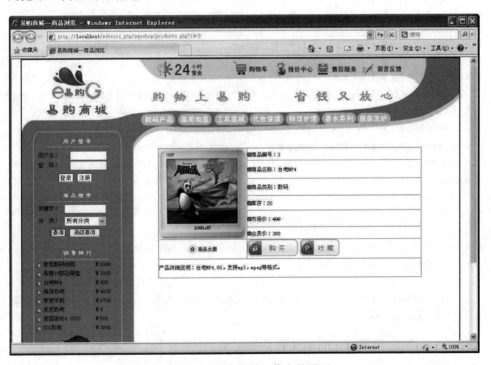

图 9-4　浏览商品详细信息的界面

任务分析

当用户单击图 9-1 中某一商品图片时，该商品的 ID 值会以超链接参数的形式传递到

图 9-4 网页中。在图 9-4 网页中首先获取地址栏中商品 ID 的值,然后使用该商品的 ID 值从数据库中提取商品信息显示给用户。

重点和难点

地址栏参数获取和商品信息提取。

操作步骤

(1) 创建 products.php 页面,在网页中输入如下代码。

```php
<?php session_start();?>
<html><head><title>易购商城--商品浏览</title>
<meta http-equiv="Content-Type" content="text/html; charset=utf-8">
</head>
<link href="css/global.css" rel="stylesheet" type="text/css">
<body bgcolor="#FFFFFF" leftmargin="0" marginheight="0">
<?php
$id=$_GET['id'];
$link=mysqli_connect('localhost','root','xianyang') or die('连接失败:'.mysqli_error());
mysqli_select_db($link,'goodsstore');
mysqli_set_charset($link,"utf8");            //这就是指定数据库字符集
$result=mysqli_query($link,"SELECT * from goods where GoodID={$id}") or die("查询表失败:".mysqli_error());
$row=mysqli_fetch_array($result,MYSQL_BOTH);
?>
<Form method="post" action="shopCart.php">
<table width="600" height="265" border="1" align="left" cellpadding="0" cellspacing="0">
  <tr><td width="166" rowspan="6">
  <img src="<?php echo $row["Goodpic"] ?>" width="200" height="200"></td>
  <td width="328"><img src="images/body/orange-bullet.gif"/>商品编号:<?php echo $row["GoodID"] ?>
    <input name="GoodID" type="hidden" id="GoodID" value="<?php echo $row["GoodID"] ?>" />
    </td></tr>
  <tr>
    <td height="31"><img src="images/body/orange-bullet.gif"/>商品名称:<?php echo $row["GoodName"] ?></td></tr>
  <tr>
    <td height="30"><img src="images/body/orange-bullet.gif"/>商品类别:<?php echo $row["Category"] ?></td></tr>
  <tr>
    <td height="26"><img src="images/body/orange-bullet.gif"/>库存:<?php echo $row["Quantity"] ?></td></tr>
  <tr>
    <td height="29"><img src="images/body/orange-bullet.gif"/>市场价:<s><?php echo $row["Price"] ?></s></td></tr>
  <tr>
    <td><img src="images/body/orange-bullet.gif"/>会员价:<?php echo $row["Price"]*
```

```
0.9 ?></td></tr>
  <tr>
    <td height="42" align="center"><img src="images/body/itemzoom.gif" alt="商品大图" width="69" height="23" /></td>
    <td>
      <input type="image" src="images/buy1.gif" width="114" height="37" border=0>
       <img src="images/fav.gif" width="90" height="37" border=0 style="cursor:hand;">
    </td></tr>
  <tr>
    <td height="42" colspan="2" align="left">产品详细说明：<?php echo $row["Description"] ?></td></tr>
</table></Form></body></html>
```

（2）在浏览器中预览效果如图 9-4 所示。

任务 3　编写购物车页面

任务背景

当用户单击图 9-4 所示页面中的"购买"按钮时，会将要购买的商品添加至购物车。

任务要求

购物车页面应该能够显示所要购买商品的名称、数量和价格等信息。还应提供修改购物车功能。

【技术要领】　使用 Session 实现购物车功能。
【解决问题】　使用 Session 实现购物车和购物车中商品的数量修改功能。
【应用领域】　购物车设计实现。

效果图

购物车的界面如图 9-5 所示。

任务分析

本任务使用 Session 实现购物车功能，Session 对象存储特定用户会话所需的信息。这里将购物车变量 $_SESSION['cart'] 定义为关联数组，该数组元素的键名采用商品编号，元素值则存储选择的商品数量，在输出购物车商品时使用 foreach() 结构遍历该关联数组即可。

重点和难点

Session 对象和 foreach() 结构的使用。

操作步骤

（1）创建 shopCart.php 页面，在页面中输入如下代码。

图 9-5 购物车界面

```php
<?php session_start();?>
<?php include ('db_fns.php');?>
<?php
$GoodID = $_POST['GoodID'];
    if( $GoodID) {
       //第一个商品选择时创建购物车
       if(!isset( $_SESSION['cart'])) {
          $_SESSION['cart'] = array();        //定义$_SESSION['cart']为数组,用来存储所选商品
          $_SESSION['items'] = 0;             //$_SESSION['items']用来存储商品总数
          $_SESSION['total_price'] = '0.00';  //$_SESSION['total_price']用来存储商品总价
       }
       //如果该商品第一次选择,则数量设置为1,否则数量增加1
       if(isset( $_SESSION['cart'][$GoodID])) {
          $_SESSION['cart'][$GoodID]++;
       } else {
          $_SESSION['cart'][$GoodID] = 1;
       }
       //计算商品总价和商品总数量
       $_SESSION['total_price'] = calculate_price( $_SESSION['cart']);
       $_SESSION['items'] = calculate_items( $_SESSION['cart']);
    }
/*如果单击了"修改购物车",则修改购物车中商品数量并重新计算购物车中商品总价和商品总
数量*/
    if(isset( $_POST['save'])) {
       foreach ( $_SESSION['cart'] as $GoodID => $qty) {
       /*如果该商品的数量被修改为0,则在购物车中删除该商品,否则将该商品的数量修改为指定
的数量*/
```

```php
        if( $_POST[ $GoodID ] == '0' ) {
          unset( $_SESSION['cart'][ $GoodID ] );
        } else {
           $_SESSION['cart'][ $GoodID ] = $_POST[ $GoodID ];
        }
    }
    //重新计算商品总价和商品总数量
    $_SESSION['total_price'] = calculate_price( $_SESSION['cart'] );
    $_SESSION['items'] = calculate_items( $_SESSION['cart'] );
}
//如果购物车中有商品就显示这些商品
if(( $_SESSION['cart'] ) && (array_count_values( $_SESSION['cart'] ))) {
    ?>
    <form action = "shopCart.php" method = "post">
    <table border = "0" width = "100%" cellspacing = "0">
        <tr><th bgcolor = "#cccccc">图片</th>
        <th bgcolor = "#cccccc">名称</th>
        <th bgcolor = "#cccccc">价格</th>
        <th bgcolor = "#cccccc">数量</th>
        <th bgcolor = "#cccccc">小计</th></tr>
    <?php
    foreach ( $_SESSION['cart'] as $GoodID => $qty ) {
    ?>
    <tr><td align = "left">
<img src = "<?php echo get_Good_Pic( $GoodID)?>" style = "border: 1px solid black" width = "80" height = "80"/></td>
<td align = "left"><a href = "products.php?id = <?php echo $GoodID ?>"><?php echo get_Good_Name( $GoodID) ?></a></td>
<td align = "center"><?php echo get_Good_Price( $GoodID) ?></td>
<td align = "center"><input type = "text" name = "<?php echo $GoodID ?>" value = "<?php echo $qty ?>" size = "3"></td><td align = "center"><?php echo get_Good_Price( $GoodID) * $qty ?>元</td></tr>
    <?php
    }
    ?>
    <tr>
    <th colspan = "3" bgcolor = "#cccccc"> </td>
    <th align = "center" bgcolor = "#cccccc">
<?php echo calculate_items( $_SESSION['cart'] ) ?></th>
    <th align = "center" bgcolor = "#cccccc">
        <?php echo calculate_price( $_SESSION['cart'] ) ?>元
    </th></tr>
    <tr>
     <td height = "30" colspan = "5" align = "center"><input name = "save" type = "submit" id = "save" value = "修改购物车" /></td>
    </tr></table></form>
    <?php
} else {
    echo "<p align = center>购物车没有商品,请先选择商品.</p><hr/>";
}
?>
```

```
< p align = "center">
< a href = "index.php">
< img src = "images/continue - shopping.gif" alt = "继续购物" border = "0" />
</a>
 < a href = "mycart.php">
< img src = "images/go - to - checkout.gif" alt = "去结账" border = "0" /></a></p>
```

(2) 购物车在浏览器中运行效果如图 9-5 所示。

任务 4　编写结算和生成订单页面

任务背景

用户在确定所购买商品后,接着就需要实现结算和生成订单。此时用户单击图 9-5 所示网页中的"去结算"按钮,会跳转到 myCart.php 网页,该网页完成结算和生成订单功能。

任务要求

结算页面在用户提交订单前应该还能看到其选购的商品信息,同时还能让用户输入收货人和发票等相关信息,用户完成这些步骤后提交订单最后生成订单号。

【技术要领】　利用 Switch…Case 多分支结构在一个 PHP 网页实现结算的多个步骤。
【解决问题】　分步收集用户订单信息。
【应用领域】　结算和生成订单。

效果图

结算和生成订单的界面如图 9-6～图 9-9 所示。

图 9-6　呈现订单内容

图 9-7 收集用户信息

图 9-8 用户确认订单

任务分析

结算和生成订单页面需要分多个步骤实现,利用 Switch…Case 多分支结构在一个 PHP 网页实现结算的多个步骤。

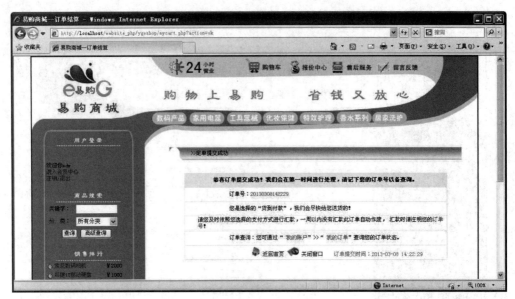

图 9-9 生成订单

重点和难点

在一个 PHP 网页用多个表单收集用户数据。

操作步骤

(1) 制作 myCart.php 网页,主要代码如下。

```
<?php
/* $action 变量存储每个表单提交时的参数 action 的值,
如:<form method="post" action="mycart.php?action=shop1">,
根据不同参数 action 值显示相应内容 */
$action = $_GET['action'];
//使用 PHP 的 Switch 结构判断 $action 变量的值,从而显示相应内容
switch( $action)
{
//第 1 步显示购物车内容,此时变量 $action 的值为空("")
case "":
?>
<table width="100%" align="center" border="0" bordercolor="#CCCCCC">
  <tr><td background="images/body/pdbg01.gif" height=28> 下订单</td></tr>
</table>
<br>
<!-- 第 1 步表单开始,设置参数 action 的值为"shop1" -->
<form id="form1" name="form1" method="post" action="mycart.php?action=shop1">
<!-- 以下代码显示购物车内容 -->
<?php include ('db_fns.php'); ?>
  …                                          //省略了部分显示购物车的代码
<p align="center">
<input type="button" name="Submit" value="修改购物车" onClick="gotoshopCart()" />
```

```php
<input type="submit" name="clearCart" value="OK,下一步" />
</p>
</form><!-- 第1步表单结束 -->
<?php
break;
/*第2步填写收货信息,此时变量$action的值为"shop1",$action的值来自第1步的表单,
以存储登录用户名的$_SESSION["username"]变量为查询条件,从users表中查询用户的信息显示为
收货信息,如果用户没有登录则显示为空*/
case "shop1":
$link = mysqli_connect('localhost','root','xianyang') or die ('连接失败:'. mysqli_error());
mysqli_select_db($link,'goodsstore');
mysqli_set_charset($link,"utf8");
$myquery = "Select * from users where username = '". $_SESSION["username"] ."'";
$result = mysqli_query($link, $myquery) or die("查询失败:".mysqli_error());
$row = mysqli_fetch_array($result,MYSQL_BOTH);
$userid = $row["ID"];
?>
<table width="100%" align="center" border="0" bordercolor="#CCCCCC">
<tr><td background="images/body/pdbg01.gif" height=28> >> 填写收货信息</td>
</tr></table>
<table width="90%" border="0" align="center" bgcolor="#F1F1F1">
  <tr><td bgColor="#F1F1F1" colspan="2" align="center"><strong>请正确填写以下收货信息</font></strong></td></tr>
  <!-- 第2步表单开始,该表单显示用户收货信息,设置参数action的值为"shop2" -->
  <form name="shouhuoxx" method="post" action="mycart.php?action=shop2">
    ……                                    //省略的部分表单代码
   <tr bgcolor="#ffffff">
     <td height="40" colspan="2" align=center>
     <input type="button" name="pre" value="上一步" onClick="javascript:history.go(-1)">
     <input type="submit" name="Submit4" value="OK,下一步" onclick='return ssxx();'>
     </td></tr>
  </form><!-- 第2步表单结束 -->
</table>
<?php
break;
/*第3步用户确认订单信息,并让用户选择是否开具发票,此时变量$action的值为"shop2",
$action的值来自第2步的表单*/
case "shop2":
?>
   <!-- 第3步表单开始,设置参数action的值为"ok" -->
   <form name="form3" id="form3" method="post" action="mycart.php?action=ok">
    <!-- 以隐藏域形式将要传递到第4步表单的信息放入表单中 -->
    <input name="userid" type=hidden value="<?php echo $_POST['userid'] ?>">
    <input name="username" type=hidden value="<?php echo $_POST['username'] ?>">
       <input name="userzhenshiname" type="hidden" value="<?php echo $_POST['userzhenshiname'] ?>">
       <input name="shousex" type="hidden" value=<?php echo $_POST['shousex'] ?>>
       <input name="useremail" type="hidden" value=<?php echo $_POST['useremail'] ?>>
       <input name="shouhuodizhi" type="hidden" value=<?php echo $_POST['shouhuodizhi'] ?>>
```

```php
            <input name="youbian" type="hidden" value=<?php echo $_POST['youbian'] ?>>
            <input name="usertel" type="hidden" value=<?php echo $_POST['usertel'] ?>>
            <input name="songhuofangshi" type="hidden" value=<?php echo $_POST['songhuofangshi'] ?>>
            <input name="zhifufangshi" type="hidden" value=<?php echo $_POST['zhifufangshi'] ?>>
            <input name="fahuofeiyong" type="hidden" value="<?php echo $_POST['songhuofangshi'] ?>">
            <input name="zonger" type="hidden" value="<?php echo $_POST['songhuofangshi'] + calculate_price($_SESSION['cart']) ?>">
     <input name="fapiao" type="checkbox" value="1" checked="checked">是否要发票?
         <tr><td align="center">
      <input class="go-wenbenkuang" type="button" name="Submit222" value="上一步" onClick="javascript:history.go(-1)">
         <input class="go-wenbenkuang" type="submit" name="Submit42" value="完成">
         </form><!-- 第3步表单结束 -->
<?php
break;
/*第4步提交订单,并反馈订单信息,此时变量$action的值为"ok",$action的值来自第3步的表单*/
case "ok":
$username = $_POST['username'];
date_default_timezone_set('Asia/Shanghai');          //设置系统时区为本地时区
$actiondate = date("Y-m-d H:i:s");
$dingdan = date("YmdHis");                           //用年月日时分秒组合成订单号
…                                                     //省略部分获取表单数据的代码
include('db_fns.php');
foreach ($_SESSION['cart'] as $GoodID => $qty) {
   $sumPrice3 = 0;
   $sumPrice3 = $sumPrice3 + $qty * get_Good_Price($GoodID);
   $goodname = get_Good_Name($GoodID);
   $price = get_Good_Price($GoodID);
   $link = mysqli_connect('localhost','root','xianyang') or die('连接失败:'.mysqli_error());
   mysqli_select_db($link,'goodsstore');
   mysqli_set_charset($link,"utf8");
$myquery = " insert into orders (username, actiondate, goodid, goodname, bookcount, dingdan, zhuangtai, youbian, fapiaotaitou, zhifufangshi, songhuofangshi, shousex, xiaoji, zonger, userzhenshiname, useremail, usertel, danjia, fahuofeiyong, fapiao, shouhuodizhi)
values('".$username."','".$actiondate."',".$GoodID.",'".$goodname."','".$qty."','".$dingdan."',0,'".$youbian."','".$fapiaotaitou."','".$zhifufangshi.",'".$songhuofangshi."','".$shousex."','".$sumPrice3."','".$zonger."','".$realname."','".$useremail."','".$usertel."','".$price."','".$fahuofeiyong."','".$fapiao."','".$shouhuodizhi."')";   //设定插入语句
mysqli_query($link, $myquery) or die("<br>失败:".mysqli_error());
mysqli_free_result($result);
mysqli_close($link);
}                                                    //foreach语句结束
…                                                     //省略的部分显示订单提交成功的代码
}                                                    //switch结构结束
```

?>

(2) 在浏览器中预览的效果如图 9-6～图 9-9 所示。

代码说明

本页代码使用 Switch…Case 多分支结构在一个 PHP 网页实现结算的多个步骤,总体思路如下。

```php
<?php
$action = $_GET['action'];
switch( $action)
{case ""
    //第 1 步显示购物车内容,订单信息回显
    break;
case "shop1"
    //第 2 步用户填写收货信息
    break;
case "shop2"
    //第 3 步用户确认订单信息,并让用户选择是否开具发票
    break;
case "ok"
    //第 4 步提交订单,并反馈订单信息
}
?>
```

任务5 编写订单查询页面

任务背景

订单生成后用户应该能够查看订单处理状态和详细信息等内容。

任务要求

订单查询页面需要显示订单的基本信息,用户单击订单号后可以查看订单的详细信息。

【技术要领】 通过超链接带参数形式把订单号传递到订单详细页面,实现订单详细信息的显示。

【解决问题】 订单信息提取与显示。

【应用领域】 订单信息提取与显示。

效果图

单击图 9-9 中的"我的订单"链接即可打开如图 9-10 所示的网页。单击图 9-10 中的订单号链接即可打开如图 9-11 所示的网页,该网页显示了订单的详细信息。

任务分析

由于用户需要查看订单状态,所以可以提供下拉菜单的方式让用户选择订单状态。

重点和难点

用户选择订单状态后订单查询页面的结果显示。

图 9-10　订单查询页面

图 9-11　订单详细页面

操作步骤

(1) 制作 mydingdan.php 网页,在网页中输入如下代码。

```
<?php session_start();?>
<html>
<head>
<title>易购商城 -- 我的订单</title>
<meta http-equiv="Content-Type" content="text/html; charset=utf-8">
</head>
<link href="css/global.css" rel="stylesheet" type="text/css">
```

```php
<body bgcolor="#FFFFFF" marginwidth="0" marginheight="0">
<table width="90%" border="0" align="center" cellpadding="0" cellspacing="1">
<tr>
<td width="100%" align="right"><img src="images/mingle/state.gif" width="20" height="18" />请选择查找不同状态下的订单
    <select name="zhuangtai" onChange="var jmpURL=this.options[this.selectedIndex].value;if(jmpURL!='')
{window.location=jmpURL;} else {this.selectedIndex=0 ;}">
<option value="mydingdan.php?zhuangtai=0&dingdan=<?php echo $_GET['dingdan'] ?>" selected>==请选择查询状态==</option>
<option value="mydingdan.php?zhuangtai=0&dingdan=<?php echo $_GET['dingdan'] ?>">全部订单状态</option>
<option value="mydingdan.php?zhuangtai=1&dingdan=<?php echo $_GET['dingdan'] ?>">未做任何处理</option>
<option value="mydingdan.php?zhuangtai=2&dingdan=<?php echo $_GET['dingdan'] ?>">用户已经付款</option>
<option value="mydingdan.php?zhuangtai=3&dingdan=<?php echo $_GET['dingdan'] ?>">服务商已经收到付款</option>
<option value="mydingdan.php?zhuangtai=4&dingdan=<?php echo $_GET['dingdan'] ?>">服务商已经发货</option>
<option value="mydingdan.php?zhuangtai=5&dingdan=<?php echo $_GET['dingdan'] ?>">用户已经收货</option>
</select>
</td></tr></table>
<table width="90%" border="0" align="center" bgcolor="#F1F1F1">
    <tr bgcolor="#F1F1F1" align="center">
    <td height="12">订单号</td>
    <td height="12">货款</td>
    <td height="12">发货费用</td>
    <td height="12">订单状态</td>
    </tr>
<?php
$link=mysqli_connect('localhost','root','xianyang') or die('连接失败：'.mysqli_error());
mysqli_select_db($link,'goodsstore');
mysqli_set_charset($link,"utf8");
$zhuangtai=$_GET['zhuangtai'];
$dingdan=$_GET['dingdan'];
$myquery="select group_concat(distinct dingdan) as dingdan,zonger,fahuofeiyong,zhuangtai from orders where zhuangtai=".$zhuangtai." and dingdan='".$dingdan."' group by dingdan";
$result=mysqli_query($link,$myquery) or die("查询失败:".mysqli_error());
$row=mysqli_fetch_array($result,MYSQL_BOTH);
while($row)
{    ?>
    <tr bgcolor="#FFFFFF" align="center">
    <td>
        <a href="order.php?dan=<?php echo $row["dingdan"] ?>" target="_blank" title="订单详细信息"><?php echo $row["dingdan"] ?></a></div>
    </td>
    <td>
        <?php echo $row["zonger"] ?>
    </td>
```

```
            <td>
                <?php echo $row["fahuofeiyong"] ?>
            </td>
            <td>
            <?php
switch ($zhuangtai)
{
case 0:
    echo "未做任何处理";
    break;
case 1:
    echo "未做任何处理";
    break;
case 2:
    echo "用户已经付款";
    break;
case 3:
    echo "服务商已经收到付款";
    break;
case 4:
    echo "服务商已经发货";
    break;
case 5:
    echo "用户已经收货";
    break;
default:
    echo "未做任何处理";
}
?>
            </td>
        </tr>
<?php
    $row = mysqli_fetch_array($result,MYSQL_BOTH);
}
?>
</table>
</body>
</html>
```

(2) 运行结果如图 9-10 所示。

(3) 制作 order.php 网页，该网页显示订单的详细信息，主要代码如下。

```
<table width="96%" height="320" border="1" align="center">
    <tr align="center" bgcolor="#f1f1f1">
        <td width="187"><strong>商品名称</strong></td>
        <td width="280"><strong>订购数量</strong></td>
        <td width="111"><strong>价格</strong></td>
        <td width="216"><strong>金额小计</strong></td>
    </tr>
    <?php
$dingdan = $_GET['dan'];
```

```php
//echo $_GET['dingdan']."<br>";
//设定查询语句
$myquery = "select * from orders where dingdan = '".$dingdan."'";
$result = mysqli_query($link, $myquery) or die("查询失败：" . mysqli_error());
while( $row = mysqli_fetch_array( $result,MYSQL_BOTH))
{
$zonger = $row["zonger"];
$fahuofeiyong = $row["fahuofeiyong"];
$huokuan = $row["zonger"] - $row["fahuofeiyong"];
$zhuangtai = $row["zhuangtai"];
$shouhuoname = $row["userzhenshiname"];
$youbian = $row["youbian"];
$shouhuodizhi = $row["shouhuodizhi"];
$fapiao = $row["fapiao"];
$zhifufangshi = $row["zhifufangshi"];
$fapiaotaitou = $row["fapiaotaitou"];
$usertel = $row["usertel"];
$actiondate = $row["actiondate"];
$songhuofangshi = $row["songhuofangshi"];
$useremail = $row["useremail"];
  ?>
    <tr>
    <td><?php echo $row["goodname"] ?></td>
    <td><?php echo $row["bookcount"] ?></td>
    <td><?php echo $row["danjia"] ?></td>
    <td><?php echo $row["xiaoji"] ?></td>
  </tr>
<?php
}
?>
  <tr>
    <td colspan = "4" align = "center">
    订单总额：<?php echo $huokuan ?>元 + 费用(<?php echo $fahuofeiyong ?>元) 共计：<font color = "#ff0000"><?php echo $zonger ?></font>元 </td>
  </tr>
  <tr>
    <td colspan = "4"><strong>您</font>此次订单号为：[ <?php echo $dingdan ?> ]</font></font> 详细信息如下：</font></strong></td>
  </tr>
  <tr>
    <td>订单状态：</td>
    <td colspan = "3">
    <?php
      if( $zhuangtai == "1" || zhuangtai == "0")
        echo "未作任何处理";
      elseif( $zhuangtai == "2")
        echo "用户已经付款";
      elseif( $zhuangtai == "3")
        echo "服务商已经收到付款";
      elseif( $zhuangtai == "4")
        echo "服务商已经发货";
```

```
          else
             echo "用户已经收到货";
       ?>
     </td>
  </tr>
  <tr>
     <td>收货人姓名：</td>
     <td><? echo $shouhuoname ?></td>
     <td>邮编：</td>
     <td><? echo $youbian ?></td>
  </tr>
  <tr>
     <td>收货地址：</td>
     <td><? echo $shouhuodizhi ?></td>
     <td>是否要发票：</td>
     <td><?php
       if( $fapiao == "1")
          echo "需要";
        else
          echo "不需要";
       ?>
     </td>
  </tr>
  <tr>
     <td>支付方式：</td>
     <td><?php
       if( $zhifufangshi == "1")
          echo "货到付款";
        elseif( $zhifufangshi == "2")
          echo "邮局汇款";
        elseif( $zhifufangshi == "3")
          echo "交通银行汇款";
        elseif( $zhifufangshi == "4")
          echo "其他银行汇款";
        else
          echo "预存款支付";
     ?></td>
     <td>发票抬头：</td>
     <td><?php echo $fapiaotaitou ?></td>
  </tr>
  <tr>
     <td>联系电话：</td>
     <td><?php echo $usertel ?></td>
     <td>下单日期：</td>
     <td><?php echo $actiondate ?></td>
  </tr>
  <tr>
     <td>送货方式：</td>
     <td><?php
       if( $songhuofangshi == "0")
          echo "自行取货";
```

```
        elseif( $songhuofangshi == "10")
            echo "普通平邮";
        elseif( $songhuofangshi == "20")
            echo "特快专递 EMS";
        elseif( $songhuofangshi == "30")
            echo "送货上门";
        else
            echo "其他快递";
        ?>
    </td>
    <td>电子邮件: </td>
    <td><?php echo $useremail ?></td>
  </tr>
  <tr>
    < td colspan = "4" align = "center">  </td>
  </tr>
</table>
```

(4) 运行结果如图 9-11 所示。

代码说明:

订单状态选择的思路总体如下。

(1) 首先将目的网页地址放入下拉菜单各选择项 value 属性中。

mydingdan.php?zhuangtai = 0&dingdan = <?php echo $_GET['dingdan']?>

(2) 然后在订单选择下拉菜单的 onChange 函数中加入如下代码。

var jmpURL = this.options[this.selectedIndex].value;
if(jmpURL!= '') {window.location = jmpURL;} else {this.selectedIndex = 0;}

(3) 当在图 9-10 下拉菜单中选择订单的不同状态时,第(2)步中的代码实现当前网页的跳转,跳转的目的网页即为第(1)步设定的各选择项的值。这里仍然跳转到本网页,但网页后附加的参数可以筛选出不同处理状态的订单。

任务 6 浏览商品信息

任务背景

商品信息浏览页面是商品信息管理的基本功能,管理员只有通过浏览商品信息才能发现某些商品输入信息的错误,然后进行相应的修改或删除操作。

任务要求

(1) 商品信息一般比较多,所以应该能分页浏览。
(2) 商品信息浏览页面应该提供搜索功能。

【技术要领】 使用 MySQL 数据库中 LIMIT 子句分页提取记录。

【解决问题】 记录的分页显示和查询。

【应用领域】 数据显示。

效果图

商品信息浏览的界面如图 9-12 所示。

图 9-12　商品信息浏览界面

任务分析

商品信息浏览需要访问数据表,通过循环遍历数据表中的所有数据,然后将这些数据显示出来。如果数据比较多时则需要分页,通常是使用 MySQL 数据库中的 LIMIT 子句分页提取记录,然后循环逐一显示该页中的每条记录。最后使用超链接附加页码参数实现翻页功能。

重点和难点

(1) MySQL 数据库中 LIMIT 子句分页提取记录。
(2) 翻页功能的实现。

操作步骤

(1) 创建 Goods.php 页面,在网页中输入如下代码。

```
<html><head><title>易购商城网站后台</title>
<meta http-equiv="Content-Type" content="text/html; charset=utf-8">
</head>
<script language=javascript>
function SureDel(GoodID)
```

```php
    {
      if(confirm("你是否真的要删除该商品?"))
      {
        window.location.href = "GoodDelete.php?GoodID = " + GoodID + "";
      }
    }
</script>
<link href = "css/global.css" rel = "stylesheet" type = "text/css">
<body>
<table width = "901" height = "765" border = "0" cellspacing = "0" align = "center">
        <tr><td rowspan = "2" align = "left" valign = "top">
            <div id = "container" style = "position: relative; width: 650px; height: 540px; overflow:auto; padding-bottom:20px; padding-left:20px; padding-right:0px; padding-top: 20px;">
<?php
$PageSize = 4;                                  //每页显示记录数
$StartRow = 0;                                  //开始显示记录的编号
//获取需要显示的页数,由用户提交
if(empty( $_GET['PageNo'])){                    //如果为空,则表示第1页
    if( $StartRow == 0){
        $PageNo = 1;                            //设定为1
    }
}else{
    $PageNo = $_GET['PageNo'];                  //获得用户提交的页数
    $StartRow = ( $PageNo - 1) * $PageSize;     //获得开始显示的记录编号
}
/*因为显示页码的数量是动态变化的,假如总共有100页,则不可能同时显示100个链接。而是根据当前的页数显示一定数量的页面链接,CounterStart用于设置显示页码的初始值*/
if( $PageNo % $PageSize == 0){
    $CounterStart = $PageNo - ( $PageSize - 1);
}else{
    $CounterStart = $PageNo - ( $PageNo % $PageSize) + 1;
}
//显示页码的最大值
$CounterEnd = $CounterStart + ( $PageSize - 1);
$link = mysqli_connect('localhost', 'root', 'xianyang') or die('连接失败:'. mysqli_error());
mysqli_select_db( $link,"goodsstore");
mysqli_set_charset( $link,"utf8");
//获取查询项和查询关键词
$searchitem = $_GET['searchitem'];
$searchvalue = $_GET['searchvalue'];
//根据查询关键词设置不同的查询SQL语句
if( $searchvalue!= "")
  {
    $TRecord = mysqli_query( $link,"SELECT * FROM goods where { $searchitem} like '% { $searchvalue} %'");
    $result = mysqli_query( $link,"SELECT * FROM goods where { $searchitem} like '% { $searchvalue} % ' ORDER BY GoodID LIMIT $StartRow, $PageSize");
  }else{
    $TRecord = mysqli_query( $link,"SELECT * FROM goods");
    $result = mysqli_query( $link,"SELECT * FROM goods ORDER BY GoodID LIMIT $StartRow,
```

```php
       $PageSize");
   }
//获取总记录数
$RecordCount = mysqli_num_rows($TRecord);
//获取总页数
$MaxPage = $RecordCount % $PageSize;
if($RecordCount % $PageSize == 0){
    $MaxPage = $RecordCount / $PageSize;
}else{
    $MaxPage = ceil($RecordCount / $PageSize);
}
?>
<table width="96%" border="0" align="center">
  <tr height="30">
    <td align="right" style="vertical-align:bottom;"><a href="GoodAddform.php">添加商品<img src="images/ico_add.gif" alt="添加商品" border="0"></a></td>
    <td>
    <form action="goods.php" method="get" name="form1" style="margin-bottom:-7px;">
    查询项:<select name="searchitem">
              <option value="GoodName" selected=true>商品名称</option>
              <option value="Category">商品类别</option>
              <option value="Description">商品描述</option></select>
    关键词:<input type="text" size="10" name="searchvalue">
    <input type="submit" name="submit" value="查询">
    </form></td></tr>
    <tr><td width="29%"><font size=4>分页显示记录</font></td>
      <td width="71%">
      <font size=4><?php print "总共 $RecordCount record(s) 条记录 - 当前页:$PageNo of $MaxPage" ?></font></td>
    </tr></table>
<table width="99%" border="1" align="center" cellpadding="1" cellspacing="1">
    <tr><th width="8%">序号</th><th width="13%">商品名称</th>
      <th width="12%">商品类别</th><th width="8%">价格</th>
      <th width="8%">库存</th><th width="10%">图片</th>
      <th width="24%">商品描述</th><th width="17%">操作</th>
    </tr>
<?php
$i = 1;
while($row = mysqli_fetch_array($result, MYSQL_BOTH)) {
      $bil = $i + ($PageNo-1) * $PageSize;
?>
<tr align="center">
  <td><?php echo $bil ?></td>
  <td><?php echo $row["GoodName"] ?></td>
  <td><?php echo $row["Category"] ?></td>
  <td><?php echo $row["Price"] ?></td>
  <td><?php echo $row["Quantity"] ?></td>
  <td><img src="<?php echo $row["Goodpic"] ?>" alt="aaaa" width="50" height="50" border="0" align="absmiddle" /></td>
  <td><?php echo $row["Description"] ?></td>
  <td><a href="GoodEditform.php?GoodID=<?php echo $row["GoodID"] ?>">修改</a>
```

```php
|<a href='javascript:SureDel(<?php echo $row["GoodID"] ?>)'>删除</a></td>
</tr>
<?php
    $i++;
}?>
</table>
<table width="96%" border="0" align="center">
    <tr><td>
        <div align="center">
        <?php
    echo "<font size=4>";
        //显示第一页或者前一页的链接
        //如果当前页不是第一页,则显示第一页和前一页的链接
        if($PageNo != 1){
            $PrevStart = $PageNo - 1;
            print "<a href=goods.php?PageNo=1&searchitem=$searchitem
                &searchvalue=$searchvalue>首页</a>: ";
            print "<a href=goods.php?PageNo=$PrevStart&searchitem=$searchitem
                &searchvalue=$searchvalue>上页</a>";
        }
        print " [ ";
        $c = 0;
        //打印需要显示的页码
        for($c = $CounterStart; $c <= $CounterEnd; $c++){
            if($c < $MaxPage){
                if($c == $PageNo){
                    if($c % $PageSize == 0){
                        print " $c ";
                    }else{
                        print " $c ,";
                    }
                }elseif($c % $PageSize == 0){
                echo "<a href=goods.php?PageNo=$c&searchitem=$searchitem
                    &searchvalue=$searchvalue>$c</a> ";
                }else{
                echo "<a href=goods.php?PageNo=$c&searchitem=$searchitem
                    &searchvalue=$searchvalue>$c</a> ,";
                }                              //END IF
            }else{
                if($PageNo == $MaxPage){
                    print " $c ";
                    break;
                }else{
                echo "<a href=goods.php?PageNo=$c&searchitem=$searchitem
                    &searchvalue=$searchvalue>$c</a> ";
                    break;
                }                              //END IF
            }                                  //END IF
        }                                      //NEXT
        echo "] ";
        if($PageNo < $MaxPage){                //如果当前页不是最后一页,则显示下一页链接
```

```
                $NextPage = $PageNo + 1;
                echo "< a href = goods.php?PageNo = $NextPage&searchitem = $searchitem
                    &searchvalue = $searchvalue>下页</a>";
                print " : ";
                echo "< a href = goods.php?PageNo = $MaxPage&searchitem = $searchitem
                    &searchvalue = $searchvalue>末页</a>";
            }
            echo "</font>";
            ?>
            </div>
        </td>
    </tr>
</table>
<?php
    mysqli_free_result( $result);
    mysqli_free_result( $TRecord);
?>
        </div></td></tr></table></body></html>
```

（2）在浏览器中预览的效果如图 9-12 所示。

代码说明：

（1）本实例中实现的分页功能已在 07 模块的模拟制作任务 1 中详细讲解，在此不再赘述。

（2）"删除"超链接< a href = 'javascript：SureDel(<?php echo $row["GoodID"] ?>)'>删除</a>调用 JavaScript 函数 SureDel(GoodID)，该函数的代码如下所示。

```
function SureDel(GoodID)
{
    if (confirm("你是否真的要删除该商品?"))
    {
        window.location.href = "GoodDelete.php?GoodID = " + GoodID + "";
    }
}
```

以上代码中使用 JavaScript 的 confirm 函数让用户选择是否执行操作，confirm 函数会弹出一个消息对话框提示"你是否真的要删除该商品?"，该对话框中通常包含"确定"和"取消"按钮。confirm 函数返回值 Boolean 值，当用户单击"确定"按钮时，返回 True；当用户单击"取消"按钮时，返回 False。通过返回值可以判断用户单击了什么按钮，从而可执行不同的操作。只有用户单击"确定"按钮后才会执行 GoodDelete.php 页面的删除商品操作，否则不删除商品。

任务 7　使用在线 HTML 编辑器添加商品

任务背景

添加商品是商品发布模块中最基本的功能，商品信息浏览页面中显示的商品首先要通过添加商品功能添加进去。

任务要求

(1) 添加商品时应该能实现对商品图片的上传。

(2) 商品描述中应该能实现插入图片等多媒体信息。

【技术要领】 图片上传；嵌入在线 HTML 编辑器。

【解决问题】 商品图片上传和显示；在线 HTML 编辑器的使用；添加数据到服务器。

【应用领域】 网页表单提交数据。

效果图

商品添加操作界面如图 9-13 所示。

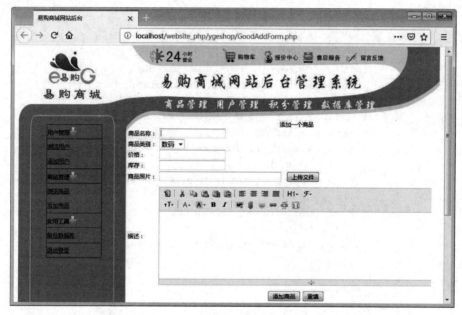

图 9-13　商品添加操作界面

任务分析

这个任务主要有两个：一是商品照片的上传和显示；二是将在线 HTML 编辑器嵌入在页面中，从而实现商品描述信息的在线编辑。

重点和难点

商品图片上传和嵌入在线 HTML 编辑器。

操作步骤

(1) 新建 GoodAddForm.php 页面，在页面中输入如下代码。

```
<?php
session_start();
```

```html
?>
<html>
<head>
<title>易购商城网站后台</title>
<meta http-equiv="Content-Type" content="text/html; charset=utf-8">
<style>
body,td,input,textarea {font-size:9pt}
</style>
<link rel="stylesheet" href="kindeditor/themes/default/default.css" />
<link rel="stylesheet" href="kindeditor/plugins/code/prettify.css" />
<script charset="utf-8" src="kindeditor/kindeditor-wdw2.js"></script>
<script charset="utf-8" src="kindeditor/lang/zh_CN.js"></script>
<script charset="utf-8" src="kindeditor/plugins/code/prettify.js"></script>
<script>
        KindEditor.ready(function(K) {
            var editor1 = K.create('textarea[name="Description"]', {
                cssPath : 'kindeditor/plugins/code/prettify.css',
                uploadJson : 'kindeditor/php/upload_json.php',
                fileManagerJson : 'kindeditor/php/file_manager_json.php',
                allowFileManager : true,
                afterCreate : function() {
                    var self = this;
                    K.ctrl(document, 13, function() {
                        self.sync();
                        K('form[name=example]')[0].submit();
                    });
                    K.ctrl(self.edit.doc, 13, function() {
                        self.sync();
                        K('form[name=example]')[0].submit();
                    });
                }
            });
            prettyPrint();
        });
</script>
</head>
<body>
<form action="GoodAdd.php" method=post name="myform">
    <table width="720" border=0 cellspacing=0>
        <tr><td colspan="2" align="center">添加一个商品</td></tr>
        <tr>
          <td width="70">商品名称：</td>
            <td width="650"><input name="GoodName" type="text" id="GoodName" size="20">
</td></tr>
            <tr>
            <td>商品类别：</td>
            <td>
              <select name="Category" id="Category">
                <option value="数码">数码</option>
                <option value="家电">家电</option>
                <option value="日化">日化</option>
```

```html
            <option value="餐饮">餐饮</option>
            <option value="其他">其他</option>
          </select>
        </td>
      </tr>
      <tr>
        <td>价格：</td>
        <td><input name="Price" type="text" id="Price" size="20"></td></tr>
      <tr>
        <td>库存：</td>
        <td><input name="Quantity" type="text" id="Quantity" size="20"></td></tr>
      <tr>
        <td>商品照片：</td>
        <td><input name="goodpic" type="text" id="goodpic" size="40">
           
          <input type="button" name="Submit2" value="上传文件" onClick="window.open('upload.php','','status=no,scrollbars=no,top=20,left=110,width=420,height=165')" />
        </td></tr>
      <tr>
        <td height="224">描述：</td>
        <td>
<textarea name="Description" id="Description" cols="30" rows="5" style="width:300px;height:200px;visibility:hidden;">
</textarea>
        </td></tr>
        <tr><td colspan="2" align="center">
        <input type=submit value="添加商品">
        <input type="reset" name="Submit" value="重填">
        </td></tr>
    </table>
  </form>
</body>
```

(2) 新建 GoodAdd.php 页面，在页面中输入如下代码。

```php
<?php
$link = mysqli_connect('localhost', 'root', 'xianyang') or die('连接失败：'. mysqli_error());
mysqli_select_db($link,'goodsstore');
mysqli_set_charset($link,"utf8");
$goodname = $_POST['GoodName'];
$category = $_POST['Category'];
$price = $_POST['Price'];
$quantity = $_POST['Quantity'];
$goodpic = $_POST['goodpic'];
$description = $_POST['Description'];
$myquery = "insert into goods(GoodName, Category, Price, Quantity, Goodpic, Description) values ('". $goodname."','". $category."','". $price."','". $quantity."','". $goodpic."','". $description."')";
mysqli_query($link, $myquery) or die("<br>插入失败:". mysqli_error());
mysqli_free_result($result);
mysqli_close($link);
```

```
echo "< script language = 'javascript'>";
echo "window.location.href = 'Goods.php';";
echo "</script>";
?>
```

（3）程序的运行结果如图 9-13 所示。

代码说明：

（1）本模块将商品图片上传到服务器相应目录，数据库中只存储图片在服务器的相对路径，显示时提取图片路径即可，上传功能由任务 8 中的上传模块实现。

（2）本任务使用的在线 HTML 编辑器为 KindEditor，有关 KindEditor 的详细使用请参考知识点拓展 KindEditor 的使用[1]。

（3）GoodAdd.php 页面实现商品信息的添加，添加完毕后跳转到 Goods.php 页面。

任务 8　实现商品图片上传

任务背景

用户在浏览商品时，通常需要显示商品的缩略图，以便用户对商品有一个大致的了解。

任务要求

本功能先将商品图片上传到网站某一目录下，数据库中存储的是图片的相对路径。

【技术要领】　move_uploaded_file( ) 函数的使用。

【解决问题】　使用 move_uploaded_file( ) 函数将文件上传到服务器。

【应用领域】　文件上传。

效果图

当单击图 9-13 中的"上传文件"按钮时，会弹出如图 9-14 所示的网页。在该网页中用户可以选择要上传的文件。

图 9-14　选择要上传的文件

单击图 9-14 中的"开始上传"按钮后，会将图片上传到网站相应的目录，并将返回的上传文件在服务器的图片相对路径显示在图 9-13"商品照片："后的输入框中。

任务分析

本任务要求将商品图片上传到网站某一目录下，然后存储图片相对路径到数据库。

重点和难点

图片文件的上传。

操作步骤

制作 upload.php 页面，详细代码如下。

```php
<?php
session_start();
  date_default_timezone_set("Asia/Shanghai");
  if (isset( $_POST['set'])) {
    $upload_slots =  $_POST['slots'];
  } else {
    $upload_slots = 1;  //<---------- 默认文件上传数量
  }
  /*
  由于:
  1M = 1024KB
  1KB = 1024B
  所以: 300M = 300 * 1024 * 1024 = 314572800 字节
  */
  $max_size = 314572800;                              //文件最大上传字节数
  $location = "upfiles/";                             //文件被上传后的目录
  ini_set("memory_limit","200M");                     //设定脚本运行允许的内存大小
/*
调用方式: img_resize( $path, $tmp_name, $new_name, $w1, $w2)
$path 代表图片所在的相对目录
$tmp_name 代表要处理的图片
$new_name 代表处理后的图片, $tmp_name 和 $new_name 可以相同
$w1 代表处理后横图的最大宽度
$w2 代表处理后竖图的最大宽度
*/
function img_resize( $path, $tmp_name, $new_name, $w1, $w2){
    $new_width = 0;
    if (!file_exists( $path. $tmp_name)){
        echo "文件不存在!";
        exit;
    }
    if (!is_writable( $path)){
        echo "不能访问目录!";
        exit;
    }
    list( $width, $height) = getimagesize( $path . $tmp_name);       //获取图片的宽高
    $houzhui = strtoupper(get_extension( $tmp_name));          //将后缀名并转化为大写字母
    /* 如果宽度大于高度,则为横图,此时指定横图最大宽度为 $w1,否则为竖图,指定竖图的最大
```

宽度为 $w2 */
        if($width >= $height){
            //如果横图的宽度大于 $w1,则新图宽度设为 $w1,否则宽度不变
            if($width >= $w1){
                $new_width = $w1;
            }else{
                $new_width = $width;
            }

        }else{
            //如果竖图的宽度大于 $w2,则新图宽度设为 $w2,否则宽度不变
            if($width >= $w2){
                $new_width = $w2;
            }else{
                $new_width = $width;
            }
        }
        //按原始图像的高/宽比例计算新的高度然后调整图片到新的尺寸
        $new_height = abs($new_width * $height / $width);
        $image_p = imagecreatetruecolor($new_width, $new_height);
        if($houzhui == "JPG" || $houzhui == "JPEG"){
            $image = imagecreatefromjpeg($path . $tmp_name);
            imagecopyresampled($image_p, $image, 0, 0, 0, 0, $new_width, $new_height, $width, $height);
            imagejpeg($image_p, $path . $new_name);
        }
        if($houzhui == "PNG"){
            $image = imagecreatefrompng($path . $tmp_name);
            imagecopyresampled($image_p, $image, 0, 0, 0, 0, $new_width, $new_height, $width, $height);
            imagepng($image_p, $path . $new_name);
        }
        if($houzhui == "GIF"){
            $image = imagecreatefromgif($path . $tmp_name);
            imagecopyresampled($image_p, $image, 0, 0, 0, 0, $new_width, $new_height, $width, $height);
            imagegif($image_p, $path . $new_name);
        }
        return $path. $new_name;
}
/*
调用方式: mark_pic($background, $waterpic, $x, $y)
$background 代表背景图片
$waterpic 代表水印图片
$x 代表水印在背景中的 x 坐标
$y 代表水印在背景中的 y 坐标
水印图片合并到背景图片坐标 x,y 开始的位置并输出合并后有水印的背景图片.
*/
function mark_pic($background, $waterpic, $x, $y){
    $back = imagecreatefromjpeg($background);   //载入 jpg 格式图像
    $water = imagecreatefrompng($waterpic);   //载入 png 格式图像

```php
        $w_w = imagesx($water);                              //获得图像宽度
        $w_h = imagesy($water);                              //获得图像高度
        imagecopy($back, $water, $x, $y, 0, 0, $w_w, $w_h);  //复制图像
        imagejpeg($back, $background);                       //将水印加到背景图片并输出
        imagedestroy($back);                                 //销毁图像 $back
        imagedestroy($water);                                //销毁图像 $water
    }
    //获取后缀名
    function get_extension($file)
    {
        return end(explode('.', $file));
    }
?>
<html>
<head>
    <meta http-equiv="Content-Type" content="text/html; charset=utf-8" />
</head>
<body>
<center>
    <?php if (!isset($_POST['upload'])){ ?>
    <form method="POST" enctype="multipart/form-data" action="upload.php">
    <table width="635">
        <td width="100%">
            <p align="center"><b>文件上传</b></td>
        </tr>
        <tr>
        <td width="100%">
            <table border="0" width="100%" cellpadding="4">
                <tr>
                    <td width="30%" align="right" valign="top">
                        <b>选择被上传的文件:</b></td>
                    <td width="70%">
                        <input type="hidden" name="MAX_FILE_SIZE" size="5200000">
<?php
    //动态输出文件上传表单控件
    for($count = 1; $count < $upload_slots + 1; $count++) {
        echo '<input type="file" name="upload'.$count.'" size="29"><br>';
    }
?>
                    </td>
                </tr>
            </table>
        </td>
    </tr>
    </table>
    <br>
    <font size="2">(文件小于300MB才能被上传)</div></div></font>
    <p align="center">
        <input type="hidden" name="slots" value="<?php echo $upload_slots; ?>">
        <input type="submit" value="开始上传" name="upload">
    </p>
```

```php
            </form>
<? } else { ?>
<div align="center">
<center>
  <table width="674">
    <tr>
      <td width="100%">
        <p align="center"><b>文件上传信息</b></td>
    </tr>
    <tr>
      <td width="100%">
        <table border="0" width="100%" cellspacing="3" cellpadding="6">
          <tr style="display:none;">
            <td width="25%" align="center"><b>文件名</b></td>
            <td width="25%" align="center"><b>大小</b></td>
            <td width="25%" align="center"><b>类型</b></td>
            <td width="25%" align="center"><b>状态</b></td>
          </tr>
<?php
    //循环检查每个提交的文件
    for ($num = 1; $num < $_POST['slots'] + 1; $num++){
      $event = "Success";
      //检查是否有文件上传
      if (!$_FILES['upload'.$num]['name'] == ""){
        if ($_FILES['upload'.$num]['size'] < $max_size) {
          //用.分割文件路径为数组
          $arr = explode(".", $_FILES['upload'.$num]['name']);
            //获取数组的最后一个元素(文件扩展名)并转换为大写
          $hz = strtoupper($arr[count($arr)-1]);
            //用该扩展名和时间组成新的文件名
          $randname = date("Y").date("m").date("d").date("H").date("i").date("s").rand(100,999).".".$hz;
          echo "文件上传路径: ".$location.$randname;
move_uploaded_file($_FILES['upload'.$num]['tmp_name'], $location.$randname) or $event = "Failure";
        } else {
          $event = "File too large!";
        }
        $_SESSION['zlpath'] = $location.$randname;
        if($hz == "JPG" || $hz == "JPEG" || $hz == "PNG" || $hz == "GIF"){
          //调整图片大小,横图宽度为1000px,竖图宽度为800px
          img_resize($location.$randname, $randname,1000,800);
          //给图片添加水印
          mark_pic($location.$randname, "images/watermark.png", 50, 100);
        }
/*将图片路径显示到商品添加表单的输入框中,要确保表单(form)的name属性值为myform,商品照片输入框(input)的name属性为goodpic.*/
          echo "<script>window.opener.document.myform.goodpic.value= ' ".$location.$randname."';alert('上传成功!');window.close();</script>";
        //显示上传文件的信息
        echo "<tr>";
```

```
        echo "<td width='25%' align='center'><font face='Tahoma' size='2'>".$randname.
"</td>";
        echo "<td width='25%' align='center'><font face='Tahoma' size='2'>".$_FILES['
upload'.$num]['size']." bytes </td>";
        echo "<td width='25%' align='center'><font face='Tahoma' size='2'>".$_FILES['
upload'.$num]['type']."</td>";
        echo "<td width='25%' align='center'><font face='Tahoma' size='2'>".$event.
"</td>";
        echo "</tr>";
    }
  }
?>
        </table>
      </td>
    </tr>
  </table>
  <p align="center"><font color="#FF0000">文件上传成功,请关闭该窗口并提交资料!
</font></p>
  <p align="center">[<a href="javascript:window.close();">关闭窗口</a>] </p>
 </center>
</div>
<? } ?>
</body>
</html>
```

代码说明:

(1) 文件上传之后需要将上传到服务器中的文件相对路径返回到添加或修改表单的相应文本框中,代码如下。

```
echo "<script>window.opener.document.myform.goodpic.value='".
$location.$randname."';alert('上传成功!');</script>";
```

以上代码中的 myform 为添加或修改商品表单的表单名;goodpic 为表单中存放图片路径的文本框名;$location.$randname 组成的字符串为已上传图片在服务器的相对路径。

(2) 本任务使用的文件上传功能由函数 move_uploaded_file()[2]实现,关于该函数的详细讲解请参考拓展知识。

(3) 本上传网页表单提交的处理页面为当前 PHP 网页,请确保 form 标签的 action 属性为当前 PHP 网页(upload.php),form 标签 HTML 代码如下。

```
<form method="POST" enctype="multipart/form-data" action="upload.php">
```

(4) 图片上传时如果需要调整图片大小可以调用 img_resize 函数,如果需要给图像添加水印,可以调用 mark_pic 函数,这两个函数都是由 PHP 图像处理函数实现的。PHP 图像处理函数的使用请参照 05 模块知识 10。

任务9 使用在线 HTML 编辑器修改商品

任务背景

商品添加功能实现后,管理员就可以添加商品信息了,但如果当某一商品信息有错误时，这时就需要一个商品修改页面来修改商品信息。

任务要求

1. 商品修改页面应该能实现包括商品照片在内的所有商品信息的修改。
2. 对商品描述信息的修改仍然可以使用在线 HTML 编辑器。

【技术要领】 在线 HTML 编辑器编辑商品描述信息。
【解决问题】 商品信息显示和修改。
【应用领域】 网页表单数据修改。

效果图

单击图 9-12 中商品编号为 8 记录的"修改"超链接，编辑该商品信息，效果如图 9-15 所示。

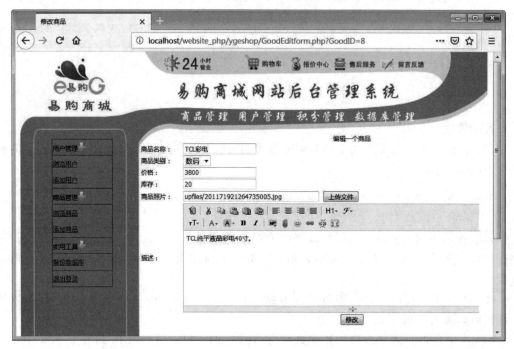

图 9-15　编辑商品信息界面

任务分析

本任务首先要通过商品编号从数据库中提取相应的商品信息显示出来，管理员修改后再提交数据库即可。

重点和难点

在线 HTML 编辑器编辑商品描述信息。

操作步骤

(1) 新建 GoodEditform.php 页面,详细代码如下。

```html
<html>
<head>
<title>易购商城网站后台</title>
<meta http-equiv="Content-Type" content="text/html; charset=utf-8">
<link rel="stylesheet" href="kindeditor/themes/default/default.css" />
<link rel="stylesheet" href="kindeditor/plugins/code/prettify.css" />
<script charset="utf-8" src="kindeditor/kindeditor-wdw2.js"></script>
<script charset="utf-8" src="kindeditor/lang/zh_CN.js"></script>
<script charset="utf-8" src="kindeditor/plugins/code/prettify.js"></script>
<script>
        KindEditor.ready(function(K) {
            var editor1 = K.create('textarea[name="Description"]', {
                cssPath : 'kindeditor/plugins/code/prettify.css',
                uploadJson : 'kindeditor/php/upload_json.php',
                fileManagerJson : 'kindeditor/php/file_manager_json.php',
                allowFileManager : true,
                afterCreate : function() {
                    var self = this;
                    K.ctrl(document, 13, function() {
                        self.sync();
                        K('form[name=example]')[0].submit();
                    });
                    K.ctrl(self.edit.doc, 13, function() {
                        self.sync();
                        K('form[name=example]')[0].submit();
                    });
                }
            });
            prettyPrint();
        });
</script>
</head>
<body>
<?php
$link = mysqli_connect('localhost','root','xianyang') or die ('连接失败:'.mysqli_error());
mysqli_select_db($link,'goodsstore');
mysqli_set_charset($link,"utf8");
$goodid = $_GET['GoodID'];
$result = mysqli_query($link,"SELECT * from goods where GoodID = ".$goodid) or die("查询失败:" . mysqli_error());
$row= mysqli_fetch_array($result,MYSQL_BOTH);
?>
<form action="GoodEdit.php?GoodID=<?php echo $row["GoodID"] ?>" method=post name="myform">
    <table width="813" border=0 cellspacing=0>
        <tr><td colspan="2" align="center">编辑一个商品</td></tr>
```

```html
<tr>
    <td width="10%">商品名称:</td>
    <td width="90%"><input type="text" size="20" name="GoodName" value=<?php echo $row["GoodName"] ?> >
    </td>
</tr>
<tr>
    <td>商品类别:</td>
    <td>
        <select name="Category" id="Category">
            <option value="数码" <?php if ("数码" == $row["Category"]) echo "selected"; ?> >数码</option>
            <option value="家电" <?php if ("家电" == $row["Category"]) echo "selected"; ?> >家电</option>
            <option value="日化" <?php if ("日化" == $row["Category"]) echo "selected"; ?> >日化</option>
            <option value="餐饮" <?php if ("餐饮" == $row["Category"]) echo "selected"; ?> >餐饮</option>
            <option value="其他" <?php if ("其他" == $row["Category"]) echo "selected"; ?> >其他</option>
        </select>
    </td>
</tr>
<tr>
    <td>价格:</td>
    <td><input type="text" size="20" name="Price" value=<?php echo $row["Price"] ?> >
    </td>
</tr>
<tr>
    <td>库存:</td>
    <td><input type="text" size="20" name="Quantity" value=<?php echo $row["Quantity"] ?> >
    </td>
</tr>
<tr>
    <td>商品照片:</td>
    <td><input name="goodpic" type="text" id="goodpic" size="20" value=<?php echo $row["Goodpic"] ?>>  
        <input type="button" name="Submit2" value="上传文件" onClick="window.open('upload.php','','status=no,scrollbars=no,top=20,left=110,width=420,height=165')" />
    </td>
</tr>
<tr>
    <td>描述:</td>
    <td>
        <textarea name="Description" id="Description" cols="30" rows="5" style="width:300px;height:200px;visibility:hidden;">
        <?php echo $row["Description"] ?>
        </textarea>
    </td>
</tr>
```

```html
        <tr><td colspan="2" align="center"><input type=submit value="修改"></td></tr>
    </table>
</form>
</body></html>
```

(2) 新建 GoodEdit.php 页面，详细代码如下。

```php
<?php
    $link = mysqli_connect('localhost', 'root', 'xianyang') or die ('连接失败：'. mysqli_error());
    mysqli_select_db($link,'goodsstore');
    mysqli_set_charset($link,"utf8");
    $goodname = $_POST['GoodName'];
    $category = $_POST['Category'];
    $price = $_POST['Price'];
    $quantity = $_POST['Quantity'];
    $goodpic = $_POST['goodpic'];
    $description = $_POST['Description'];
    $goodid = $_GET['GoodID'];
    $myquery = "update goods set GoodName = '{$goodname}', Category = '{$category}', Price = {$price},Quantity = {$quantity},Goodpic = '{$goodpic}',Description = '{$description}' where GoodID = {$goodid}";
    mysqli_query($link, $myquery) or die("更新失败：".mysqli_error());
    echo "<script language='javascript'>";
    echo "alert('修改成功!');";
    echo "window.location.href = 'Goods.php';";
    echo "</script>";
?>
```

(3) 商品修改页面运行效果如图 9-15 所示。

代码说明：

(1) 商品照片修改部分的代码同商品添加页面的代码不一致。

(2) textarea 标签没有 value 属性，在修改商品描述信息时要显示已有的商品描述信息，只需要将商品描述字段值输出到 textarea 开始和结束标签之间即可，代码如下。

```html
<textarea name="Description" id="Description" cols="30" rows="5">
<?php echo $row["Description"] ?>
</textarea>
```

(3) 如果想将要修改的商品类别正确显示出来，需要在每个商品类别选项（下拉列表框标签 select 下的 option 标签）中判断该选项的值是否等于商品类别字段（Category）存储的值，如果相等则输出"selected"表示该项被选中，代码如下。

```php
<?php if ("数码" == $row["Category"]) echo "selected"; ?>
```

(4) GoodEdit.php 页面实现商品信息的修改，修改完毕后跳转到 Goods.php 页面。

任务 10　删除商品信息

任务背景

如果某些商品不再需要，删除这些商品信息即可。

任务要求

本功能应该能根据商品编号删除商品。

【技术要领】 删除 SQL 语句的编写。

【解决问题】 商品信息的删除。

【应用领域】 数据删除。

效果图

当单击图 9-12 中的"删除"链接时,会弹出图 9-16 所示的删除确认对话框。当管理员单击"确定"按钮时才真正删除商品,否则不删除商品。

图 9-16　删除商品确认

任务分析

本任务比较简单,只需要制作一个简单的删除页面即可。

重点和难点

删除 SQL 语句的书写。

操作步骤

(1) 制作 GoodDelete.php 页面,详细代码如下。

```php
<?php
$link = mysqli_connect('localhost', 'root', 'xianyang') or die('连接失败: '. mysqli_error());
mysqli_select_db( $link,'goodsstore');
$goodid = $_GET['GoodID'];
$myquery = "delete from goods where GoodID = ". $goodid;
mysqli_query( $link, $myquery) or die("删除失败:".mysqli_error());
echo "< script language = 'javascript'>";
echo "alert('数据删除成功!');";
echo "window.location.href = 'Goods.php';";
echo "</script>";
?>
```

(2) 删除商品后返回 Goods.php 页面。

知识点拓展

[1] KindEditor 的使用。

KindEditor 是一套开源的在线 HTML 编辑器,主要用于让用户在网站上获得的所见即所得的编辑效果,开发人员可以用 KindEditor 把传统的多行文本输入框(textarea)替换为可视化的富文本输入框。在动态网页(如 PHP 网页)中使用 KindEditor 在线 HTML 编辑器,需要执行以下几个操作步骤。

(1) 下载 KindEditor 在线 HTML 编辑器,将下载的压缩包解压后如图 9-17 所示。KindEditor 目前支持 ASP、PHP、ASP.NET 和 JSP 等动态网页技术,因此可以在这 4 种动态网页中集成 KindEditor 在线 HTML 编辑器。

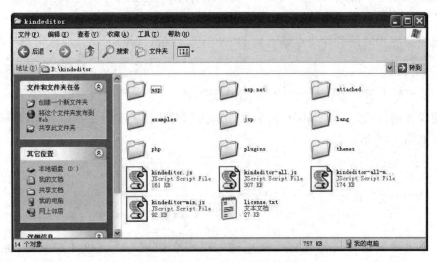

图 9-17　KindEditor 目录结构

(2) 在动态网页头部(<head>与</head>之间)导入下面代码即可在网页中使用 KindEditor 在线 HTML 编辑器。

```
<link rel="stylesheet" href="kindeditor/themes/default/default.css" />
<link rel="stylesheet" href="kindeditor/plugins/code/prettify.css" />
<script charset="utf-8" src="kindeditor/kindeditor.js"></script>
<script charset="utf-8" src="kindeditor/lang/zh_CN.js"></script>
<script charset="utf-8" src="kindeditor/plugins/code/prettify.js"></script>
<script>
    KindEditor.ready(function(K) {
        var editor1 = K.create('textarea[name="Description"]', {
            cssPath : 'kindeditor/plugins/code/prettify.css',
            uploadJson : 'kindeditor/php/upload_json.php',
            fileManagerJson : 'kindeditor/php/file_manager_json.php',
            allowFileManager : true,
            afterCreate : function() {
                var self = this;
                K.ctrl(document, 13, function() {
                    self.sync();
                    K('form[name=example]')[0].submit();
                });
                K.ctrl(self.edit.doc, 13, function() {
                    self.sync();
                    K('form[name=example]')[0].submit();
                });
            }
        });
        prettyPrint();
    });
</script>
```

(3) 在网页的表单中设计一个多行文本输入框,注意要将多行文本输入框的 visibility 属性设置为 hidden,多行文本框代码如下所示。

```
< textarea name = "Description" style = "width:700px;height:200px;visibility:hidden;"></textarea>
```

这里需要注意的是多行文本输入框的 name 属性值(Description)应该出现在步骤(2)的以下代码行中。

```
var editor1 = K.create('textarea[name = "Description"]', {
```

这样设置的目的是用 KindEditor 富文本输入框替代传统多行文本输入框,传统多行文本输入框如图 9-18 所示。

图 9-18　传统多行文本输入框

而经过上述设置后的传统多行文本输入框将会变成一个富文本输入框,如图 9-19 所示。

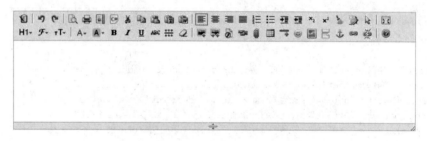

图 9-19　KindEditor 富文本输入框

比较图 9-18 和图 9-19 可以看出,图 9-19 的富文本输入框相比图 9-18 的传统多行文本输入框增加了很多实用的工具,这些工具可修改文本格式,上传图片、视频和附件等。

如果要在处理表单的 PHP 页面获取该 KindEditor 富文本输入框中的内容,使用以下语句即可:

```
$description = $_POST['Description'];
```

KindEditor 会将图片、视频和附件等资料上传到如图 9-17 所示的 attached 目录下相应子目录中,通过以上语句获得的内容通常是一段 HTML 代码,要在 MySQL 数据库中存储这段 HTML 代码,可以用一个数据类型为 text 的字段存储即可。

(4) 图 9-19 所示的在线 HTML 编辑工具可以由用户定制,定制方法比较简单,打开 kindeditor 根目录下的 kindeditor.js 文件,找到如下代码段。

```
items : [
        'source', '|', 'undo', 'redo', '|', 'preview', 'print', 'template', 'code', 'cut', 'copy', 'paste',
        'plainpaste', 'wordpaste', '|', 'justifyleft', 'justifycenter', 'justifyright',
```

```
            'justifyfull', 'insertorderedlist', 'insertunorderedlist', 'indent', 'outdent',
'subscript',
            'superscript', 'clearhtml', 'quickformat', 'selectall', '|', 'fullscreen', '/',
            'formatblock', 'fontname', 'fontsize', '|', 'forecolor', 'hilitecolor', 'bold',
            'italic', 'underline', 'strikethrough', 'lineheight', 'removeformat', '|', 'image',
            'flash', 'media', 'insertfile', 'table', 'hr', 'emoticons', 'baidumap', 'pagebreak',
            'anchor', 'link', 'unlink', '|', 'about'
    ],
```

用户可以在该代码段中定制在线 HTML 编辑器的工具,只需把不想要的工具删除即可。'/'符号表示换行,其他的工具基本可以做到见名知义。如果将上面代码段删减为以下代码段:

```
items : [
        'justifyleft', 'justifycenter', 'justifyright','justifyfull', '|',
        'formatblock', 'fontname', 'fontsize', '|', 'forecolor', 'hilitecolor', 'bold',
        'italic', 'underline', 'strikethrough', 'lineheight', 'removeformat', '|', 'image',
'emoticons'
    ],
```

这时得到的富文本输入框的效果如图 9-20 所示。

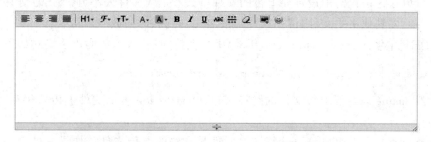

图 9-20　隐藏部分工具的 KindEditor 富文本输入框

图 9-19 所示的富文本输入框通常用于网站后台,因为网站后台管理员通常需要插入 flash 动画、视频和附件等内容。而图 9-20 所示的富文本输入框通常用于网站前台,网站前台留给用户的功能应该要少一些,主要是一些文本格式、图片和表情工具等。

如果要在网页中创建两个或更多可视化的富文本输入框,首先要创建多个传统多行文本输入框,代码如下。

```
< textarea name = "content1" style = "width:700px;height:200px;visibility:hidden;">
</textarea>
< textarea name = "content2" style = "width:700px;height:200px;visibility:hidden;">
</textarea>
```

然后,再对步骤(2)中的代码做一些修改,修改后的缩减代码如下。

```
var editor1 = K.create('textarea[name = "content1"]', {
    …//省略部分代码
});
var editor2 = K.create('textarea[name = "content2"]', {
    …//省略部分代码
});
```

以上代码的作用是创建两个 Kindeditor 富文本输入框替代传统多行文本输入框。

(5) Kindeditor 可上传的资源有图片、Flash 动画、媒体和其他附件。这些文件的格式在 kindeditor 中都可以指定,如果还需要上传某些特殊格式的文件,可以对 kindeditor 中指定的文件格式进行修改。另外 kindeditor 中对上传文件的最大尺寸做了限制,这个限制也可以进行修改。修改方法比较简单,找到 kindeditor 根目录下的 php 子文件夹,找到 upload_json.php 文件并打开,找到如下代码段。

```php
//定义允许上传的文件扩展名
$ext_arr = array(
    'image' => array('gif', 'jpg', 'jpeg', 'png', 'bmp'),
    'flash' => array('swf', 'flv'),
    'media' => array('swf', 'flv', 'mp3', 'wav', 'wma', 'wmv', 'mid', 'avi', 'mpg', 'asf', 'rm', 'rmvb'),

    'file' => array('doc', 'docx', 'xls', 'xlsx', 'ppt', 'htm', 'html', 'txt', 'zip', 'rar', 'gz', 'bz2'),
);
//最大文件大小(单位字节)
$max_size = 9900000;
```

用户可以在这段代码中设定要上传的文件格式和最大文件大小,修改方法比较简单,如果需要上传更多其他格式文件,请把文件扩展名添加到相应的数组即可。

[2] PHP 中使用 move_uploaded_file() 函数上传文件,该函数的语法格式如下。

```
bool move_uploaded_file(string $filename, string $destination)
```

参数 filename 表示要上传文件的路径,参数 destination 表示文件上传后保存的新的路径和名称。

本函数检查并确保由 filename 指定的文件是合法的上传文件。如果文件合法,则将其移动为由 destination 指定的文件。如果 filename 不是合法的上传文件,不会出现任何操作,move_uploaded_file() 将返回 False。如果 filename 是合法的上传文件,但出于某些原因无法移动,不会出现任何操作,move_uploaded_file() 将返回 False。此外还会发出一条警告。如果目标文件已经存在,将会被覆盖目标文件;如果文件上传成功,返回 True。

另外,要获取上传的文件相关信息可以使用预定义变量 $_FILES,$_FILES 变量存储的是上传文件的相关信息,这些信息对于上传功能有很大的作用。该变量是一个二维数组。保存的信息如表 9-1 所示。

表 9-1 预定义变量 $_FILES 的元素

元 素 名	说 明
$_FILES[filename][name]	存储上传文件的文件名,如 y480.jpg、exam.doc 等
$_FILES[filename][size]	存储上传文件的大小,单位为字节
$_FILES[filename][tmp_name]	文件上传时,首先会在临时目录中保存成一个临时文件,该变量存储上传文件的临时文件名
$_FILES[filename][type]	存储上传文件的类型
$_FILES[filename][error]	存储上传文件的结果,如果返回 0,说明文件上传成功

练习与实践

1. 使用本模块所学知识设计和实现一个简单购物车的页面。

2. 使用 Switch…Case 多分支结构在一个 PHP 网页实现一个简单的在线考试,要求分多步骤呈现考试题,最后一步给出考试成绩。

3. 创建一个简单的留言表,只需有 ID、用户名和留言内容三个字段即可,编写一个简单的留言板,要求使用 HTML 在线编辑器插入和编辑留言信息。

4. 创建一个名为 news 的数据表,包含有新闻编号、新闻标题、新闻类别、新闻内容和新闻发布日期等字段。接着制作以下 6 个页面完成一个简单的新闻管理模块,各个页面名字及功能如下。

news.php:浏览所有新闻页面,并提供增加、删除、修改和查询等功能。

newsAddForm.php:增加新闻表单页面,提供新闻信息录入界面。

newsAdd.php:增加新闻处理页面,将增加新闻表单页面收集的数据提交数据库。

newsEditform.php:修改新闻表单页面,从 news 数据表中通过新闻编号提取新闻内容,显示到表单中,以供修改。

newsEdit.php:修改新闻处理页面,将修改新闻表单页面收集的数据提交数据库。

newsDelete.php:新闻删除页面,删除某选定新闻。

模块 10 前端开发 layui 框架和 jqGrid 控件

本模块主要介绍前端开发 layui 框架和 jqGrid 控件，包括 layui 简介、layui 常用参数和回调函数、layer 常用方法使用、layDate 组件参数和使用、jqGrid 控件参数和事件等。

能力目标

(1) 能使用 layui 框架编写弹出层和日期时间选择代码。
(2) 能使用 layer 编写弹出层代码。
(3) 能使用 layDate 编写日期时间选择代码。
(4) 能使用 jqGrid 显示数据。
(5) 熟悉 layui 常用参数和回调函数。
(6) 熟悉 layDate 常用属性设置。
(7) 熟悉 jqGrid 常用参数、属性和方法。

知识目标

(1) layer 的 open、alert、confirm、msg 和 prompt 等方法使用技巧。
(2) layDate 的 elem、type、lang、range 和 min/max 等属性的作用。
(3) jqGrid 常用参数 url、datatype、colNames、colModel 和 sortable 的含义。
(4) jqGrid 事件 loadComplete、onCellSelect、onSelectAll 和 afterInsertRow 的使用。

知识储备

知识 1 layui 简介

layui(类 ui)是一款采用自身模块规范编写的前端 ui 框架，遵循原生 HTML/CSS/JS 的书写与组织形式，门槛极低，拿来即用。其外在极简，却又不失饱满的内在，体积"轻盈"，组件"丰盈"，从核心代码到 API 的每一处细节都经过精心雕琢，非常适合 Web 界面的快速开发。layui 首个版本发布于 2016 年秋天，它更多是为服务端程序员量身定做，用户无须涉足各种前端工具的复杂配置，只需面对浏览器本身，让一切用户所需要的元素与交互，从 layui 中即用即取。

用户可以从代码托管平台 Github 和 Gitee 下载 layui 最新版，它经过了自动化构建，更适合用于生产环境。

layui 目录结构如图 10-1 所示。

```
├─css   //css目录
│  ├─modules   //模块css目录（一般如果模块相对较大，我们会单独提取，比如下面三个：）
│  │  ├─laydate
│  │  ├─layer
│  │  └─layim
│  └─layui.css   //核心样式文件
├─font   //字体图标目录
├─images   //图片资源目录（目前只有layim和编辑器用到的GIF表情）
├─lay   //模块核心目录
│  └─modules   //各模块组件
├─layui.js   //基础核心库
└─layui.all.js   //包含layui.js和所有模块的合并文件
```

图 10-1 layui 目录结构

layui 的元素由以下组成：布局（栅格、后台布局）、颜色、字体图标、动画、按钮、表单、导航条、面包屑、选项卡、进度条、面板、静态表格、徽章、时间线、辅助元素等。

这些元素可以用来设计开发风格统一、界面美观和功能强大的用户界面。另外，layui 还提供了丰富的内置模块，它们都可以通过模块化的方式按需加载，其中包括 layer、layDate、layim、layPage、laytpl、table、form、upload、element、rate、carousel、flow、util 和 code 等。其中 layer 和 layDate 两个模块应用比较广泛，在此将重点讲述这两个模块的使用。

layer 是一款近年来备受青睐的 Web 弹层组件，它具备全方位的解决方案，致力于服务各水平段的开发人员，使用 layer 开发的 Web 页面会轻松地拥有丰富友好的操作体验。

在与同类组件的比较中，layer 总是能轻易获胜。它尽可能地以更少的代码展现更强大的功能，且格外注重性能的提升、易用和实用性。layer 甚至兼容了一些主流浏览器。它数量可观的接口，使得用户可以自定义很多需要的风格，每一种弹层模式各具特色，广受欢迎。

layer 采用 MIT 开源许可证，将会永久性提供无偿服务。因为数年的坚持维护更新，目前 layer 已运用在超过 30 万家 Web 平台，其中不乏众多知名大型网站。目前 layer 已经成为国内乃至全世界使用最多的 Web 弹层解决方案。

layer 可以独立使用，也可以通过 layui 模块化使用，所以请按照实际需求来选择。如果用户只想单独使用 layer，可以从代码托管平台 Github 和 Gitee 下载 layer 最新版。

使用独立版的 layer 时，用户需要在 Web 页面中引入 jQuery1.8 以上的任意版本，并同时引入 layer.js。引入好 layer.js 后，直接用即可，代码如下（lt10-1.html）。

```
<script src="js/jquery.js" type="text/javascript"></script>
<script src="layer-v3.1.1/layer.js" type="text/javascript"></script>
layer.msg('hello');
```

如果用户使用的是 layui，那么请直接下载 layui 框架即可，无须引入 jQuery 和 layer.js，但需要引入样式文件 layui.css 和脚本文件 layui.js，通过 layui.use('layer', callback)加载模块，代码如下（lt10-2.html）。

```
<link href="layui-v2.4.5/layui/css/layui.css" rel="stylesheet" type="text/css" />
<script src="layui-v2.4.5/layui/layui.js" type="text/javascript"></script>
layui.use('layer', function(){
  var layer = layui.layer;
```

```
        layer.msg('hello');
});
```

layer 的两种使用方式除了上面有所不同外,其他都完全一致。

知识 2　layui 常用参数和回调函数

1. 常用参数

layer 在使用时有一些基础参数,下面将逐一介绍 layer 的参数。

1) type——基本层类型

类型:Number,默认:0

layer 提供了 5 种层类型。可传入的值有:0(信息框,默认)、1(页面层)、2(iframe 层)、3(加载层)、4(tips 层)。

2) title——标题

类型:String/Array/Boolean,默认:'信息'

title 支持三种类型的值,若用户传入的是普通字符串,如 title:'我是标题',那么只会改变标题文本;若用户还需要自定义标题区域样式,设置为 title:['文本','font-size:18px;'],数组第二项可以写任意 CSS 样式;如果用户不想显示标题栏,设置为 title:false。

3) content——内容

类型:String/DOM/Array,默认:''(空字符串)

content 可传入的值是灵活多变的,不仅可以传入普通的 HTML 内容,还可以指定 DOM,更可以随着 type 的不同而不同。

4) area——宽高

类型:String/Array,默认:'auto'

在默认状态下,layer 是宽高都自适应的,但当用户只想定义宽度时,设置为 area:'500px',高度仍然是自适应的。当宽高都要定义时,可设置为 area:['500px','300px']。

5) icon——图标(信息框和加载层的私有参数)

类型:Number,默认:-1(信息框)/0(加载层)

信息框默认不显示图标。当用户想显示图标时,默认皮肤可以传入 0~6,如果是加载层,可以传入 0~2。

6) btn——按钮

类型:String/Array,默认:'确认'

信息框模式时,btn 默认是一个确认按钮,其他层类型则默认不显示,加载层和 tips 层则无效。当用户只想自定义一个按钮时,设置为 btn:'按钮名',当用户要定义两个按钮时,设置为 btn:['确认','取消']。当然,用户也可以定义更多的按钮,例如:btn:['按钮 1','按钮 2','按钮 3',…],按钮 1 的回调是 yes,而从按钮 2 开始,则回调为 btn2:function(){},以此类推。

7) shadeClose——是否单击弹层外区域时关闭弹层

类型:Boolean,默认:false

如果用户的 shade 是存在的,那么用户可以设定 shadeClose 来控制单击弹层外区域时关闭弹层。

8) time——自动关闭所需毫秒

类型：Number,默认：0

默认不会自动关闭。当用户想自动关闭时,设置为 time：5000,即代表 5s 后自动关闭,注意单位是 ms(1s＝1000ms)。

9) maxmin——最大最小化

类型：Boolean,默认：false

该参数值对 type：1 和 type：2 有效。默认不显示最大最小化按钮,需要显示配置 maxmin：true 即可。

10) resize——是否允许拉伸

类型：Boolean,默认：true

默认情况下,用户可以在弹层右下角拖动来拉伸尺寸。如果对指定的弹层屏蔽该功能,设置 false 即可,该参数对加载层和 tips 层无效。

11) layer.close(index)——关闭特定层

每一种弹层调用方式,都会返回一个 index,代码如下。

```
var index = layer.open();
```

当用户想关闭当前页的某个层时,只需把获得的 index 赋予 layer.close 即可,代码如下。

```
layer.close(index);
```

如果想关闭最新弹出的层,直接获取 layer.index 即可,layer.index 获取的始终是最新弹出的某个层,其值是由 layer 内部动态递增计算的,代码如下。

```
layer.close(layer.index);
```

12) layer.full(index)、layer.min(index)——手工执行最大小化

一般用于在自定义元素上触发最大化和最小化。

13) layer.closeAll(type)——关闭所有层

如果不想去获取 index,只想关闭层。那么使用 closeAll 方法即可。如果用户不指向层类型的话,它会销毁掉当前页所有的 layer 层。当然,如果只想关闭某个类型的层,那么可以指定层的类型,使用代码如下。

```
layer.closeAll();              //关闭所有层
layer.closeAll('dialog');      //关闭信息框
layer.closeAll('page');        //关闭所有页面层
layer.closeAll('iframe');      //关闭所有的 iframe 层
layer.closeAll('loading');     //关闭加载层
layer.closeAll('tips');        //关闭所有的 tips 层
```

2. 回调函数

layer 在使用时有一些回调函数,下面将逐一介绍这些函数。

1) success——层弹出后的成功回调方法

类型：Function,默认：null

当用户需要在层创建完毕时即执行一些语句,可以通过该回调函数来完成。success 会携带两个参数,分别是当前层 DOM 和当前层索引,代码如下。

```
layer.open({
  content: '测试回调',
  success: function(layero, index){
    console.log(layero, index);
  }
});
```

2) yes——确定按钮回调方法

类型:Function,默认:null

该回调携带两个参数,分别为当前层索引和当前层 DOM 对象,代码如下。

```
layer.open({
  content: '测试回调',
  yes: function(index, layero){
    layer.close(index);            //如果设定了 yes 回调,需进行手工关闭
  }
});
```

3) cancel——右上角关闭按钮触发的回调

类型:Function,默认:null

该回调携带两个参数,分别为当前层索引参数(index)和当前层的 DOM 对象(layero),默认会自动触发关闭。如果不想关闭,return false 即可,代码如下。

```
cancel: function(index, layero){
  if(confirm('确定要关闭吗')){    //只有当单击 confirm 框的确定时,该层才会关闭
    layer.close(index)
  }
  return false;
}
```

4) end——层销毁后触发的回调

类型:Function,默认:null

无论是确认还是取消,只要层被销毁了,end 都会执行,不携带任何参数。

知识 3 layui 常用方法使用

在介绍完 layer 的常用参数和回调函数后,下面将介绍 layer 常用的调用方法。layer 常用的调用方法有 open、alert、confirm、msg、load、tips、prompt、tab 和 photos 等。

(1) layer 的 open 方法通常用来打开一个页面,代码如下(lt10-3.html),open 弹出层运行效果如图 10-2 所示。

```
layer.open({
        type: 2,
        title: '添加一个商品',
        maxmin: true,
```

```
            shadeClose: true,
            area: ['900px', '600px'],
            content: 'admin_goods_gl_add.php',
            success: function(layero,index){    //open方法调用成功的回调函数
                //console.log(layero, index);
                //layer.alert('调用成功!',{icon:6,title:'提示信息'});
            }
});
```

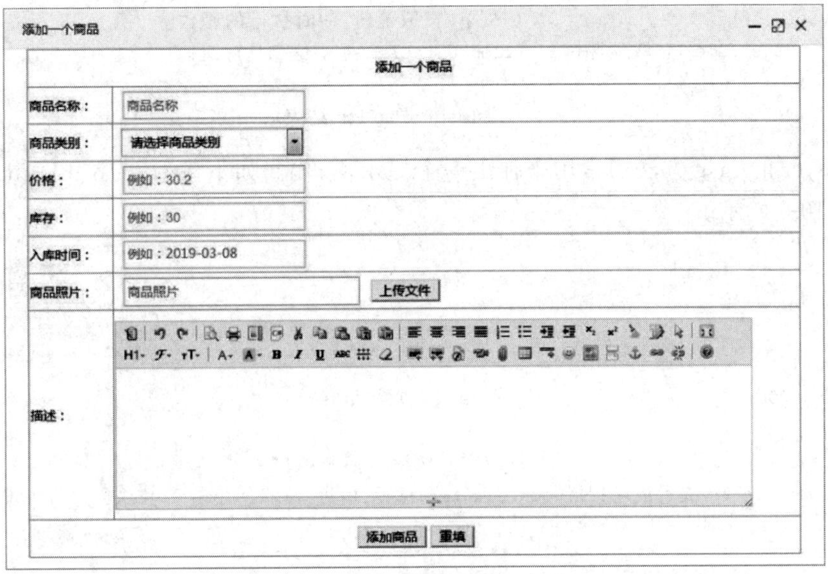

图 10-2　open 弹出层

（2）layer 的 alert 方法用来弹出一个提示信息，代码如下（lt10-4.html），alert 提示信息层如图 10-3 所示。

```
layer.alert('请选择商品类别!',{icon:5,title:'提示信息'});
```

图 10-3　alert 提示信息层

icon 选择不同的数字将显示不同的图标，icon 图标如表 10-1 所示。

表 10-1　icon 图标

icon 数字	0	1	2	3	4	5	6
icon 图标	！	✓	✗	?	🔒	☹	☺

(3) layer 的 confirm 方法通常用来弹出一个询问框，代码如下（lt10-5.html），confirm 确认信息层如图 10-4 所示。

```
layer.confirm(
    '您确定要删除吗?',
    { btn: ['确认','取消'],title:'确认删除',icon:3 },
    function(){                    //单击"确认"按钮时执行的函数
        layer.alert('确认删除!',{icon:6,title:'提示信息'});
    },
    function(){                    //单击"取消"按钮时执行的函数
        layer.alert('取消删除!',{icon:6,title:'提示信息'});
    }
);                                 //layer.confirm 结束
```

(4) layer 的 msg 方法通常用来弹出一个提示框，代码如下（lt10-6.html），msg 提示信息层如图 10-5 所示。

```
layer.msg(
  '提示信息内容',
  {
  icon: 1,
  time: 5000                //5s 关闭（默认 3s）
  },
  function(){               //提示关闭后回调函数
    layer.alert('提示成功!',{icon:6,title:'提示信息'});
  }
);
```

图 10-4　confirm 确认信息层

图 10-5　msg 提示信息层

(5) layer 的 load 方法通常用来加载一个提示图标，代码如下（lt10-7.html）。

```
var index = layer.load(2, {time:10 * 1000});        //设定最长等待 10s
```

(6) layer 的 tips 方法用来显示一个提示信息，代码如下（lt10-8.html），tips 提示信息层如图 10-6 所示。

```
< p align = "center">< button id = "xiaotips">小 tips </button></p>
$('#xiaotips').on('click',function(){
    layer.tips(
        'tips 提示信息!',
        '#xiaotips',              //要单击的元素 id
        {                         //指定提示位置和背景颜色,1-上,2-右(默认),3-下,4-左
            tips: [1, '#3595CC'],
```

```
            time: 4000                  //提示显示时间
        }
    );
});
```

(7) layer 的 prompt 方法用来显示一个输入信息层,代码如下(lt10-9.html),prompt 输入信息层如图 10-7 所示。

```
<p align = "center"><button id = "x_prompt">小 promt</button></p>
$('#x_prompt').on('click',function(){
    var index = layer.prompt(
        {
          formType: 2,
          value: '初始值',
          title: '请输入值',
          area: ['800px', '350px']    //自定义文本域宽高
        },
        function(value, index, elem){
          alert(value);               //得到输入值
          layer.close(index);         //关闭 prompt 窗口
        });
});
```

图 10-6　tips 提示信息层　　　　　图 10-7　prompt 输入信息层

(8) layer 的 tab 方法用来显示一个窗口,在该窗口中能以 tab 标签的形式显示多个页面或文字内容。比较实用的方式是在 tab 的 content 属性中用 iframe 标签指定一个 php 页面来显示信息。代码如下(lt10-10.html),运行效果如图 10-8 所示。

```
<button id = "tabceng" class = "layui - btn">tab 层</button>
$('#tabceng').on('click', function(){
    layer.tab({
        area: ['950px', '600px'],
        tab: [{
          title: 'TAB1',
          content: '<iframe src = admin_goods_gl_add.php width = 100 % height = 600 class = iframe_border></iframe>'
        }, {
          title: 'TAB2',
          content: '内容 2'
        }, {
```

```
            title: 'TAB3',
            content: '内容 3'
        }]
    });
});
```

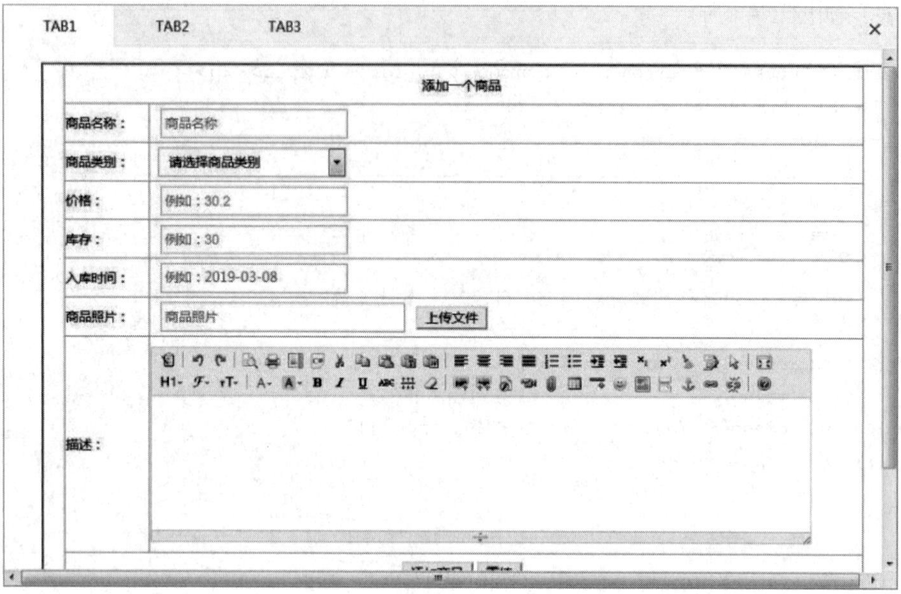

图 10-8　layer 的 tab 方法运行效果

(9) layer 的 photos 方法用来显示一个相册层(也可以称为图片查看器)。它的出场动画从 layer 内置的动画类型中随机展现。photos 支持传入 JSON(JavaScript Object Notation)[1]和直接读取页面图片两种方式,代码如下(lt10-11.html)。

```
<button id="xceceng" class="layui-btn">相册层</button>
$('#xceceng').on('click', function(){
    $.getJSON('test/photos3.json?v=' + new Date, function(json){
        layer.photos({
            photos: json,
            anim: 5           //0~6 的选择,指定弹出图片动画类型,默认随机
        });
    });
});
```

JSON 是一种轻量级的数据交换格式,易于人阅读和编写,同时也易于机器解析和生成。有关 JSON 的相关知识请参照知识点拓展。

知识 4　layDate 控件

和 layer 一样,用户可以在 layui 中使用 layDate,也可直接使用独立版 layDate,用户可按照实际需求来选择使用。如果用户只是想单独使用 layDate,可以从代码托管平台 Github 和 Gitee 下载 laydate 最新版。

用户在 Web 页面引入 layDate.js 后即可使用，代码如下（lt10-12.html），layDate 选择日期运行效果如图 10-9 所示。

```
< script src = "layDate - v5.0.9/laydate/laydate.js" type = "text/javascript"></script >
< input type = "text" class = "demo - input" placeholder = "请选择日期" id = "test1">
//执行一个 laydate 实例
laydate.render({
  elem: '#test1'                //指定元素
});
```

如果用户使用的是 layui，那么直接下载 layui 框架即可，无须引入 jQuery 和 layDate.js，但是需要引入 layui.css 和 layui.js，通过 layui.use('laydate', callback)加载模块，代码如下(lt10-13.html)。

图 10-9　layDate 选择日期

```
< link href = "layui - v2.4.5/layui/css/layui.css" rel = "stylesheet" type = "text/css" />
< script src = "layui - v2.4.5/layui/layui.js" type = "text/javascript"></script >
< input type = "text" class = "demo - input" placeholder = "请选择日期" id = "test1">
layui.use('laydate', function(){
  var layer = layui.laydate;
  //执行一个 laydate 实例
  laydate.render({
    elem: '#test1'              //指定元素
  });
});
```

layDate 的两种使用方式除了上面有所不同，其他都完全一致。layDate 有一些基础参数，通过设置这些基础参数可以得到更多的时间选择方式，下面将详细讲述 layDate 的参数配置。

1) elem——绑定元素

类型：String/DOM，默认值：无

必填项，用于绑定执行日期渲染的元素，值一般为选择器或 DOM 对象。

lt10-13 代码中的 elem 参数设置为文本框(input)的 id 选择器名(#test1)，其中"test1"为文本框的 id 属性值。

2) type——控件选择类型

类型：String，默认值：date

用于单独提供不同的选择器类型，可选值如表 10-2 所示。

表 10-2　layDate 的 type 可选值

type 可选值	名　　称	用　　途
year	年选择器	只提供年列表选择
month	年月选择器	只提供年、月选择
date	日期选择器	可选择：年、月、日。type 为默认值，一般可不填
time	时间选择器	只提供时、分、秒选择
datetime	日期时间选择器	可选择：年、月、日、时、分、秒

例如,下面代码(lt10-14.html)可选择年、年月、时间和年月日时间。

年选择：<input type="text" class="demo-input" placeholder="年" id="test1">
年月选择：<input type="text" class="demo-input" placeholder="年月" id="test2">
时间选择：<input type="text" class="demo-input" placeholder="时间" id="test3">
日期时间选择：<input type="text" class="demo-input" placeholder="日期时间" id="test4">

```
laydate.render({
  elem: '#test1',           //指定元素
  type: 'year'
});
laydate.render({
  elem: '#test2',           //指定元素
  type: 'month'
});
laydate.render({
  elem: '#test3',           //指定元素
  type: 'time'
});
laydate.render({
  elem: '#test4',           //指定元素
  type: 'datetime'
});
```

3) lang——语言

类型：String,默认值：cn

我们内置了两种语言版本：cn(中文版)和 en(国际版,即英文版)。

例如下面代码(lt10-15.html)设定了一个英文版的日期选择。

```
laydate.render({
  elem: '#test1-1'
  ,lang: 'en'
});
```

4) range——开启左右面板范围选择

类型：Boolean/String,默认值：false

如果设置为 true,将默认采用"-"分割。用户也可以直接设置分割字符。五种选择器类型均支持左右面板的范围选择。

例如下面代码(lt10-16.html)设定了日期、年和年月等范围的设置。

日期范围：<input type="text" class="demo-input" placeholder="日期" id="test6">
年范围：<input type="text" class="demo-input" placeholder="年" id="test7">
年月范围：<input type="text" class="demo-input" placeholder="年月" id="test8">
时间范围：<input type="text" class="demo-input" placeholder="时间" id="test9">
日期时间：<input type="text" class="demo-input" placeholder="日期时间" id="test10">
//日期范围
```
laydate.render({
  elem: '#test6'
  ,range: true
});
```

```
//年范围
laydate.render({
  elem: '#test7'
  ,type: 'year'
  ,range: true
});
//年月范围
laydate.render({
  elem: '#test8'
  ,type: 'month'
  ,range: true
});
//时间范围
laydate.render({
  elem: '#test9'
  ,type: 'time'
  ,range: true
});
//日期时间范围
laydate.render({
  elem: '#test10'
  ,type: 'datetime'
  ,range: true
});
```

5）value——初始值

类型：String，默认值：new Date()

支持传入符合 format 参数设定的日期格式字符，或者当前日期(new Date())。

例如下面代码(lt10-17.html)设定了日期的初始值。

```
laydate.render({
  elem: '#test1'                    //指定元素
  ,value: '2019-08-18'
});
```

6）min/max——最小/大范围内的日期时间值

类型：string，默认值：min：'1900-1-1'、max：'2099-12-31'

设定有限范围内的日期或时间值，不在范围内的将不可选中。

min 和 max 参数是两个非常强大的存在，合理运用，可帮助用户在日期与时间的选择上带来更为友好的约束与体验。例如下面代码(lt10-18.html)设定了只能在指定的日期、时间和日期时间等范围内选择。

```
日期范围: <input type = "text" class = "demo-input" placeholder = "日期范围" id = "test6">
两周内: <input type = "text" class = "demo-input" placeholder = "两周内" id = "test7">
日期时间范围: <input type = "text" class = "demo-input" placeholder = "日期时间" id = "test8">
时间范围: <input type = "text" class = "demo-input" placeholder = "时间范围" id = "test9">
//日期有效范围只限定在：2020 年
laydate.render({
  elem: '#test6'
```

```
    ,min: '2020-1-1'
    ,max: '2020-12-31'
});
//日期有效范围限定在:过去一周到未来一周
laydate.render({
    elem: '#test7'
    ,min: -7                        //7 天前
    ,max: 7                         //7 天后
});
//日期时间有效范围的限定
laydate.render({
    elem: '#test8'
    ,type: 'datetime'
    ,min: '2020-1-1 12:30:00'
    ,max: '2020-12-31 12:30:00'
});
//时间有效范围设定在:上午九点半到下午五点半
laydate.render({
    elem: '#test9'
    ,type: 'time'
    ,min: '09:30:00'
    ,max: '17:30:00'
});
```

7) showBottom——是否显示底部栏

类型：Boolean，默认值：true

如果设置 false，将不会显示控件的底部栏区域，例如下面代码(lt10-19.html)。

```
laydate.render({
    elem: '#test1'                  //指定元素
    ,showBottom: false              //不显示控件的底部栏区域
});
```

8) btns——工具按钮

类型：Array，默认值：['clear', 'now', 'confirm']

右下角显示的按钮，会按照数组顺序排列，内置可识别的值有：clear、now、confirm。例如下面代码(lt10-20.html)只显示清空和确认按钮。

```
laydate.render({
elem: '#test'
,btns: ['clear', 'confirm']
});
```

9) theme——主题

类型：String，默认值：default

我们内置了多种主题，theme 的可选值有：default(默认简约)、molv(墨绿背景)、#颜色值(自定义颜色背景)、grid(格子主题)。例如下面代码(lt10-21.html)定义主题为墨绿背景。

```
laydate.render({
    elem: '#test1'                  //指定元素
```

```
,theme: 'molv'
});
```

10）calendar——是否显示公历节日

类型：Boolean，默认值：false

我们内置了一些我国通用的公历重要节日，通过设置 true 来开启。国际版不会显示。例如下面代码（lt10-22.html）显示了公历重要节日。

```
laydate.render({
  elem: '#test'
  ,calendar: true
});
```

知识 5　jqGrid 控件

jqGrid 是在 jQuery 基础上做的一个表格控件，以 Ajax 的方式和服务器端通信。jqGrid 是典型的 B/S 架构，服务器端只是提供数据管理，客户端只提供数据显示。jqGrid 以一种更加简单的方式来展现用户数据库的信息，而且也可以把客户端数据传回给服务器端。jqGrid 使用方便，有很多参数供用户配置，还有很多事件和方法供用户调用，下面将分别介绍 jqGrid 的参数、事件和方法。jqGrid 的常用参数如表 10-3 所示。

表 10-3　jqGrid 的常用参数

名称	类型	描述	默认值	可修改
url	string	获取数据的地址		
datatype	string	从服务器端返回的数据类型，默认 XML。可选类型：XML、local、json、jsonnp、script、xmlstring、jsonstring、clientside		
mtype	string	Ajax 提交方式。POST 或者 GET，默认 GET		
colNames	array	列显示名称，是一个数组对象		
colModel	array	常用到的属性：name 列显示的名称；index 传到服务器端用来排序用的列名称；width 列宽度；align 对齐方式；sortable 是否可以排序		
pager	string	定义翻页用的导航栏，必须是有效的 HTML 元素。翻页工具栏可以放置在 HTML 页面任意位置		
rowNum	int	在 grid 上显示记录条数，这个参数是要被传递到后台		
rowList	array	一个下拉列表，用来改变显示记录数，当选择时会覆盖 rowNum 参数传递到后台		
autowidth	boolean	如果为 true 时，则当表格在首次被创建时会根据父元素比例重新调整表格宽度。如果父元素宽度改变，为了使表格宽度能够自动调整则需要实现函数：setGridWidth	false	否
height	mixed	表格高度，可以是数字、像素值或者百分比	150	否

续表

名称	类型	描述	默认值	可修改
gridview	boolean	构造一行数据后添加到 grid 中,如果设为 true 则是将整个表格的数据都构造完成后再添加到 grid 中,但 treeGrid、subGrid 和 afterInsertRow 不能用	false	是
viewrecords	boolean	是否要显示总记录数	false	否
multiselect	boolean	定义是否可以多选	false	否
multiselectWidth	integer	当 multiselect 为 true 时设置 multiselect 列宽度	20	否
sortable	boolean	是否可排序	false	否
sortname	string	排序列的名称,此参数会被传到后台	空字符串	是
sortorder	string	排序顺序,升序或者降序(asc 或 desc)	asc	是
selarrrow	array	只读属性,用来存放当前选择的行	array	否

colModel 是 jqGrid 里最重要的一个属性,设置表格列的属性,colModel 常用属性如表 10-4 所示。

表 10-4 colModel 常用属性

属性	数据类型	备注	默认值
name	string	表格列的名称,所有关键字、保留字都不能作为名称使用包括 subgrid、cb 和 rn	Required
index	string	索引。其和后台交互的参数为 sidx	empty
editable	boolean	单元格是否可编辑	false
width	number	默认列的宽度,只能是像素值,不能是百分比	150
align	string	left、center、right	left
fixed	boolean	列宽度是否要固定不可变	false
hidden	boolean	在初始化表格时是否要隐藏此列	false

jqGrid 有很多事件供用户调用,jqGrid 事件如表 10-5 所示。

表 10-5 jqGrid 事件

事件	参数	备注
afterInsertRow	rowid,rowdata,rowelem	当插入每行时触发。rowid 插入当前行的 id;rowdata 插入行的数据,格式为 name:value,name 为 colModel 中的名字
beforeRequest	none	向服务器端发起请求之前触发此事件,但如果 datatype 是一个 function 时例外
beforeSelectRow	rowid,e	当用户单击当前行在未选择此行时触发。rowid:此行 id;e:事件对象。返回值为 true 或者 false。如果返回 true 则选择完成,如果返回 false 则不会选择此行也不会触发其他事件
gridComplete	none	当表格所有数据都加载完成而且其他的处理也都完成时触发此事件,排序、翻页同样也会触发此事件
loadComplete	xhr	当从服务器返回响应时执行,xhr:XMLHttpRequest 对象
loadError	xhr,status,error	如果请求服务器失败则调用此方法。xhr:XMLHttpRequest 对象;status:错误类型,字符串类型;error:exception 对象

续表

事件	参数	备注
onCellSelect	rowid,iCol,cellcontent,e	当单击单元格时触发。rowid：当前行 id；iCol：当前单元格索引；cellcontent：当前单元格内容；e：event 对象
ondblClickRow	rowid,iRow,iCol,e	双击行时触发。rowid：当前行 id；iRow：当前行索引位置；iCol：当前单元格位置索引；e：event 对象
onHeaderClick	gridstate	当单击显示/隐藏表格的按钮时触发；gridstate：表格状态，可选值：visible 或 hidden
onPaging	pgButton	单击翻页按钮填充数据之前触发此事件,同样当输入页码跳转页面时也会触发此事件
onRightClickRow	rowid,iRow,iCol,e	在行上单击鼠标时触发此事件。rowid：当前行 id；iRow：当前行位置索引；iCol：当前单元格位置索引；e：event 对象
onSelectAll	aRowids,status	multiselect 为 true,且单击头部的 checkbox 时才会触发此事件。aRowids：所有选中行的 id 集合,为一个数组。status：boolean 变量说明 checkbox 的选择状态,true 为选中,false 为不选中。无论 checkbox 是否选择,aRowids 始终有值
onSelectRow	rowid,status	当选择行时触发此事件。rowid：当前行 id；status：选择状态,当 multiselect 为 true 时此参数才可用
onSortCol	index,iCol,sortorder	当单击排序列但是数据还未进行变化时触发此事件。index：name 在 colModel 中位置索引；iCol：当前单元格位置索引；sortorder：排序状态：desc 或者 asc
resizeStart	event,index	当开始改变一个列宽度时触发此事件。event：event 对象；index：当前列在 colModel 中位置索引
resizeStop	newwidth,index	当列宽度改变之后触发此事件。newwidth：列改变后的宽度；index：当前列在 colModel 中的位置索引
serializeGridData	postData	向服务器发起请求时会把数据进行序列化,用户自定义数据也可以被提交到服务器端

下面代码(admin_goods_gl.php)实现了用 jqGrid 显示数据库中数据。

```
<table id = "list"></table>
<div id = "pager"></div>
<script src = "js/jquery.js" type = "text/javascript"></script>
<script src = "js/i18n/grid.locale-cn.js" type = "text/javascript"></script>
<script src = "js/jquery.jqGrid.min.js" type = "text/javascript"></script>
<script type = "text/javascript">
            $("#list").jqGrid({
                url: 'admin_goods_gl_do.php?action = list',    //请求数据的 URL 地址
                datatype: "json",                              //请求的数据类型
                colNames:['商品名称','类别','价格','数量','入库时间'], //数据列名称
                colModel: [              //数据列各参数信息设置
            {name: 'GoodName', index: 'GoodName', editable: true, width: 120, align: 'center'},
            {name: 'Category', index: 'Category', width: 80,align: 'center'},
            {name: 'Price', index: 'Price', width: 80,align: 'center'},
            {name: 'Quantity', index: 'Quantity',align: 'center', width: 80},
            {name: 'rukudate', index: 'rukudate',align: 'center', width: 80},
                ],
```

```
            rowNum: 10,                        //每页显示记录数
            rowList: [10, 20, 30],             //分页选项,可以下拉选择每页显示记录数
            pager: '#pager',                   //表格数据关联的分页条,HTML 元素
            autowidth: true,                   //自动匹配宽度
            height: 275,                       //设置高度
            gridview: true,                    //加速显示
            viewrecords: true,                 //显示总记录数
            multiselect: true,                 //可多选,出现多选框
            multiselectWidth: 25,              //设置多选框宽度
            sortable: true,                    //可以排序
            sortname: 'id',                    //排序字段名
            sortorder: "asc",                  //排序方式:倒序,本例中设置默认按 id 倒序排序
            loadComplete: function(data) {     //完成服务器请求后,回调函数
                if (data.records == 0) {       //如果没有记录返回,删除按钮不可用
                    $("p").appendTo( $("#list")).addClass("nodata").html('找不到相关数据!');
                    $("#del_btn").attr("disabled", true);
                } else {                       //否则,删除提示,删除按钮可用
                    $("p.nodata").remove();
                    $("#del_btn").removeAttr("disabled");
                }
            }
        });
</script>
```

上面代码的数据来自于 admin_goods_gl_do.php 页面,该页面从数据库中查询相关数据并已 JSON 格式返回给 jqGrid 组件,从而实现数据的动态显示,获取数据的核心代码如下。

```
$SQL = "SELECT * FROM goods WHERE deleted = 0" . $where . " ORDER BY $sidx $sord LIMIT $start , $limit";
    $result = mysqli_query( $link, $SQL) or die("查询失败!" . mysqli_error());
    $response = new stdClass();
    $response -> page = $page;
    $response -> total = $total_pages;
    $response -> records = $count;
    $i = 0;
    while ( $row = mysqli_fetch_array( $result, MYSQL_ASSOC)) {
        $response -> rows[ $i ]['id'] = $row['id'];
        $response -> rows[ $i ]['cell'] = array(
            $row['GoodName'],
            $row['Category'],
            $row['Price'],
            $row['Quantity'],
            $row['rukudate']
        );
        $i++;
    }
    echo json_encode( $response );          //返回 json 格式的数据
```

jqGrid 获取数据显示的效果如图 10-10 所示。

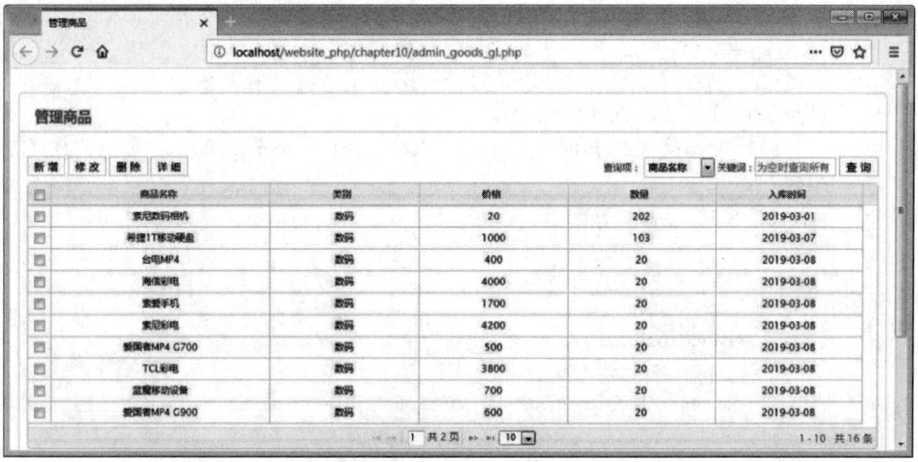

图 10-10　jqGrid 数据显示

单纯显示数据对于一个小型 Web 应用程序来说还不够，本实例再配合前面讲的 layui 来实现在弹出层中打开新增、修改和详细页面，图 10-10 中新增、修改、删除、详细和查询等按钮的代码如下。

```
查询项：
<select name = "sn" id = "sn" class = "input_select">
    <option value = "GoodName" selected>商品名称</option>
</select>
关键词：<input type = "text" class = "input" id = "title" placeholder = "为空时查询所有" />
<input type = "submit" id = "find_btn" value = "查　询" data-type = "find_btn"/>
<input type = "button" id = "add_btn" value = "新　增" data-type = "add_btn"/>
<input type = "button" id = "edit_btn" value = "修　改" data-type = "edit_btn"/>
<input type = "button" id = "del_btn" value = "删　除" data-type = "del_btn"/>
<input type = "button" id = "detail_btn" value = "详　细" data-type = "detail_btn"/>
<!-- 请注意为上面每个按钮设置 data-type 属性，data-type 和 id 属性值相同 -->
<script type = "text/javascript">
layui.use('layer', function(){
    var $ = layui.jquery, layer = layui.layer;     //独立版的 layer 无须执行这一句代码
    //触发事件
    var active = {
      add_btn:function(){                          //新增
          var index = layer.open({
              type: 2,
              title: '添加一个商品',
              maxmin: true,
              shadeClose: true,
              area: ['900px', '600px'],
              content: 'admin_goods_gl_add.php'
          });
          //layer.full(index);                     //最大化显示
      }
      ,edit_btn: function(){                       //修改
```

```javascript
            //获取当前选择的行,返回值为数组
            var sels = $("#list").jqGrid('getGridParam', 'selarrrow');
            sels2 = sels.join(",");                  //将数组转换为字符串
            if(sels2 == ""){
                layer.alert('请选择要修改的项!',{icon:5,title:'提示信息'});
            }else if(sels2.indexOf(",")>0){
                layer.alert('您选择的项大于1,请重新选择!',{icon:5,title:'提示信息'});
            }else{
                var index = layer.open({
                    type: 2,
                    title: '修改商品信息',
                    maxmin: true,
                    shadeClose: true,
                    area: ['900px', '610px'],
                    content: 'admin_goods_gl_edit.php?uid = ' + sels2
                });
                //layer.full(index);                 //最大化显示
            }
        }
        ,del_btn: function(){                        //删除
            //获取当前选择的行,返回值为数组
            var sels = $("#list").jqGrid('getGridParam', 'selarrrow');
            if (sels == "") {
                layer.alert('请选择要删除的项!',{icon:5,title:'提示信息'});
            } else {
                layer.confirm(
                    '您确定要删除吗?',
                    { btn: ['确认','取消'],title:'确认删除',icon:3 },
                    function(){                      //选择确认按钮时执行的代码
                        $.ajax({                     //jQuery 的 ajax 调用实现数据删除
                            type: "POST",
                            url: "admin_goods_gl_do.php?action = del",
                            data: "ids = " + sels,
                            success: function(msg){  //jQuery 的 ajax 调用成功时回调函数
                                layer.closeAll();    //关闭打开的弹出层
                                $("#list").trigger("reloadGrid"); //刷新 jqGrid 所对应的表格
                            }
                        });
                    },
                    function(){
                        //选择取消按钮时执行的代码
                    }
                );                                   //layer.confirm 结束
            }                                        //if (sels == "") else 结束
        }
        ,detail_btn: function(){                     //详细信息
            //获取当前选择的行,返回值为数组
            var sels = $("#list").jqGrid('getGridParam', 'selarrrow');
            sels2 = sels.join(",");                  //将数组转换为字符串
            if(sels2 == ""){
                layer.alert('请选择要显示的项!',{icon:5,title:'提示信息'});
```

```
            }else if(sels2.indexOf(",")>0){
                layer.alert('您选择的项大于1,请重新选择!',{icon:5,title:'提示信息'});
            }else{
                var index = layer.open({
                    type: 2,
                    title: '商品详细信息',
                    maxmin: true,
                    shadeClose: true,
                    area: ['900px', '560px'],
                    content: 'admin_goods_gl_detail.php?uid = ' + sels2
                });
                layer.full(index);                      //最大化显示
            }
        }
        ,find_btn:function(){                           //查询信息
            var title = escape( $("#title").val());    //获取关键词的值
            var sn = escape( $("#sn").val());          //获取查询项的值
            $("#list").jqGrid('setGridParam', {
                url: "admin_goods_gl_do.php?action = list",
                postData: {'title': title, 'sn': sn},
                page: 1
            }).trigger("reloadGrid");
        }
    };
    $('.demo').on('click', function(){
        var type = $(this).data('type');
        active[type] ? active[type].call(this) : '';
    });
});
/* shuaxin_jqGrid()函数用于刷新 jqGrid 表格,可在子页面调用该函数
调用方式: window.parent.shuaxin_jqGrid() */
function shuaxin_jqGrid(){
    $("#list").trigger("reloadGrid");
}
</script>
```

单击图 10-10 的"新增"按钮将打开如图 10-2 所示的"添加一个商品"层,该页面的表单代码如下。

```
<form id = "myform" name = "myform" method = "post" action = "admin_goods_gl_do.php?action = add" onsubmit = "return bdyz()">
<input name = "GoodName" type = "text" id = "GoodName" size = "20" class = "fn-tinput2" placeholder = "商品名称" title = "商品名称" />
<select name = "Category" id = "Category" class = "fn-tinput2">
        <option value = "0">请选择商品类别</option>
        <option value = "数码">数码</option>
        <option value = "家电">家电</option>
        <option value = "日化">日化</option>
        <option value = "餐饮">餐饮</option>
        <option value = "其他">其他</option>
</select>
<input name = "Price" type = "text" id = "Price" size = "20" class = "fn-tinput2" placeholder =
```

```
"例如：30.2" title = "价格" />
<!-- 省略了部分表单元素代码 -->
< input type = submit value = "添加商品">
</form>
```

表单处理页面有关新增操作的代码如下。

```
$GoodName = trim( $_POST["GoodName"]);            //商品名称
$Category = trim( $_POST['Category']);            //商品类别
$Price = trim( $_POST['Price']);                  //商品价格
$Quantity = trim( $_POST['Quantity']);            //库存
$rukudate = trim( $_POST['rukudate']);            //入库时间
$goodpic = trim( $_POST['goodpic']);              //商品照片
$Description = trim( $_POST['Description']);      //商品描述
$myquery = "insert into goods(GoodName,Category,Price,Quantity,rukudate,Goodpic,Description)
values('{$GoodName}','{$Category}',{$Price},{$Quantity},'{$rukudate}','{$goodpic}',
'{$Description}')";
$result = mysqli_query( $link, $myquery) or die("插入失败：" . mysqli_error());
echo "< script language = 'javascript'>";
  //调用父页面(admin_goods_gl.php)的 layer(parent.layer)关闭已经打开的弹出层
  echo "parent.layer.closeAll();";
  //调用父页面的 layer(parent.layer)弹出添加成功提示信息
  echo "parent.layer.msg('添加成功,请稍候!',{icon:1,time:2000});";
  //调用父页面的 shuaxin_jqGrid()函数刷新 jqGrid 表格数据
  echo "window.parent.shuaxin_jqGrid()";
echo "</script>";
```

在图 10-10 中左侧勾选某一条需要修改的数据后单击"修改"按钮,打开如图 10-11 所示的"修改商品信息"层。

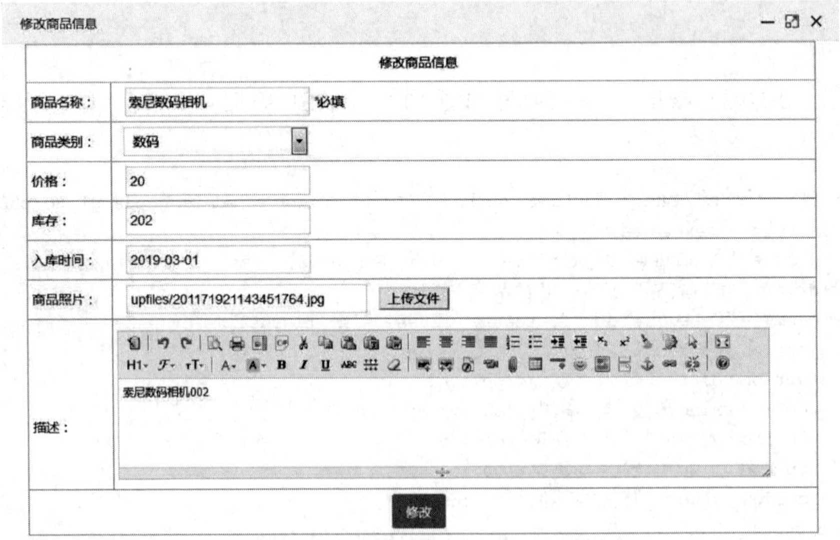

图 10-11 "修改商品信息"层

修改商品信息的表单代码如下。

```php
<form id="myform" name="myform" method="post" action="admin_goods_gl_do.php?action=edit" onsubmit="return bdyz()">
<input name="spid" id="spid" type="hidden" value="<?php echo $row["id"] ?>" />
<input name="GoodName" type="text" id="GoodName" size="20" class="fn-tinput2" placeholder="商品名称" title="商品名称" value="<?php echo $row["GoodName"] ?>" />
<select name="Category" id="Category" class="fn-tinput2">
    <option value="0">请选择商品类别</option>
    <option value="数码" <?php if($row["Category"]=="数码"){ echo "selected"; } ?>>数码</option>
    <option value="家电" <?php if($row["Category"]=="家电"){ echo "selected"; } ?>>家电</option>
    <option value="日化" <?php if($row["Category"]=="日化"){ echo "selected"; } ?>>日化</option>
    <option value="餐饮" <?php if($row["Category"]=="餐饮"){ echo "selected"; } ?>>餐饮</option>
    <option value="其他" <?php if($row["Category"]=="其他"){ echo "selected"; } ?>>其他</option>
</select>
<input name="Price" type="text" id="Price" size="20" class="fn-tinput2" placeholder="例如：30.2" title="价格" value="<?php echo $row["Price"] ?>" />
<!-- 省略了部分表单元素代码 -->
<input type="submit" name="button" id="button" value="修改" class="btn btn-primary radius" />
</form>
```

表单处理页面有关修改操作的代码如下。

```php
$spid = trim($_POST['spid']);                      //商品 id
$GoodName = trim($_POST["GoodName"]);              //商品名称
$Category = trim($_POST['Category']);              //商品类别
$Price = trim($_POST['Price']);                    //商品价格
$Quantity = trim($_POST['Quantity']);              //库存
$rukudate = trim($_POST['rukudate']);              //入库时间
$goodpic = trim($_POST['goodpic']);                //商品照片
$Description = trim($_POST['Description']);        //商品描述
$myquery = "update goods set GoodName='{$GoodName}',Category='{$Category}',Price={$Price},Quantity={$Quantity},rukudate='{$rukudate}',goodpic='{$goodpic}',Description='{$Description}' where id={$spid}";
$result = mysqli_query($link, $myquery) or die("<br>更新失败：" . mysqli_error());
echo "<script language='javascript'>";
    //调用父页面(admin_goods_gl.php)的 layer(parent.layer)关闭已经打开的弹出层
    echo "parent.layer.closeAll();";
    //调用父页面的 layer(parent.layer)弹出添加成功提示信息
    echo "parent.layer.msg('修改成功,请稍候',{icon: 1,time:2000});";
    //调用父页面的 shuaxin_jqGrid()函数刷新 jqGrid 表格数据
    echo "window.parent.shuaxin_jqGrid()";
echo "</script>";
```

删除、详细和查询的功能相对比较简单，请参看本书配套源代码。

该 Web 程序的表单处理页面为 admin_goods_gl_do.php，新增、修改、删除和查询的处理都由该页面实现。各功能提交到 admin_goods_gl_do.php 的 action 属性或 url 设置如下。

新增：admin_goods_gl_do.php?action = add
修改：admin_goods_gl_do.php?action = edit
删除：admin_goods_gl_do.php?action = del
查询：admin_goods_gl_do.php?action = list

在表单处理页面首先获取 action 参数的值，然后使用 switch 语句根据参数值的不同来执行相关操作，从而实现将多个功能代码写到一个处理页面的效果，代码如下。

```php
$action = isset( $_GET['action']) ? $_GET['action'] : "";    //获取 action 参数值
switch ( $action) {
    case 'list' :                                             //列表
        //使用 php 代码执行查询操作
        break;
    case 'add' :                                              //新增
        //使用 php 代码执行新增操作
        break;
    case 'edit' :                                             //修改
        //使用 php 代码执行修改操作
        break;
    case 'del' :                                              //删除
        //使用 php 代码执行删除操作
        break;
}
```

知识点拓展

[1] JSON(JavaScript Object Notation)是一种轻量级的数据交换格式。简洁和清晰的层次结构使得 JSON 成为理想的数据交换语言。易于阅读和编写，同时也易于机器解析和生成，并有效地提升网络传输效率。JSON 键值对是用来保存 JS 对象的一种方式，和 JS 对象的写法也大同小异，键/值对组合中的键名写在前面并用双引号("")包裹，使用冒号(:)分隔，然后紧接着值。键/值对之间用逗号(,)分隔，JSON 数组在中括号[]中书写，JSON 对象在大括号({})中书写。如下面代码为 layer 的 photos 方法显示一个相册层所设定的 JSON。

```
{
    "status": 1,
    "msg": "",
    "title": "JSON 请求的相册",
    "id": 8,
```

```
    "start": 0,
    "data": [
        {
            "alt": "测试图片 1",
            "pid": 109,
            "src": "test/pic1.jpg",
            "thumb": ""
        },
        {
            "alt": "测试图片 2",
            "pid": 110,
            "src": "test/pic2.jpg",
            "thumb": ""
        },
        {
            "alt": "测试图片 3",
            "pid": 111,
            "src": "test/pic3.jpg",
            "thumb": ""
        },
        {
            "alt": "测试图片 4",
            "pid": 112,
            "src": "test/pic4.jpg",
            "thumb": ""
        },
        {
            "alt": "测试图片 5",
            "pid": 113,
            "src": "test/pic5.jpg",
            "thumb": ""
        }
    ]
}
```

职业技能知识点考核

1. 填空题

（1）layui 用来指定打开层宽度和高度的参数是_____。

（2）用 layui 或 layer 打开一个弹层后，当需要单击弹层外区域以便关闭弹层时，应该设置_____属性为 true。

（3）layui 中设置弹出显示时间的参数是_____。

（4）layui 中最大化和最小化弹层的方法是_____和_____。

（5）layui 中关闭所有层的方式是_____。

（6）layer 的_____方法通常用来打开一个页面。

（7）如果要使用 layDate 设置年选择器，则 layDate 的 type 属性应该设置为_____。

（8）如果要使用 layDate 设置一个国际版日期选择器，则 layDate 的 lang 属性应该设置为_____。

（9）如果要使用 layDate 设置一个日期范围，则 layDate 的_____属性应该设置为 true。

（10）如果要使用 layDate 设置一个显示公历节日的日期选择器，则 layDate 的_____属性应该设置为 true。

（11）jqGrid 指定数据类型的参数是_____。

（12）jqGrid 指定排序列名的参数是_____。

2．编程题

（1）在网页中插入一个普通按钮，单击按钮后使用 layui 或 layer 的 open()方法打开一个弹出层，并在弹出层中显示一个网页。

（2）使用 layDate 设置一个日期选择器，要求显示公历节日。

（3）在 MySQL 中设计一个简单的数据表 mybook(图书列表)，要求有以下字段。

```
id int(11) auto_increment COMMENT '自动递增'
bookname  varchar(200) COMMENT '书名'
zuozhe varchar(50) COMMENT '作者'
isbn   varchar(50) COMMENT '书籍 isbn'
cbdate date COMMENT '出版时间'
deleted int(11) DEFAULT '0' COMMENT '是否删除'
```

使用 jqGrid 显示数据表中的数据，同时使用 layui 或 layer 的弹层实现数据的新增、修改、删除和详细页面等操作。

模块 11 高校科研项目申报管理系统设计开发

本模块主要介绍 PHP 版的 PDF 库——TCPDF 的使用、高校科研项目申报管理系统的需求分析和系统设计,并基于 TCPDF、PHP、Mysql 和 jQuery 等技术设计开发科研项目在线申报功能以及科研项目获批、评审、验收和结题等管理功能。

能力目标

(1) 会编写系统的需求分析。
(2) 掌握系统数据库设计。
(3) 熟练运用 TCPDF 编写科研项目申报功能。
(4) 熟练运用 PHP 语言编写科研项目管理功能。

知识目标

(1) TCPDF 简介。
(2) TCPDF 常用属性和方法。
(3) 弹出层 layer 的常用方法。
(4) JavaScript 函数声明。
(5) PHP 函数声明。

知识储备

知识 1 TCPDF 简介

在实际的 Web 开发过程中,经常需要使用 PHP 动态创建 PDF 文档,目前开源且广泛使用的 PHP 创建 PDF 的类库是 TCPDF,TCPDF 是一个用于快速生成 PDF 文件的 PHP5 函数包。TCPDF 基于 FPDF 进行扩展和改进,增强了实用功能,支持 UTF-8、Unicode、CSS、HTML 和 XHTML。

TCPDF 具有以下特性:
(1) 支持页眉页脚;
(2) 支持 HTML 标签代码;

(3) 支持 jpg/png/gif/svg 图形图像;

(4) 支持表格;

(5) 支持中文字符;

(6) 自动分页,自动页码,等等。

可以从 TCPDF 官网获取最新版本的 TCPDF,官网首页如图 11-1 所示。

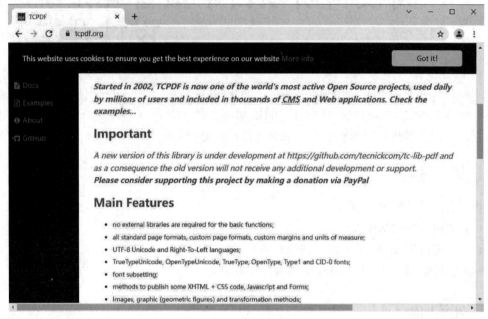

图 11-1　TCPDF 官网首页

单击图 11-1 左侧的 Docs 链接可查看 TCPDF 文档,单击 Examples 链接可查看所有的示例,单击 GitHub 链接可打开 TCPDF 在 GitHub 上的代码托管页面,如图 11-2 所示。

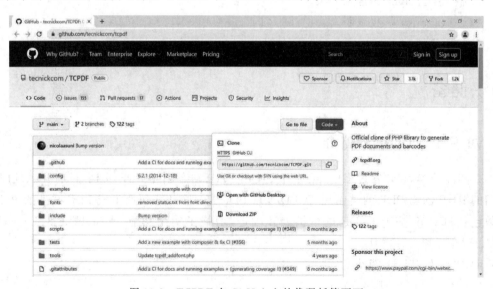

图 11-2　TCPDF 在 GitHub 上的代码托管页面

单击图 11-2 中的 Code 按钮,然后在弹出页中单击 Download ZIP 即可下载 TCPDF 压缩文件包,解压后的目录结构如图 11-3 所示。

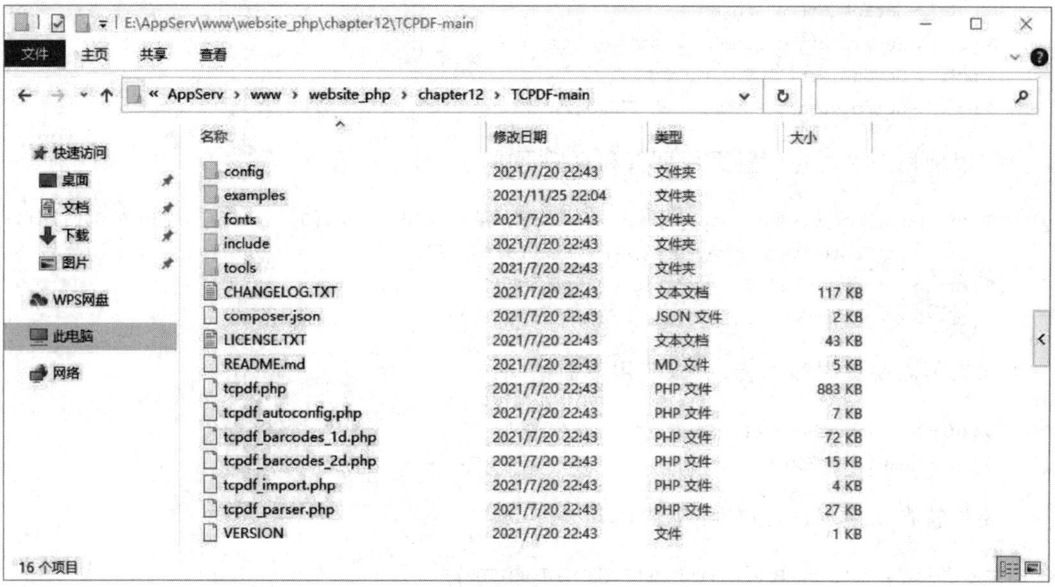

图 11-3 TCPDF 目录结构

图 11-3 中的 config 目录下放置 TCPDF 的配置文件 tcpdf_config.php,该文件用来配置 TCPDF 运行过程中的常量,例如:

```
//设置页面格式为 A4
define('PDF_PAGE_FORMAT', 'A4');
//设置页面方向,P 代表竖版页面,L 代表横版页面(P = portrait,L = landscape)。
define('PDF_PAGE_ORIENTATION', 'P');
```

examples 目录下放置 TCPDF 的示例,参考学习这些示例后即可快速掌握 TCPDF 的使用。fonts 目录下放置 TCPDF 的字体文件,生成 PDF 文件过程中所用的字体文件即来自这个目录,TCPDF 能很好地支持中文字体。include 和 tools 目录下有与字体、颜色和图像处理相关的 PHP 文件。另外,根目录 TCPDF-main 下还有 tcpdf.php 和 tcpdf_autoconfig.php 等相关文件。TCPDF 源代码是用面向对象方式编写的,在 tcpdf.php 文件中定义了一个类名为 TCPDF 的类,该类负责 PDF 文件的创建和管理。

知识 2 TCPDF 的使用

要使用 TCPDF,首先要导入 tcpdf.php 文件,代码如下。

```
require_once('tcpdf.php');
```

导入 tcpdf.php 文件后,即可使用 new 运算符来实例化类 TCPDF 的对象,以下代码创建了类 TCPDF 的一个实例 $pdf。

```
$pdf = new TCPDF('P', 'mm', 'A4', true, 'UTF-8', false);
```

类 TCPDF 实例化后即可使用下面语句设置文档信息。

```
$pdf->SetCreator('Hellowa');
$pdf->SetAuthor('zhangsan');
$pdf->SetTitle('Welcome to zhangsan.com');
$pdf->SetSubject('TCPDF Tutorial');
$pdf->SetKeywords('TCPDF, PDF, PHP');
```

可以使用下面语句设置页眉页脚和页眉页脚的字体。

```
$pdf->SetHeaderData('logo.jpg',30,'Hellow','某某高校',array(0,64,255),array(0,64,128));
$pdf->setFooterData(array(0,64,0), array(0,64,128));
$pdf->setHeaderFont(Array('stsongstdlight', '', '10'));
$pdf->setFooterFont(Array('helvetica', '', '8'));
```

如果不需要页眉和页脚,可以使用下面语句。

```
$pdf->setPrintHeader(false);
$pdf->setPrintFooter(false);
```

要设置自动换页,可以使用下面语句。

```
$pdf->SetAutoPageBreak(TRUE, PDF_MARGIN_BOTTOM);
```

要设置页面字体,可以使用下面语句。

```
$pdf->SetFont('stsongstdlight', '', 12);
```

要添加 PDF 页,可以使用下面语句。第一个参数为 P 时会创建竖版的 PDF 页,为 L 时会创建横版的 PDF 页。

```
$pdf->AddPage(P,'A4',0);
$pdf->AddPage(L,'A4',0);
```

要输出 HTML 代码,可以使用下面语句。

```
$pdf->writeHTML($html, true, false, true, false, '');
```

$html 可以是一串 HTML 字符串。

要设置图片背景,可以使用下面语句。

```
$pdf -> Image($file, $x, $y, $w, $h, $type, $link, $align, $resize, $dpi, $palign, $ismask, $imgmask, $border);
```

把设置图片语句放在前面,并且使用绝对坐标定位,即可做背景。将背景图片设置为半透明的 PNG 格式图片,可以实现图片水印的效果。

要输出 PDF 页面,可以使用下面语句。

```
$pdf->Output('t.pdf', 'I');
```

上面方法的第一个参数为输出 pdf 文件的相对路径,第二个参数可选值如下。

I:在浏览器中打开(默认)

D:下载

F：在服务器生成 pdf

S：只返回 pdf 的字符串

以下代码(lt11-1.php)将一段 HTML 代码输出为一个 PDF 文件。

```php
<?php
require_once('tcpdf_include.php');
$pdf = new TCPDF(PDF_PAGE_ORIENTATION, PDF_UNIT, PDF_PAGE_FORMAT, true, 'UTF-8', false);
$pdf->SetHeaderData("tcpdf_logo_cg.jpg", PDF_HEADER_LOGO_WIDTH, '', '', array(0,64,255), array(0,64,128));
$pdf->AddPage();
$tba = <<<EOD
<style>
    .slbh{
        color: black;
        font-family: stsongstdlight;
        font-weight: bolder;
        font-size: 18pt;
    }
    //省略了部分 CSS 样式
</style>
<table width="546" border="0" align="center" cellpadding="0" cellspacing="0">
  <tr>
    <td height="40" align="left" class="slbh">受理编号：<span class="slbh2">ZRKX-1</span></td>
  </tr>
  <tr>
    <td height="40" align="left" class="slbh">所属学科：<span class="slbh2">计算机应用</span></td>
  </tr>
  <tr>
    <td height="40" align="left" class="slbh">项目类别：<span class="slbh3">自然科学</span></td>
  </tr>
</table>
//省略了部分 HTML 代码
EOD;
$pdf->writeHTML($tba, true, false, false, false, '');
$pdf->lastPage();
$pdf->Output('lt11-1.pdf', 'I');
?>
```

以上代码定义的变量 $tba 为界定符方式的字符串。界定符方式的字符串可以很方便放置 CSS 和 HTML 代码，CSS 样式和 HTML 代码几乎可以不做修改即可放入界定符方式的字符串中。而且界定符方式的字符串还可以直接放置 PHP 变量，因此可将从数据库中提取的数据存入 PHP 变量中，然后将这些 PHP 变量放入界定符字符串中，最后调用 writeHTML 和 Output 方法即可将 HTML 代码输出为 PDF 文件，从而实现动态生成 PDF 文件。以上代码生成的 PDF 文件如图 11-4 所示。

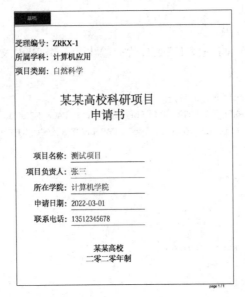

图 11-4 生成的 PDF 文件

实训 高校科研项目申报管理系统设计开发

实训目的

通过编写高校科研项目申报管理系统需求分析，让学生了解系统需求分析的必要性和重要性，掌握系统需求分析和功能模块划分。在需求分析基础之上设计数据库，结合数据库和系统功能模块使用 PHP 语言编写系统各功能模块。

实训内容

对高校科研项目申报管理系统进行需求分析，然后按角色划分功能模块，在此基础上使用 PHP 语言编写系统各功能模块。

实训过程

1. 系统需求分析

本实训打算设计开发一个高校科研项目申报管理系统，系统的主要功能是科研项目在线申报、评审、获批、验收和结题等全流程管理。本系统的业务流程如下：

（1）用户注册，获得有效的用户名和密码后才有资格申报项目。

（2）用户在线填写申报书，提交后将生成初稿 PDF 版申报书。

（3）二级学院推荐该项目后将生成正式稿 PDF 版申报书。

（4）被推荐的项目将接受专家评审，根据评审结果决定项目是否获批，项目获批后项目即进入在研获批阶段。

(5) 在研获批项目在完成项目研究成果后,可提交验收申请,项目随即进入待验收阶段。

(6) 待验收项目如果不符合结题要求则需要继续修改完善,如果符合结题要求则可通过结题,此时项目整个流程结束。

系统完整的业务流程如图 11-5 所示。

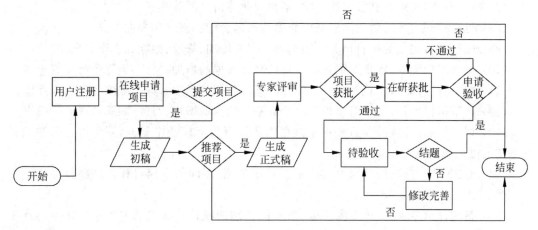

图 11-5　系统完整业务流程

系统按角色进行授权,不同角色的用户可使用的系统功能模块是不一样的。系统主要角色有教师、二级学院院长、科研副院长、校级管理员、超级管理员和评审专家等,一个用户可以有多个角色,系统提供角色切换模块供用户在不同角色之间进行自由切换。

教师的主要权限是项目申报和项目验收申请等,教师所能使用的主要功能模块如下。

(1) 创建项目,教师在线创建项目。

(2) 我的项目,该模块按所有项目、申报中项目、已提交项目、在研获批项目、已结题项目和已删除项目等六个类别供教师查看。对于未提交的项目,教师可以完善项目基本信息、进度安排、项目预算和参与人等信息后再提交项目。

二级学院院长和科研副院长属于二级学院管理员,二级学院管理员所能使用的功能模块如下。

(1) 管理项目,对二级学院的项目进行删除、推荐、审核、退回、生成合同和生成申报书等操作。

(2) 项目回收站,对二级学院删除的项目进行管理。

(3) 单位用户,对二级学院的教职工进行管理,比如教职工的新增、修改、重置密码和指定角色等。

校级管理员和超级管理员为高校科研处管理人员。校级管理员只有部分管理权限,而超级管理员具有系统最大的管理权限,超级管理员所能使用的模块及功能如下:

(1) 管理项目,实现对全校所有项目进行审核、退回、获批、生成合同、结题和生成结题证书等操作。

(2) 项目类别,实现对项目类别的添加、修改、删除和查询等操作。

(3) 申报入口,实现对项目申报入口的添加、修改、删除和查询等操作。项目申报入口包含项目类别、申报时间、评审时间和项目年份等信息。

（4）项目回收站，实现对全校删除的项目进行管理。

（5）所用用户，实现对全校教职工信息的添加、修改、删除、重置密码、指定角色和查询等操作。

（6）角色权限，对系统所有角色进行授权。

（7）院系专业，实现对高校二级学院、系和专业等信息的管理。

（8）学历类别，实现对学历类别基础数据的增加、修改、删除和查询等操作。

（9）预算类别，实现对项目预算类别基础数据的增加、修改、删除和查询等操作。

（10）绩效目标类别，实现对项目绩效目标基础数据的增加、修改、删除和查询等操作。

（11）归口管理部门，实现对归口管理部门基础数据的增加、修改、删除和查询等操作。

（12）评审指标模板，实现对模板评审指标基础数据的增加、修改、删除和查询等操作。

（13）评审指标，每年的项目评审指标可以从评审指标模板中复制，还可以在复制的指标基础上做适当的修改。

（14）专家评审范围，给专家设定一定的评审范围，不同的专家可评审的项目类别可以不一样。

（15）指定评审专家、管理专家评分，给不同类别的项目从备选的专家中选择参与评审的专家，同时查看和管理专家的评分。

（16）用户日志，实现对用户日志的管理。

虽然二级学院院长、二级学院科研副院长、校级管理员和超级管理员四个角色都可以对项目进行管理，但是各角色的操作权限是有区别的。评审专家主要负责项目的在线评审，所有用户都有登录、退出、完善个人资料和修改密码等基本功能。

2．系统数据库

系统主要的数据库表有用户、项目类别、项目申报入口、项目、进度安排、项目预算类别、项目预算、项目绩效目标类别、项目绩效目标、项目参与人、项目评审指标模板、项目评审指标、专家评分、角色、角色权限、归口管理部门、学院、系部和专业等，各表的结构如表 11-1～表 11-19 所示。

表 11-1　用户表结构

字 段 名	字 段 类 型	说　　明
id	int	PK，自动编号
userid	varchar(20)	用户 id
xingming	varchar(20)	姓名
gonghao	varchar(20)	工号
szxueyuan	varchar(20)	所在学院
szxibu	varchar(20)	所在系部
szzhuanye	varchar(20)	所在专业
rolebm	varchar(200)	角色编码
mr_role	varchar(20)	默认角色
mima	varchar(40)	密码
deleted	int	是否删除：值为 0 表示不删除，为 1 表示删除，默认值为 0

表 11-2 项目类别表结构

字 段 名	字 段 类 型	说 明
id	int	PK,自动编号
pTypeName	varchar(20)	项目类别名称
pTypebm	varchar(20)	项目类别编码
deleted	int	是否删除:值为 0 表示不删除,为 1 表示删除,默认值为 0

表 11-3 项目申报入口表结构

字 段 名	字 段 类 型	说 明
id	int	PK,自动编号
pTypebm	varchar(20)	项目类别编码
sbdate_start	date	申报开始时间
sbdate_end	date	申报结束时间
sbyear	varchar(20)	申报年
psdate_start	date	评审开始时间
psdate_end	date	评审结束时间
deleted	int	是否删除:值为 0 表示不删除,为 1 表示删除,默认值为 0

项目申报入口表和项目类别表之间存在一定的表间关联,项目申报入口表的 pTypebm 字段值来自项目类别表的相同字段,项目申报入口表存储每类项目的申报开始时间、结束时间、申报年份、评审开始时间和结束时间。利用项目申报入口表存储的数据即可快速为每类项目按申报年份设置一个申报入口。

表 11-4 项目表结构

字 段 名	字 段 类 型	说 明
id	int	PK,自动编号
pTypebm	varchar(20)	项目类别编码
xmbh	varchar(100)	项目编号
xmName	varchar(200)	项目名称
zcrname	varchar(20)	主持人姓名
sbyear	varchar(20)	申报年
mainContent	text	主要研究内容
mainIndicator	text	主要技术经济指标
expOutcome	text	预期成果
applyAllowance	float	申请补助
execYears	varchar(100)	执行年限
reportDate	date	申报日期
xmzt	varchar(50)	项目状态
istijiao	varchar(20)	是否提交
ishuopi	varchar(20)	是否获批
isjieti	varchar(20)	是否结题
gonghao	varchar(20)	工号
szxueyuan	varchar(20)	所在学院
szxibu	varchar(20)	所在系部
szzhuanye	varchar(20)	所在专业
deleted	int	是否删除:值为 0 表示不删除,为 1 表示删除,默认值为 0

项目表同项目类别表和用户表之间存在一定的表间关联,项目表的 pTypebm 字段值来自项目类别表的相同字段,项目表的 gonghao、szxueyuan、szxibu 和 szzhuanye 四个字段值来自用户表的相同字段。教职工登录系统后通过 gonghao 字段可筛选出自己创建的项目,二级学院管理员登录系统后通过 szxueyuan 字段可筛选出该学院所有的项目。

表 11-5 进度安排表结构

字 段 名	字 段 类 型	说 明
id	int	PK,自动编号
xmbh	varchar(100)	项目编号
jd_sdate	date	开始时间
jd_edate	date	结束时间
jdcontent	text	进度内容
deleted	int	是否删除:值为 0 表示不删除,为 1 表示删除,默认值为 0

表 11-6 项目预算类别表结构

字 段 名	字 段 类 型	说 明
id	int	PK,自动编号
ysname	varchar(200)	预算名称
ysbm	varchar(50)	预算编码
deleted	int	是否删除:值为 0 表示不删除,为 1 表示删除,默认值为 0

表 11-7 项目预算表结构

字 段 名	字 段 类 型	说 明
id	int	PK,自动编号
xmbh	varchar(100)	项目编号
ysbm	varchar(50)	预算编码
ysedu	float	预算额度
jsbeizhu	text	预算依据及理由
deleted	int	是否删除:值为 0 表示不删除,为 1 表示删除,默认值为 0

项目预算表同项目预算类别表之间也存在一定的表间关系,项目预算表中的 ysbm 字段值来自项目预算类别表的相同字段。系统的预算类别设置模块将项目预算类别保存到项目预算类别表中,教师申报项目时所填写的项目预算类别即来自项目预算类别表。该模块提高了系统的灵活性,方便管理员灵活调整项目预算类别。

表 11-8 项目绩效目标类别表结构

字 段 名	字 段 类 型	说 明
id	int	PK,自动编号
jxmbname	varchar(200)	绩效目标名称
jxmbbm	varchar(50)	绩效目标编码
deleted	int	是否删除:值为 0 表示不删除,为 1 表示删除,默认值为 0

表 11-9 项目绩效目标表结构

字 段 名	字 段 类 型	说　明
id	int	PK，自动编号
xmbh	varchar(100)	项目编号
jxmbbm	varchar(50)	预算编码
jxmbyqjg	Varchar(200)	绩效目标预期成果
jxmbbeizhu	text	绩效目标备注
deleted	int	是否删除：值为 0 表示不删除，为 1 表示删除，默认值为 0

项目绩效目标表同项目绩效目标类别表之间也存在一定的表间关系，项目绩效目标表中的 jxmbbm 字段值来自项目绩效目标类别表的相同字段。系统的绩效目标类别设置模块将项目绩效目标类别保存到项目绩效目标类别表中，教师申报项目时所填写的项目绩效目标类别即来自项目绩效目标类别表。该模块提高了系统的灵活性，方便管理员灵活调整项目绩效目标类别。

表 11-10 项目参与人表结构

字 段 名	字 段 类 型	说　明
id	int	PK，自动编号
xmbh	varchar(100)	项目编号
cyrName	varchar(20)	参与人姓名
csny	date	出生年月
sex	varchar(20)	性别
zhicheng	varchar(50)	职称
xueli	varchar(50)	学历
szxueyuan	varchar(20)	所在学院
szxibu	varchar(20)	所在系部
szzhuanye	varchar(20)	所在专业
deleted	int	是否删除：值为 0 表示不删除，为 1 表示删除，默认值为 0

进度安排、项目预算、项目绩效目标和项目参与人四个表同项目表之间存在一定的表间关系，这四个表都有 xmbh 字段，且 xmbh 字段值来自于项目表的同名字段。教师在完善项目信息时通过 xmbh 字段即可从这四个表中提取与申报项目相关的进度安排、项目预算、项目绩效目标和项目参与人等信息。

表 11-11 项目评审指标模板表结构

字 段 名	字 段 类 型	说　明
id	int	PK，自动编号
zbbm	varchar(50)	指标编码
zbtx	varchar(50)	指标体系，如研究方法和研究团队等
ps_sm	text	评审说明
fenzhi	varchar(100)	分值
zbtype	varchar(50)	指标类型，比如数字和文字等
deleted	int	是否删除：值为 0 表示不删除，为 1 表示删除，默认值为 0

表 11-12 项目评审指标表结构

字 段 名	字 段 类 型	说 明
id	int	PK,自动编号
zbbm	varchar(50)	指标编码
pTypebm	varchar(50)	项目类别编码
sbyear	varchar(20)	申报年
zbtx	varchar(50)	指标体系,如研究方法和研究团队等
ps_sm	text	评审说明
fenzhi	varchar(100)	分值
zbtype	varchar(50)	指标类型,比如数字和文字等
deleted	int	是否删除:值为 0 表示不删除,为 1 表示删除,默认值为 0

项目评审指标表比项目评审指标模板表多了 pTypebm 和 sbyear 两个字段,项目评审指标模板表存储了一份所有项目都可以参考使用的项目评审指标,而项目评审指标表存储的是每类项目每年的评审指标。因此项目评审指标表中的数据可以通过从项目评审指标模板表中复制并加上 pTypebm 和 sbyear 两个字段值得到。这样设计的好处是方便管理员设置每类项目每年的评审指标。

表 11-13 专家评分表结构

字 段 名	字 段 类 型	说 明
id	int	PK,自动编号
zbbm	varchar(50)	指标编码
pTypebm	varchar(50)	项目类别编码
sbyear	varchar(20)	申报年
xmbh	varchar(20)	项目编号
zjuserid	varchar(20)	专家用户 id
zbtx	varchar(50)	指标体系,如研究方法和研究团队等
ps_sm	text	评审说明
fenzhi	varchar(100)	分值
zbtype	varchar(50)	指标类型,比如数字和文字等
defen	varchar(200)	得分
deleted	int	是否删除:值为 0 表示不删除,为 1 表示删除,默认值为 0

表 11-13 在表 11-12 的基础上增加了 xmbh、zjuserid 和 defen 三个字段,从而可以使用表 11-13 来存储专家给项目的评审结果。

表 11-14 角色表结构

字 段 名	字 段 类 型	说 明
id	int	PK,自动编号
roleName	varchar(100)	角色名称
rolebm	varchar(50)	角色编码
deleted	int	是否删除:值为 0 表示不删除,为 1 表示删除,默认值为 0

表 11-15 角色权限表结构

字 段 名	字 段 类 型	说 明
id	int	PK,自动编号
rolebm	varchar(50)	角色编码
mkname	varchar(100)	模块名称
mkindex	int	模块编号,比如1,2,3
mkbm	varchar(50)	模块编码
mk_level	int	模块级别,比如1,2,3
isshow	varchar(20)	是否显示
mkqx	varchar(200)	模块权限
deleted	int	是否删除:值为0表示不删除,为1表示删除,默认值为0

角色权限表同角色表之间存在一定的表间关系,角色权限表中的rolebm字段值来自角色表的相同字段。角色表存储系统的所有角色信息,而角色权限表存储系统所有角色的操作权限信息,系统的角色权限设置模块所设置的各角色的操作权限就存储在角色权限表中。

表 11-16 归口管理部门表结构

字 段 名	字 段 类 型	说 明
id	int	PK,自动编号
gkbmName	varchar(50)	归口管理部门名称
gkbm_bm	varchar(20)	归口管理部门编码
bmtype	varchar(20)	归口管理部门类别
deleted	int	是否删除:值为0表示不删除,为1表示删除,默认值为0

归口管理部门表用来存储学校的行政部门和研究部门信息,高校中有的教师只归属行政部门,有的教师既在教学部门又在行政部门。设置归口管理部门表主要是为了解决教师身份归属问题。

表 11-17 学院表结构

字 段 名	字 段 类 型	说 明
id	int	PK,自动编号
xueyuanid	int	学院 id
xueyuan_name	varchar(50)	学院名称
deleted	int	是否删除:值为0表示不删除,为1表示删除,默认值为0

表 11-18 系部表结构

字 段 名	字 段 类 型	说 明
id	int	PK,自动编号
xibuid	int	系部 id
xibu_name	varchar(50)	系部名称
fatherid	int	父级 id,存储 xueyuanid 字段值
deleted	int	是否删除:值为0表示不删除,为1表示删除,默认值为0

表 11-19 专业表结构

字段名	字段类型	说明
id	int	PK，自动编号
zhuanyeid	int	专业 id
zhuanye_name	varchar(50)	专业名称
fatherid	int	父级 id，存储 xibuid 字段值
deleted	int	是否删除：值为 0 表示不删除，为 1 表示删除，默认值为 0

学院、系部和专业三个表之间存在一定的表间关系，系部表的 fatherid 字段值来自学院表的 xueyuanid 字段，专业表的 fatherid 字段值来自系部表的 xibuid 字段。这样设置的目的是方便系统设置三级联动菜单，比如在选择学院之后马上通过 xueyuanid 字段从系部表中提取学院下属的系部，而在选择系部后马上通过 xibuid 从专业表中提取系部下属的专业。本模块参照 07 模块使用 SQLyog 连接数据库服务器后创建一个名为"db_gxkygl_test"的数据库，并在该数据库中创建以上数据表。

3．系统的基础功能模块

系统的注册、登录、退出、密码修改和后台首页等功能模块的设计实现比较简单，在此不再单独介绍，请自行参考教材源代码。若要系统正常运行，首先需要在数据库中添加一些基础数据，下面简要介绍维护这些基础数据的功能模块的设计实现。

用超级管理员身份登录系统后，单击左侧的"所有用户"链接，将在右侧的框架中显示管理单位用户模块，如图 11-6 所示。

图 11-6 管理单位用户

在该模块中可以实现对系统用户信息的添加、修改、删除、重置密码、指定角色和查询等操作。以二级学院院长身份登录系统也可以使用管理单位用户模块，但是只能管理二级学院下属的用户信息。

管理单位用户模块的实现方法同 10 模块知识 5 中的商品信息管理基本类似，具体实现过程不再单独讲述。另外，项目类别、申报入口、院系专业、预算类别、绩效目标类别和归口管理部门等基础功能模块的实现方法也基本相同，这里不再逐一展开讲述。

4．项目申报功能模块

1）创建项目

项目申报功能是高校科研项目申报管理系统的核心功能模块，以教职工身份登录系统，然后单击左侧的"创建项目"链接，将在右侧的框架中显示创建项目页，如图 11-7 所示。

图 11-7　创建项目页

创建项目页的核心代码（gxkygl/xmlc_cjxm.php）如下：

```
<table width = "90%" border = "1" align = "center">
  <tr height = "40">
    <th>序号</th>
    <th>项目类别</th>
    <th>申报年份</th>
    <th>申报起始时间</th>
    <th>申报指南</th>
```

```php
        <th>操作</th>
      </tr>
<?php
include("conn.php");
date_default_timezone_set("Asia/Shanghai");
$myquery = "SELECT * from xmsbrk where deleted=0 order by showorder desc";
$result = mysqli_query($link, $myquery) or die("查询失败:" . mysqli_error());
$RecordCount = mysqli_num_rows($result);    //获取总记录数
if($RecordCount0 ==) echo "<tr><td colspan=6 height=40 align=center><font color=#FF0000 size=4><b>没有满足查询条件的记录!</b></font></td></tr>";
$xuhao = 1;
while ($row = mysqli_fetch_assoc($result))
{
    ?>
    <tr height="40">
      <td align="center">
<?php echo $xuhao ?></td>
      <td align="center">
<?php echo get_pTypeName_by_pTypebm($row["pTypebm"]) ?></td>
      <td align="center"><?php echo $row["sbyear"] ?></td>
      <td align="center">
      <?php
        $sbdate_start = $row["sbdate_start"];
        $sbdate_end = $row["sbdate_end"];
        $sjc = strtotime($row["sbdate_end"]) - strtotime(date("Y-m-d"));
        if($sjc<0){
            $wzsj = "<font color=red>".$sbdate_start."~".$sbdate_end."<br>已过期</font>";
        }else{
            $wzsj = "<font color=green>".$sbdate_start."~".$sbdate_end."<br>可申报</font>";
        }
        echo $wzsj;
      ?></td>
      <td align="center">
      <?php
        if($row['sbzn']=="无" || empty($row['sbzn']) || $row['sbzn']==""){
            $sbznstr = "无";
        }else{
            $sbznstr = "<a href=admin/".$row['sbzn']." target='_blank'>"."查看指南"."</a>";
        }
        echo $sbznstr;
      ?>
      </td>
      <td align="center">
      <?php
        if($sjc>=0){
        ?>
        <button id="addxs" class="btn btn-primary radius" onclick="cjxm('<?php echo $row["pTypebm"] ?>','<?php echo $row["sbyear"] ?>')">创建项目</button>
        <?php } ?>
      </td>
```

```
        </tr>
        <?PHP
         $xuhao++;
    }
         ?>
    </table>
```

以上代码从项目申报入口表 xmsbrk 中提取项目申报信息给用户，由于项目申报入口表中没有项目类别名称字段，代码中的 get_pTypeName_by_pTypebm 函数负责从项目类别表中使用项目类别编码获取项目类别名称，该函数代码如下（代码位于 conn.php 页面）。

```
function get_pTypeName_by_pTypebm($pTypebm){
    $link = mysqli_connect("127.0.0.1","root","xianyang","db_gxkygl_test") or die("could not connect");
    mysqli_set_charset($link,"utf8");
    $result = mysqli_query($link,"SELECT * from projecttype where pTypebm = '{$pTypebm}'");
    $row = mysqli_fetch_assoc($result);
    return $row["pTypeName"];
}
```

代码中使用申报结束时间同当前时间的差值来控制"创建项目"按钮的显示。strtotime 函数接受一个包含美国英语日期格式的字符串并将其解析为 UNIX 时间戳（自 1970 年 1 月 1 日 00:00:00 GMT 起的秒数），以下代码获得了申报结束时间同当前时间的差值（秒数）。

```
$sjc = strtotime($row["sbdate_end"]) - strtotime(date("Y-m-d"));
```

然后通过判断变量 $sjc 的值来确定是否显示"创建项目"按钮，当 $sjc 小于 0 时说明申报时间已经过期，无法再创建项目，此时就不再显示该类项目右边的"创建项目"按钮。如图 11-7 的第 4 行的其他类项目已经过期，"创建项目"按钮没有显示，因此无法创建该类项目。

代码中的"创建项目"按钮设置了一个带有项目类别编码和申报年份的脚本函数 cjxm，该函数代码如下。

```
function cjxm(pTypebm,sbyear){
    pstr = pTypebm + "|" + sbyear;
    layer.open({
        type: 2,
        title: '创建项目',
        maxmin: true,
        shadeClose: true,
        area: ['520px', '230px'],
        content: 'xmlc_cjxm_add.php?pstr=' + pstr
    });
}
```

以上函数使用 layer 在一个弹层中打开创建具体项目页 xmlc_cjxm_add.php。单击图 11-7 中的"创建项目"按钮即可打开如图 11-8 所示的创建具体项目页。

在图 11-8"项目名称"框中输入要创建的项目名称，单击"创建项目"按钮即可创建一个新的项目。新创建的项目只在数据库中存储项目编号和项目名称等少量信息，大量与项

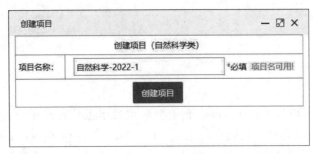

图 11-8 创建具体项目页

相关的信息还需要继续完善。

2) 完善项目基本信息

单击图 11-7 左侧“我的项目”链接即可在右侧框架显示我的项目页(xmlc_myxm.php),如图 11-9 所示。

序号	类别	名称/编号	主持人	申报日期	项目年份	项目状态	操作
1	自然科学类	自然科学-2022-1/ZRKX-3	张三	2021-12-03	2022	正在填写	完善项目 删除项目
2	实验室基金	张三测试项目-03/SYSJJ-12	张三	2020-07-18	2020	正在填写	完善项目 删除项目
3	实验室基金	张三测试项目-04/SYSJJ-13	张三	2020-07-19	2020	正在填写	完善项目 删除项目
4	实验室基金	张三测试项目-05/SYSJJ-14	张三	2020-07-19	2020	正在填写	完善项目 删除项目
5	实验室基金	张三测试项目-06/SYSJJ-15	张三	2020-07-21	2020	正在填写	完善项目 删除项目
6	实验室基金	科研经费管理系统应用研究-7-25-1/SYSJJ-16	张三	2020-07-25	2020	正在填写	完善项目 删除项目
7	其它类	测试项目-其它-01/QT-1	张三	2020-08-15	2020	正在填写	完善项目 删除项目
8	人文社科类	测试项目-rwkx-01/RWSK-1	张三	2020-08-15	2020	正在填写	完善项目 删除项目
9	自然科学类	自然科学-001-项目/ZRKX-2	张三	2020-12-15	2020	正在填写	完善项目 删除项目
10	人文社科类	人文社科类-001-项目/RWSK-2	张三	2020-12-15	2020	正在填写	完善项目 删除项目
11	实验室基金	张三测试项目-01/SYSJJ-10	张三	2020-07-13	2020	待验收	
12	自然科学类	测试项目-zrkx-01/ZRKX-1	张三	2020-08-15	2020	已退回 理由	完善项目 删除项目
13	实验室基金	张三测试项目-02/SYSJJ-11	张三	2020-07-16	2020	已结题	正式稿PDF 下载

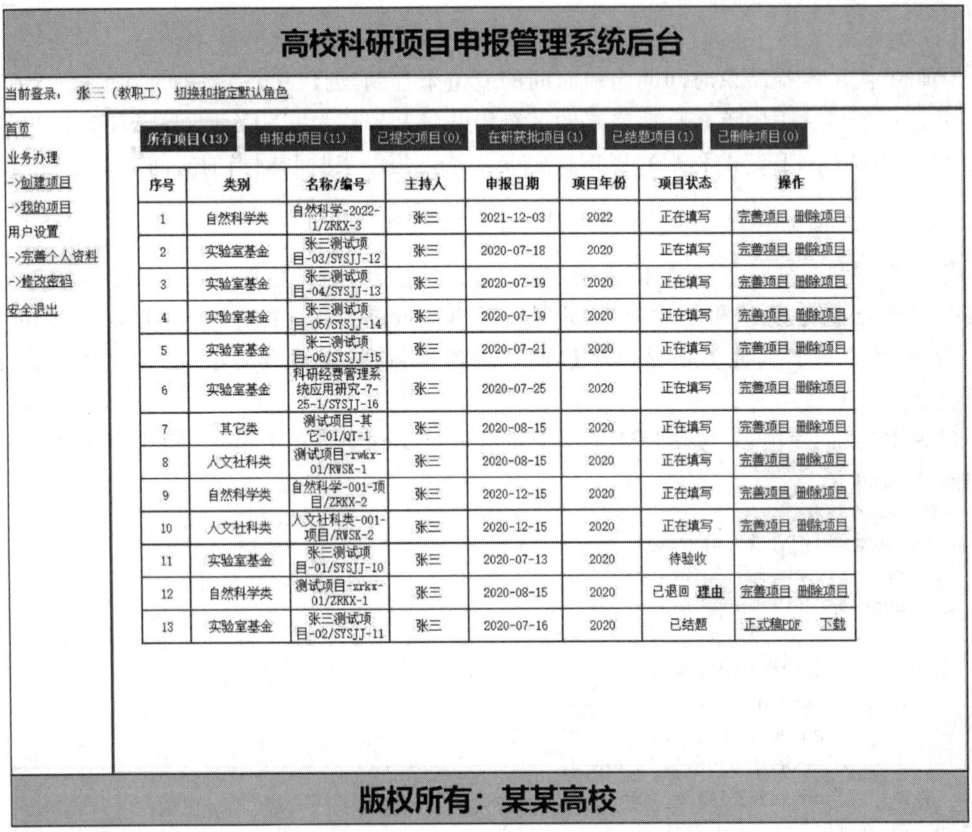

图 11-9 我的项目页

以上页面采用 CSS+DIV 样式和 jQuery 脚本实现 tab 页效果,从而将教职工申报的项目按所有项目、申报中项目和已提交项目等 6 类项目分类显示,该模块实现代码请参照 xmlc_myxm.php 文件,在此不再展开介绍。

图 11-9 第一条记录即为刚创建的项目,单击第一条记录右侧的"完善项目"链接即可进入如图 11-10 所示的完善项目页(xmlc_wsxm.php)。

图 11-10 完善项目页

以上完善项目页面实现的核心代码如下。

```
<?php $ xmbh = $ _GET["xmbh"]; ?>
< ul class = "tab0">
    < li class = "index" id = "lj1">< a onclick = "goto_jbxx('<?php echo $ xmbh ?>')">项目基本信息</a></li>
    < li id = "lj2">< a onclick = "goto_jdap('<?php echo $ xmbh ?>')">进度安排</a></li>
    < li id = "lj3">< a onclick = "goto_xmys('<?php echo $ xmbh ?>')">项目预算</a></li>
    < li id = "lj4">< a onclick = "goto_jxmb('<?php echo $ xmbh ?>')">绩效目标</a></li>
    < li id = "lj5">< a onclick = "goto_cyr('<?php echo $ xmbh ?>')">参与人</a></li>
    < li id = "lj6">< a onclick = "goto_tjxm('<?php echo $ xmbh ?>')">提交项目</a></li>
</ul>
< iframe src = "admin/wsxm_jbxx.php?xmbh = <?php echo $ xmbh ?>" name = "ifmwsxm" id = "ifmwsxm" class = "ifm_wsxm"/>
```

以上代码首先获取图 11-9 中"完善项目"链接传递过来的参数 xmbh 的值,然后通过 xmbh 的值从相关数据表中提取项目基本信息、进度安排和项目预算等供申报人完善编辑。完善项目页的上方是 6 个链接,6 个链接所在 li 标签的 id 分别设置为 lj1~lj6,下方使用 iframe 嵌入相关项目信息编辑页面。iframe 的 name 和 id 属性设置为 ifmwsxm,默认显示的是项目基本信息页(admin/wsxm_jbxx.php),为了显示具体项目的基本信息,还需要在页面的末尾最后附加参数(?xmbh=<?php echo $xmbh ?>)。单击每个链接后会触发相应的 JavaScript 单击事件,比如单击"项目基本信息"链接将调用下面脚本函数。

```
function goto_jbxx(xmbh){
    window.ifmwsxm.location.href = "admin/wsxm_jbxx.php?xmbh = " + xmbh;
    $("#lj1").siblings().removeClass();
    $("#lj1").addClass("index");
}
```

函数第一行脚本用于在页面名为 ifmwsxm 的 iframe 中打开 admin/wsxm_jbxx.php 页面,同时在链接末尾附加了 xmbh 参数。第二行脚本移除与 id 为 lj1 同级的所有 li 标签(id 为 lj1~lj6)的样式。第三行脚本给 id 为 lj1 的 li 标签单独添加样式,从而实现被单击的链接具有不一样的样式。单击"进度安排"调用的脚本函数如下。

```
function goto_jdap(xmbh){
    window.ifmwsxm.location.href = "admin/admin_xmjd_gl.php?xmbh = " + xmbh;
    $("#lj2").siblings().removeClass();
    $("#lj2").addClass("index");
}
```

比较 goto_jbxx 和 goto_jdap 两个函数,发现这两个函数的结构基本相同,但 goto_jdap 函数第一行脚本打开的链接页面不一样。由于"进度安排"链接所在的 li 标签的 id 为 lj2,所以 goto_jdap 函数中第二行和第三行脚本的 li 元素 id 应该设置为 lj2。其他 4 个链接所对应的脚本函数基本类似,在此不再赘述。

完善项目页中的 iframe 默认显示项目基本信息,填写完整项目的基本信息后,单击下方的"保存基本信息"即可保存项目的基本信息。项目基本信息页面的"所在学院"→"系"→"专业"设计为三级联动菜单,当在第一个下拉菜单中选择学院后,第二个下拉菜单中将显示该学院下的所有系部,当在第二个下拉菜单中选择系部后将在第三个下拉菜单中显示系部下的所有专业。三级联动菜单主要采用 jQuery 的 Ajax 技术实现,详细代码请参考 admin/wsxm_jbxx.php 页面。

3) 完善项目进度安排和参与人

单击图 11-10 中的"进度安排"按钮即可进入管理项目进度页面,如图 11-11 所示。

该页面的主要作用是通过 xmbh 参数值从项目进度表中提取项目进度信息供项目申报人编辑。单击图 11-10 中的"参与人"按钮即可进入管理项目参与人页面,如图 11-12 所示。

管理项目进度和参与人两个模块的实现方法同 10 模块知识 5 中商品信息管理基本类似,在此不再展开讲述。

4) 完善项目预算和绩效目标

单击图 11-12 中的"项目预算"按钮即可进入管理项目预算页面,如图 11-13 所示。

项目预算页面(admin/wsxm_xmys.php)的核心代码如下。

```
<?php
    $xmbh = $_GET["xmbh"];              //获取项目编号参数值
    include('../conn.php');
?>
```

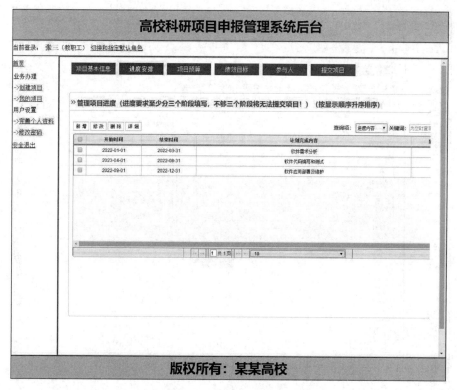

图 11-11　管理项目进度

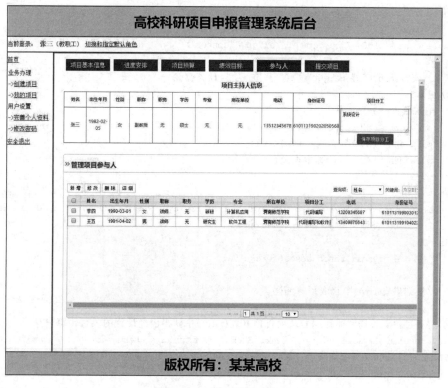

图 11-12　管理项目参与人

图 11-13　管理项目预算

```
<form id="add_form" name="add_form" method="post" action="wsxm_xmys_save.php" onsubmit="return bdyz()">
<table width="100%" border="1" align="center">
  <tr>
    <td colspan="3" height="40"><h2>项目预算</h2></td>
  </tr>
  <tr height="30">
    <th width="30%">支出科目</th>
    <th width="30%">金额(万元)</th>
    <th width="40%">计算根据及理由</th>
  </tr>
<?php
$resulta = mysqli_query($link,"SELECT * from xmystype where deleted=0 order by showorder desc") or die("查询失败: ".mysqli_error());
$js = 0;
while($rowa = mysqli_fetch_assoc($resulta))
{
    //从结果集 rowa 中获取预算编码
    $ysbm = $rowa["ysbm"];
    //通过预算编码和项目编号从项目预算表(xmys)中获得已经设置的项目预算信息
    $resultb = mysqli_query($link,"SELECT * from xmys where ysbm = '{$ysbm}' and xmbh = '{$xmbh}'") or die("查询失败: ".mysqli_error());
    $rowb = mysqli_fetch_assoc($resultb);
?>
```

```
    <tr height="70">
        <td>
        <?php echo $rowa["ysname"] ?>
        <input class="ycys" name="ysbm[]" id="ysbm<?php echo $js ?>" type="checkbox" value="<?php echo $rowa["ysbm"] ?>" checked/>
        </td>
        <td>
        <input type="text" class="fn-tinput" name="ysedu[]" id="ysedu<?php echo $js ?>" title="<?php echo $rowa["ysname"] ?>" value="<?php echoysedu($rowb["ysedu"]) ?>"/>
        </td>
        <td>
        <textarea name="jsbeizhu[]" id="jsbeizhu<?php echo $js ?>" cols="45" rows="3" title="<?php echo $rowa["ysname"] ?>计算根据及理由">
        <?php echojsbeizhu($rowb["jsbeizhu"]) ?>
        </textarea>
        </td>
    </tr>
<?php
$js++;
}
?>
</table>
<input type="hidden" name="xmbh" id="xmbh" value="<?php echo $xmbh ?>"/>
<input name="tj_btn" type="submit" id="tj_xmys_btn" value="保存项目预算" class="btn btn-primary radius"/>
</form>
```

以上代码首先从项目预算类别表(xmystype)中读取所有的项目预算类别放入结果集rowa中,然后循环显示rowa中所有的项目类别。同时在循环体中通过预算编码和项目编号从项目预算表(xmys)中获得已经设置的项目预算信息,并把这些信息放入结果集rowb中,然后将rowb中的项目预算信息显示到表单中。

该项目预算页表单处理页面(admin/wsxm_xmys_save.php)核心代码如下。

```
<?php
include("../conn.php");
$xmbh = trim($_POST['xmbh']);
for($i=0;$i<count($_POST["ysbm"]);$i++)
{
    $ysbm = trim($_POST["ysbm"][$i]);          //获取预算编码
    $ysedu = trim($_POST["ysedu"][$i]);        //获取预算额度
    $jsbeizhu = trim($_POST["jsbeizhu"][$i]);  //获取预算依据
    /*如果$xmys==1,说明该项目预算信息已经插入,这时应该修改该项目预算信息,否则就插入项目预算信息*/
    $xmys = get_xmysIsInsert_by_xmbh_ysbm($xmbh, $ysbm);
    if($xmys==0){
        $myquery = "insert into xmys(ysedu,jsbeizhu,ysbm,xmbh) values({$ysedu},'{$jsbeizhu}','{$ysbm}','{$xmbh}')";
        mysqli_query($link, $myquery) or die("插入失败:" . mysqli_error());
    }else{
        $myquery = "update xmys set ysedu={$ysedu},jsbeizhu='{$jsbeizhu}'
```

```
       where xmbh = '{ $ xmbh}' and ysbm = '{ $ ysbm}'";
            mysqli_query( $ link, $ myquery) or die("更新失败: " . mysqli_error());
        }
    }
    echo "< script language = 'javascript'>";
    echo "alert('保存成功!');";
    echo "window.location.href = 'wsxm_xmys.php?xmbh = $ xmbh';";
    echo "</script>";
    ?>
```

本例的表单设计使用了一些表单设计技巧,详细的表单设计技巧请参考 06 模块知识 4 复杂表单设计。项目预算页表单中预算编码信息是通过复选框方式把数据传递到表单处理页,这些复选框默认是选中的,但是页面使用了 CSS 样式隐藏了这些复选框,因此页面运行时用户看不到这些复选框,预算编码复选框代码如下。

```
< input class = "ycys" name = "ysbm[ ]" id = "ysbm <?php echo $ js ?>" type = "checkbox" value = "<?php echo $ rowa["ysbm"] ?>" checked />
```

预算编码复选框命名为数组 ysbm[],在表单处理页面使用 for 循环即可获取预算编码信息,预算额度和预算依据两项信息的获取跟预算编码基本类似。在获得预算编码、预算额度和预算依据三项信息后,使用 get_xmysIsInsert_by_xmbh_ysbm 函数(代码在 conn. php 文件中)判断该预算信息是否添加到项目预算表,如果已经添加则修改该项目预算,否则插入该项目预算。绩效目标模块(admin/wsxm_jxmb.php)的设计实现与项目预算基本类似,在此不再赘述。

5)提交项目

所有项目信息都完善后,单击图 11-13 中的"提交项目"按钮即可进入提交项目页面,如图 11-14 所示。

在提交项目页(admin/wsxm_tjxm.php)首先判断项目基本信息、进度安排和项目预算等信息是否填写完整,如果有一项信息不完整,则"提交项目"和"预览项目"两个按钮将无法使用。单击"提交项目"按钮后将跳转到提交项目处理页面(admin/wsxm_tjxm_save.php)。该页面的核心代码如下。

```
<?php
include("../conn.php");
$ xmbh = $ _POST['xmbh'];         //获取项目编号
$ myquery = "update project set istijiao = '已提交',xmzt = '已提交' where xmbh = '{ $ xmbh}'";
mysqli_query( $ link, $ myquery) or die("更新失败: " . mysqli_error());
echo "< script language = 'javascript'>";
echo "parent.layer.msg('提交成功,即将生成 PDF,请耐心等待!');";
echo "parent.layer.load(2, {time:300 * 1000});";
echo "window.location.href = '../TCPDF/outpdf/sc_xm.php?xmbh = $ xmbh';";
echo "</script>";
?>
```

以上代码首先获取项目编号,利用项目编号更新项目表中 istijiao 和 xmzt 两个字段的信息,然后跳转到输出项目申报书页面(TCPDF/outpdf/sc_xm.php)。项目申报书页面代码首先声明 MYPDF 类,该类继承 TCPDF 类并自定义页眉和页脚,然后使用 MYPDF 类创

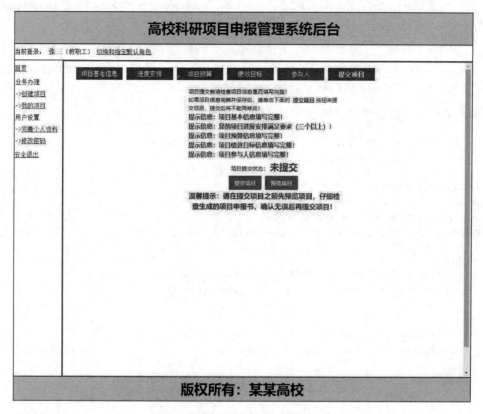

图 11-14　提交项目页

建对象 $pdf，代码如下。

```
include("../../conn.php");
require_once('tcpdf_include.php');
$ xmbh = $ _GET["xmbh"];                 //获取项目编号
//继承 TCPDF 类并自定义页眉和页脚
class MYPDF extends TCPDF {
    //页眉
    public function Header() {
        $ bMargin = $ this -> getBreakMargin();
        $ auto_page_break = $ this -> AutoPageBreak;
        $ this -> SetAutoPageBreak(false, 0);
        //设置背景图片,生成水印效果
        $ img_file = 'images/caogao.png';
        $ this -> Image( $ img_file, 0, 0, 210, 297, '', '', '', false, 300, '', false, false, 0);
        $ this -> SetAutoPageBreak( $ auto_page_break, $ bMargin);
        $ this -> setPageMark();
    }
    //页脚
    public function Footer() {
        $ this -> SetY( -15);
        $ this -> SetFont('helvetica', 'I', 8);
        //设置页脚的页码格式,例如 2/9
```

```
            $this->Cell(0, 10, ''. $this->getAliasNumPage().'/'. $this->getAliasNbPages(), 
0, false, 'C', 0, '', 0, false, 'T', 'M');
    }
}
$pdf = new MYPDF(PDF_PAGE_ORIENTATION, PDF_UNIT, PDF_PAGE_FORMAT, true, 'UTF-8', false);
//实例化类 MYPDF 创建对象 $pdf
```

输出项目基本信息的代码如下。

```
$pdf->AddPage(P,'A4',0);                      //创建竖版 PDF 页
$tbl = <<<EOD
<style>
//省略的 CSS 样式代码
</style>
<div class="dwjbqk">一、研究项目</div>
<table width="546" border="1" align="center" cellpadding="0" cellspacing="0" id="bg2">
    <tr>
        <td width="100" height="30" class="dwjbqk_bt" align="left">名称</td>
        <td width="446" colspan="3" class="bg2wb">$xmname</td>
    </tr>
    <tr>
        <td class="dwjbqk_bt" align="left">所属学科</td>
        <td colspan="3" class="bg2wb">$sszhueke</td>
    </tr>
    <tr>
        <td width="100" height="30"  class="dwjbqk_bt" align="left">申请金额</td>
        <td width="173" class="bg2wb">$applyAllowance</td>
        <td width="100" class="dwjbqk_bt">起止年月</td>
        <td width="173" class="bg2wb">$execYearsstr</td>
    </tr>
    <tr>
        <td class="dwjbqk_bt" align="left">所属省级重点实验室名称</td>
        <td width="173" class="bg2wb">$sszdsys</td>
        <td width="100" class="dwjbqk_bt">所属专职研究机构名称</td>
        <td width="173" class="bg2wb">$szyjsName</td>
    </tr>
    <tr>
        <td height="30" class="dwjbqk_bt" align="left">研究内容摘要</td>
        <td colspan="3" class="bg2wb" align="left">$mainContent</td>
    </tr>
    <tr>
        <td height="30" class="dwjbqk_bt" align="left">先进性、创新点</td>
        <td colspan="3" class="bg2wb" align="left">$mainIndicator</td>
    </tr>
    <tr>
        <td class="dwjbqk_bt" align="left">预期成果(形式及数量)</td>
        <td colspan="3" class="bg2wb" align="left">$expOutcome</td>
    </tr>
</table>
EOD;
$pdf->writeHTML($tbl, true, false, false, false, '');
```

以上代码定义的变量 $ tbl 为界定符方式的字符串,界定符方式的字符串可以很方便放置 CSS 和 HTML 代码。本例使用表格布局页面,表格 HTML 代码可无须做任何修改直接放到界定符方式的字符串中。从数据库中提取的数据以 PHP 变量(如 $ xmname 和 $ ssxueke 等)的方式放入界定符字符串,然后调用 writeHTML 方法即可将 HTML 代码输出为 PDF 文件,以上代码生成的项目基本信息的 PDF 文件如图 11-15 所示。

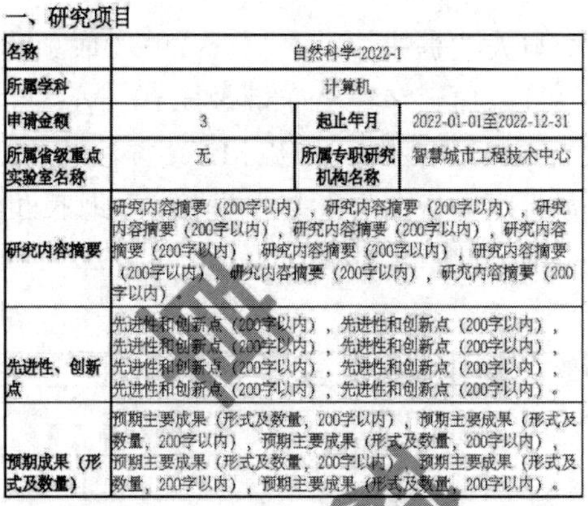

一、研究项目

名称	自然科学-2022-1		
所属学科	计算机		
申请金额	3	起止年月	2022-01-01至2022-12-31
所属省级重点实验室名称	无	所属专职研究机构名称	智慧城市工程技术中心
研究内容摘要	研究内容摘要(200字以内),研究内容摘要(200字以内),研究内容摘要(200字以内),研究内容摘要(200字以内),研究内容摘要(200字以内),研究内容摘要(200字以内),研究内容摘要(200字以内),研究内容摘要(200字以内)。		
先进性、创新点	先进性和创新点(200字以内),先进性和创新点(200字以内),先进性和创新点(200字以内),先进性和创新点(200字以内),先进性和创新点(200字以内),先进性和创新点(200字以内),先进性和创新点(200字以内),先进性和创新点(200字以内)。		
预期成果(形式及数量)	预期主要成果(形式及数量,200字以内),预期主要成果(形式及数量,200字以内),预期主要成果(形式及数量,200字以内),预期主要成果(形式及数量,200字以内),预期主要成果(形式及数量,200字以内)。		

图 11-15 项目基本信息的 PDF 文件

输出项目参与人的核心代码如下。

```
$ strtb_cyr = "";
$ myquery = "Select distinct cyrName, xueli, age, zhicheng, szdw, xmfg from project_cyr where xmbh =
'$ xmbh' and iszcr = '否' order by cysx limit 10";
$ result = mysqli_query( $ link, $ myquery) or die("查询失败: " . mysqli_error());
$ xh = 1;
while( $ row = mysqli_fetch_array( $ result)){                    //while 开始
    $ xueli_cyr = get_xuiliName_by_xlbm( $ row["xueli"]);
    $ strtb_cyr. = "<tr><td>{ $ xh}</td><td>". $ row["cyrName"]."</td><td>"
. $ xueli_cyr."</td><td>". $ row["age"]."</td><td>". $ row["zhicheng"]
."</td><td>". $ row["szdw"]."</td><td>". $ row["xmfg"]."</td><td></td></tr>";
    $ xh++;
}                                                                 //while 结束
$ pdf -> AddPage(L,'A4',0);                                       //创建横版 PDF 文件
$ tbl = <<< EOD
<style>
//省略了部分 CSS 代码
</style>
<div class = "dwjbqk">三、项目参与人</div>
<table width = "876" border = "1" align = "center" cellpadding = "0" cellspacing = "0">
    <tr>
        <td width = "8 %" align = "center" class = "bg2wb_bt">序号</td>
        <td width = "10 %" align = "center" class = "bg2wb_bt">姓名</td>
        <td width = "8 %" align = "center" class = "bg2wb_bt">学位</td>
        <td width = "8 %" align = "center" class = "bg2wb_bt">年龄</td>
        <td width = "10 %" align = "center" class = "bg2wb_bt">职称</td>
        <td width = "25 %" align = "center" class = "bg2wb_bt">所在单位</td>
```

```
            < td width = "19 % " align = "center" class = "bg2wb_bt">项目分工</td>
            < td width = "12 % " align = "center" class = "bg2wb_bt">签名</td>
        </tr>
          $ strtb_cyr
    </table>
EOD;
$ pdf -> writeHTML( $ tbl, true, false, false, false, '');
```

以上代码首先从项目参与人数据表(project_cyr)中读取项目参与人信息,将每个项目参与人信息组合成表格的一行添加到字符串变量 $ strtb_cyr;再将字符串变量 $ strtb_cyr 放入表格的 HTML 代码中;最后调用 writeHTML()方法将 HTML 代码输出为 PDF 文件。项目进度安排的输出方式跟项目参与人基本类似,在此不再赘述。本实例的项目参与人和项目进度安排输出在一页,如图 11-16 所示。

三、项目参与人

序号	姓名	学位	年龄	职称	所在单位	项目分工	签名
1	李四	硕研	31	讲师	某某高校	代码编写	
2	王五	研究生	30	讲师	某某高校	代码编写和软件测试	

四、项目进度安排

序号	开始时间	结束时间	计划完成内容
1	2022-01-01	2022-03-31	软件需求分析
2	2023-04-01	2022-08-31	软件代码编写和测试
3	2022-09-01	2022-12-31	软件应用部署及维护

图 11-16 项目参与人和进度安排 PDF 文件

其他 PDF 文件的输出与项目基本信息、参与人和进度安排等输出基本类似,在此不再赘述。单击图 11-14 的"预览项目"按钮可在不提交项目的情况下预览项目申报书的 PDF 文件,预览项目与提交项目生成项目申报书 PDF 文件的过程基本类似,单击"预览项目"按钮后将跳转到 TCPDF/outpdf/sc_xm_yulan.php 页面,该页面负责生成项目申报书的 PDF 文件。本系统生成的所有 PDF 文件位于 TCPDF\outpdf\xtpdf 目录,至此,科研项目的在线申报过程基本结束,下面将介绍项目管理功能模块的设计实现。

5. 项目管理功能模块

1) 管理所有项目和申报中未提交项目

以超级管理员身份登录系统后,单击后台首页左侧的"管理项目"链接即可在右侧的框架中打开管理项目模块(admin_glxm.php),该模块按照"所有项目""申报中(未提交)项目""已提交项目"等 6 个类别对项目进行分类管理,每类项目右侧括号中的数字代表系统内该类项目的数量,该页面与完善项目页(xmlc_wsxm.php)的实现原理基本类似。模块默认显示的是管理所有项目,如图 11-17 所示。

管理所有项目可以看到系统所有类别的项目,该模块只有导出和查询项目两项功能。单击图 11-17 上方的"申报中(未提交)项目"按钮,即可在按钮下方显示管理申报中未提交的所有项目,如图 11-18 所示。

图 11-17　管理所有项目

图 11-18　管理申报中(未提交)项目

从图11-18可以看出,管理申报中(未提交)项目比管理所有项目多了一个"删除"功能,对于未提交的项目管理员是可以删除的。

2) 管理已提交项目

选择图11-18上方的"切换和指定默认角色",将当前用户角色设置为"二级学院院长",然后依次单击后台首页的"管理项目"链接和"已提交项目"按钮,即可显示"管理已提交项目"页面,如图11-19所示。

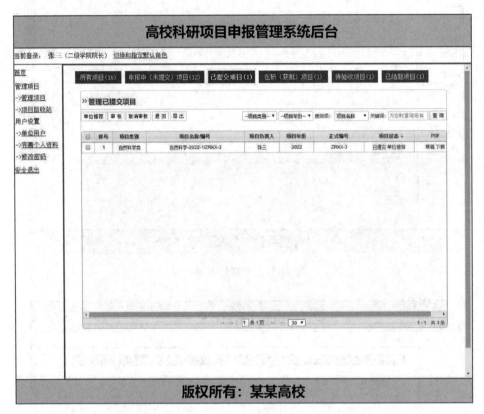

图11-19 二级学院管理已提交项目

图11-19中的"单位推荐"按钮可供二级学院给该项目提交单位推荐意见。单位推荐意见提交完毕后会在项目状态列看到"单位推荐"链接,鼠标放入该链接即可显示单位推荐意见。以超级管理员身份登录后的"管理已提交项目"如图11-20所示。

图11-20中的"委员会推荐"按钮可供管理员给该项目提交学术委员会推荐意见。学术委员会推荐意见提交完毕后会在项目状态列看到"委员会推荐"链接,鼠标放入该链接即可显示学术委员会推荐意见。

比较图11-20和图11-19可以看出不同身份用户登录系统后可以使用的功能是有区别的,这是因为系统设置了按角色授权,角色授权的详细实现过程将在后续内容介绍。图11-20各按钮的功能如下。

正式:给项目指定正式项目编号。

委员会推荐:学术委员会给项目的推荐意见。

审核:审核项目,生成正式稿项目申报书,正式稿项目申报书和草稿项目申报书除了背

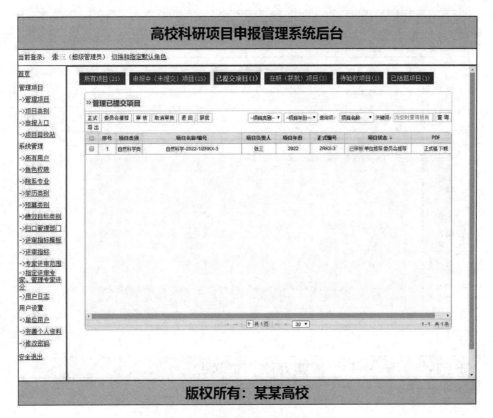

图 11-20 管理员管理已提交项目

景水印不同其他的都一样。

取消审核:取消审核项目,返回草稿。

退回:退回项目,项目退回后申报人员可以继续修改项目。

获批:将项目状态设定为"在研获批"。

3) 管理在研获批项目

单击图 11-20 上方的"在研(获批)项目"按钮即可管理系统在研获批项目,如图 11-21 所示。

图 11-21 各按钮功能如下。

生成任务书:生成项目任务书 PDF 文件,生成项目任务书的过程与项目申报书基本类似,在此不再赘述。

取消获批:取消项目获批,将项目状态返回为"已提交"。

指定补助资金:如果项目获批的资金和申报人申请的补助资金不符,可以使用该按钮修改项目补助资金。

导出:将选中的项目信息导出供用户使用。

4) 教师申请项目验收

处于在研获批状态的项目,项目研究团队如果在研究期内完成了项目研究任务,可以在线申请项目验收。以教职工身份登录系统后依次单击"我的项目"链接和"在研获批项目"按钮,可以看到教师的在研获批项目,如图 11-22 所示。

图 11-21 管理在研获批项目

图 11-22 教职工管理在研获批项目

单击图 11-22 第 2 个项目右侧的"验收申请"链接即可进行项目验收申请界面,如图 11-23 所示。

图 11-23 项目验收申请

在图 11-23 中会再次显示项目基本信息、进度安排和项目预算等信息,不过这些信息可以查看但无法修改,可在"项目完成情况"处填写项目的完成情况,然后选择上方的"提交项目验收申请"选项卡提交项目验收申请。项目验收申请提交后将在图 11-22 项目右侧出现"验收申请书"和"下载"两个链接,通过这两个链接可以查看和下载项目验收申请书。

5)管理待验收项目

以管理员身份登录系统后选择依次单击"管理项目"链接和"待验收项目"按钮,可以看到"管理待验收项目"界面,如图 11-24 所示。

管理员通过查看教师提交的验收申请书判断是否给该项目结题,图 11-24 中各按钮的功能如下。

通过验收:通过项目的验收申请,项目验收状态变为"已通过"。

取消验收:取消项目的验收申请,项目验收状态变为"未通过"。

通过结题:通过项目结题,项目进入"已结题"状态。

退回在研:将项目退回到"在研获批"状态。

6)管理已结题项目

选择图 11-24 上方的"已结题项目"按钮即可进入"管理已结题项目"界面,如图 11-25 所示。

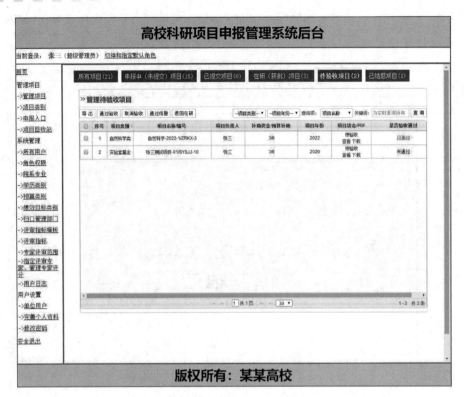

图 11-24　管理待验收项目

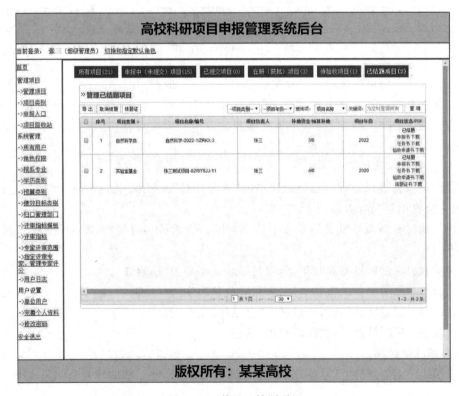

图 11-25　管理已结题项目

图 11-25 中各按钮的功能如下。

导出：将选中的项目信息导出供用户使用。

取消结题：取消项目结题，项目返回"待验收"状态。

结题证：在线生成项目的结题证书 PDF 文件，结题证书生成完成后将在右侧看到"结题证书"和"下载"两个链接。

以上 6 个模块的实现方法同 10 模块知识 5 中商品信息管理基本类似，在此不再赘述。

6. 角色管理功能模块

单击图 11-25 左侧的"角色权限"链接即可打开如图 11-26 所示的管理角色权限模块，在该模块可以设置角色权限、克隆角色和删除角色。

图 11-26　管理角色权限

管理角色权限页面（admin/roleqxset.php）的核心代码如下。

```
< table border = "1" align = "center">
  < tr height = "40">
    < th width = "10 % " height = "40">序号</th>
    < th width = "15 % ">角色编码</th>
    < th width = "15 % ">角色名称</th>
    < th width = "15 % ">显示顺序</th>
    < th width = "45 % ">操作</th>
  </tr>
```

```php
<?php
$myquery = "SELECT * from role where deleted = 0 order by showorder desc ";
$result = mysqli_query( $link, $myquery)or die("查询失败：" . mysqli_error());
$RecordCount = mysqli_num_rows( $result);                    //获取总记录数
if( $RecordCount == 0) echo "<tr><td colspan = 4 height = 40 align = center><font color = #FF0000 size = 4><b>没有满足查询条件的记录!</b></font></td></tr>";
$xuhao = 1;
while( $row = mysqli_fetch_assoc( $result))
{ ?>
    <tr height = "40">
      <td align = "center"><?php echo $xuhao ?></td>
      <td align = "center"><?php echo $row["rolebm"] ?></td>
      <td align = "center"><?php echo $row["roleName"] ?></td>
      <td align = "center"><?php echo $row["showorder"] ?></td>
      <td align = "center">
      <a href = "javascript:void(0)" onclick = "setroleqx('<?php echo $row["rolebm"] ?>')" class = "mylink" title = "设置角色权限">设置角色权限</a>
      <a href = "javascript:void(0)" class = "mylink" onclick = "clone_role('<?php echo $row["rolebm"] ?>')" title = "克隆角色">克隆角色</a>
      <a href = "javascript:void(0)" class = "mylink" onclick = "deleterole('<?php echo $row["rolebm"] ?>')" title = "删除角色">删除角色</a>
      </td>
    </tr>
    <?PHP
     $xuhao++;
} ?>
</table>
```

以上代码从角色表中提取所有的角色信息并显示出来，"设置角色权限"、"克隆角色"和"删除角色"三个链接所调用的脚本函数如下。

```javascript
<script language = "javascript1.1" type = "text/javascript">
function setroleqx(rolebm){                              //设置角色权限
    layer.open({
          type: 2,
          title: '设置角色权限',
          maxmin: true,
          shadeClose: true,
          area: ['900px', '400px'],
          content: 'roleqx.php?rolebm = ' + rolebm
      });
}
function clone_role(rolebm){                             //克隆角色
    layer.open({
          type: 2,
          title: '克隆角色',
          maxmin: true,
          shadeClose: true,
          area: ['450px', '300px'],
          content: 'roleqx_clone.php?rolebm = ' + rolebm
      });
```

```
}
function deleterole(rolebm){                              //删除角色
    layer.confirm(
      '您确定要删除吗?',
      { btn: ['确认','取消'],title:'确认删除',icon:3 },
      function(){
          $.ajax({
              type: "GET",
              url: "roleqx_delete.php",
              data: "rolebm = " + rolebm,
              success: function(msg){
                 window.location.href = "roleqxset.php";
              }
          });
      },
      function(){
      }
    );                                                    //layer.confirm 结束
}
</script>
```

以上脚本使用 layer 弹出层打开页面实现相应的功能,单击图 11-26 任意角色右侧的"设置角色权限"链接即可在弹出层中打开"设置角色权限"页面(admin/roleqx.php),如图 11-27 所示。

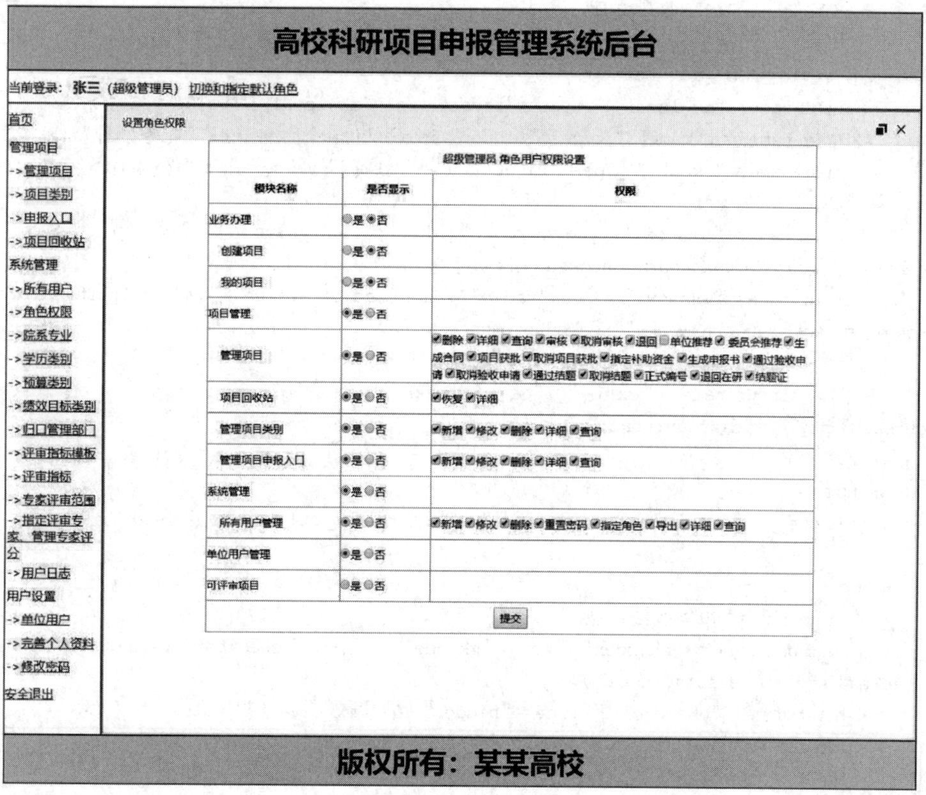

图 11-27 设置角色权限

图 11-27 以超级管理员角色为例设置角色权限,该页面的核心代码如下。

```php
<?php
include('../conn.php');
$rolebm_qx = isset($_GET["rolebm"]) ? $_GET["rolebm"] : "pt";
?>
<form id="add_form" name="add_form" method="post" action="roleqx_save.php">
    <table width="800" border="1" align="center" cellpadding="0" cellspacing="0">
        <tr>
            <td height="40" colspan="3" align="center">
                <strong class="wbys1">
<?php echo get_role_name_by_rolebm($rolebm_qx) ?></strong>
                角色用户权限设置
                <input name="rolebm" id="rolebm" type="hidden" value="<?php echo $rolebm_qx ?>" />
            </td>
        </tr>
        <tr>
            <th width="176" height="40">模块名称</th>
            <th width="118">是否显示</th>
            <th width="498">权限</th>
        </tr>
        <?php
        $roleqx = get_roleqx_by_mkbm_rolebm("mk1", $rolebm_qx);
        ?>
        <tr>
            <td height="40">业务办理
                <input name="mkindex[]" id="mkindex1" type="checkbox" value="1" checked="checked" style="display:none" />
                <input name="mk_level[]" type="hidden" id="mk_level[]" value="1" />
                <input name="mkname[]" type="hidden" id="mkname[]" value="业务办理" />
                <input name="mkbm[]" type="hidden" id="mkbm[]" value="mk1" /></td>
            <td>
                <input name="isshow1" type="radio" id="radio" value="是" <?php if($roleqx->isshow == '是'){ ?> checked="checked" <?php } ?> />是
                <input name="isshow1" type="radio" id="radio2" value="否" <?php if($roleqx->isshow == '否'){ ?> checked="checked" <?php } ?> />否
            </td>
            <td><input name="qx1[]" type="checkbox" id="qx1_add" value="无" checked="checked" style="display:none;" /></td>
        </tr>
        <?php
        $roleqx = get_roleqx_by_mkbm_rolebm("mk2", $rolebm_qx);
        ?>
        <tr>
            <td height="40">项目管理
                <input name="mkindex[]" id="mkindex2" type="checkbox" value="2" checked="checked" style="display:none" />
                <input name="mk_level[]" type="hidden" id="mk_level[]" value="1" />
                <input name="mkname[]" type="hidden" id="mkname[]" value="项目管理" />
                <input name="mkbm[]" type="hidden" id="mkbm[]" value="mk2" />
            </td>
```

```php
            <td>
                <input name="isshow2" type="radio" id="radio" value="是" <?php if($roleqx->isshow=='是'){ ?> checked="checked" <?php } ?> />是
                <input name="isshow2" type="radio" id="radio2" value="否" <?php if($roleqx->isshow=='否'){ ?> checked="checked" <?php } ?> />否
            </td>
            <td>
                <input name="qx2[]" type="checkbox" id="qx2_add" checked="checked" value="无" style="display:none;" />
            </td>
        </tr>
        <?php
        $roleqx = get_roleqx_by_mkbm_rolebm("mk3", $rolebm_qx);
        ?>
        <tr>
            <td height="40">    管理项目
                <input name="mkindex[]" id="mkindex3" type="checkbox" value="3" checked="checked" style="display:none" />
                <input name="mk_level[]" type="hidden" id="mk_level[]" value="2" />
                <input name="mkname[]" type="hidden" id="mkname[]" value="管理项目" />
                <input name="mkbm[]" type="hidden" id="mkbm[]" value="mk3" />
            </td>
            <td>
                <input name="isshow3" type="radio" id="radio" value="是" <?php if($roleqx->isshow=='是'){ ?> checked="checked" <?php } ?> />是
                <input name="isshow3" type="radio" id="radio2" value="否" <?php if($roleqx->isshow=='否'){ ?> checked="checked" <?php } ?> />否
            </td>
            <td>
                <input name="qx3[]" type="checkbox" id="qx3_delete" value="delete" <?php echo_roleqx_checked($roleqx->mkqx,"delete") ?> />删除
                <input name="qx3[]" type="checkbox" id="qx3_detail" value="detail" <?php echo_roleqx_checked($roleqx->mkqx,"detail") ?> />详细
                <input name="qx3[]" type="checkbox" id="qx3_chaxun" value="chaxun" <?php echo_roleqx_checked($roleqx->mkqx,"chaxun") ?> />查询
                <input name="qx3[]" type="checkbox" id="qx3_shenhe" value="shenhe" <?php echo_roleqx_checked($roleqx->mkqx,"shenhe") ?> />审核
                <input name="qx3[]" type="checkbox" id="qx3_qxshenhe" value="qxshenhe" <?php echo_roleqx_checked($roleqx->mkqx,"qxshenhe") ?> />取消审核
                <input name="qx3[]" type="checkbox" id="qx3_tuihui" value="tuihui" <?php echo_roleqx_checked($roleqx->mkqx,"tuihui") ?> />退回
<input name="qx3[]" type="checkbox" id="qx3_danweitj" value="danweitj" <?php echo_roleqx_checked($roleqx->mkqx,"danweitj") ?> />单位推荐
<input name="qx3[]" type="checkbox" id="qx3_tuijian" value="tuijian" <?php echo_roleqx_checked($roleqx->mkqx,"tuijian") ?> />委员会推荐
<!-- 省略了部分复选框代码 -->
<input name="qx3[]" type="checkbox" id="qx3_jtzs" value="jtzs" <?php echo_roleqx_checked($roleqx->mkqx,"jtzs") ?> title="生成结题证书" />结题证
            </td>
        </tr>
        <?php
```

```
            $roleqx = get_roleqx_by_mkbm_rolebm("mk14", $rolebm_qx);
        ?>
        <tr>
            <td height="40">    项目回收站
                <input name="mkindex[]" id="mkindex14" type="checkbox" value="14" checked="checked" style="display:none" />
                <input name="mk_level[]" type="hidden" id="mk_level[]" value="2"/>
                <input name="mkname[]" type="hidden" id="mkname[]" value="项目回收站"/>
                <input name="mkbm[]" type="hidden" id="mkbm[]" value="mk14"/>
            </td>
            <td>
                <input name="isshow14" type="radio" id="radio" value="是" <?php if($roleqx->isshow=='是'){ ?> checked="checked" <?php }?> />是
                <input name="isshow14" type="radio" id="radio2" value="否" <?php if($roleqx->isshow=='否'){ ?> checked="checked" <?php }?> />否
            </td>
            <td>
                <input name="qx14[]" type="checkbox" id="qx14_huifu" value="huifu" <?php echo roleqx_checked($roleqx->mkqx,"huifu")?> />恢复
                <input name="qx14[]" type="checkbox" id="qx14_detail" value="detail" <?php echo roleqx_checked($roleqx->mkqx,"detail")?> />详细
            </td>
        </tr>
        <!-- 省略的部分代码 -->
        <tr>
            <td height="40" colspan="3" align="center">
                <input type="submit" name="button" id="button" value="提交"/>
                <input style="display:none;" type="button" name="button2" id="button2" value="返回" onclick="fanhui()" /></td>
        </tr>
    </table>
</form>
```

以上代码设置了一个复杂的角色权限表单，用来收集每个角色的权限，这里以管理项目模块为例说明模块设计技巧。本例将管理项目模块的模块编码设置为"mk3"，使用如下文本框将值"mk3"传递到表单处理页面。

```
<input name="mkbm[]" type="hidden" id="mkbm[]" value="mk3"/>
```

将管理项目模块的模块编号设置为"3"，使用如下复选框将值"3"传递到表单处理页面。

```
<input name="mkindex[]" id="mkindex3" type="checkbox" value="3" checked="checked" style="display:none"/>
```

将管理项目模块的模块级别设置为"2"，使用如下文本框将值"2"传递到表单处理页面。

```
<input name="mk_level[]" type="hidden" id="mk_level[]" value="2"/>
```

将管理项目模块的模块名称设置为"管理项目"，使用如下文本框将值"管理项目"传递到表单处理页面。

```
<input name="mkname[]" type="hidden" id="mkname[]" value="管理项目"/>
```

为了控制管理项目模块是否显示,可以使用如下单选按钮组将值传递到表单处理页面。

＜input name＝"isshow3" type＝"radio" id＝"radio" value＝"是" ＜?php if($roleqx->isshow＝＝
'是'){ ?> checked＝"checked" ＜?php }?> />是
＜input name＝"isshow3" type＝"radio"   id＝"radio2" value＝"否" ＜?php if($roleqx->isshow＝＝
'否'){ ?> checked＝"checked" ＜?php }?> />否

为了保存角色的操作权限,可以使用项目复选框将值传递到表单处理页面。

＜input name＝"qx3[]" type＝"checkbox" id＝"qx3_delete" value＝"delete" ＜?php echo_roleqx_
checked($roleqx->mkqx,"delete") ?> />删除
＜input name＝"qx3[]" type＝"checkbox" id＝"qx3_detail" value＝"detail" ＜?php echo_roleqx_
checked($roleqx->mkqx,"detail") ?> />详细
＜input name＝"qx3[]" type＝"checkbox" id＝"qx3_chaxun" value＝"chaxun" ＜?php echo_roleqx_
checked($roleqx->mkqx,"chaxun") ?> />查询
＜input name＝"qx3[]" type＝"checkbox" id＝"qx3_shenhe" value＝"shenhe" ＜?php echo_roleqx_
checked($roleqx->mkqx,"shenhe") ?> />审核
＜input name＝"qx3[]" type＝"checkbox" id＝"qx3_qxshenhe" value＝"qxshenhe" ＜?php echo_
roleqx_checked($roleqx->mkqx,"qxshenhe") ?> />取消审核
＜input name＝"qx3[]" type＝"checkbox" id＝"qx3_tuihui" value＝"tuihui" ＜?php echo_roleqx_
checked($roleqx->mkqx,"tuihui") ?> />退回
＜input name＝"qx3[]" type＝"checkbox" id＝"qx3_danweitj" value＝"danweitj" ＜?php echo_
roleqx_checked($roleqx->mkqx,"danweitj") ?> />单位推荐
＜input name＝"qx3[]" type＝"checkbox" id＝"qx3_tuijian" value＝"tuijian" ＜?php echo_roleqx_
checked($roleqx->mkqx,"tuijian") ?> />委员会推荐

以上复选框名字命名为数组 qx3[],在表单处理页面可以通过该复选框的名字获取角色对该模块的操作权限。这里命名的模块编码值(mk3)、是否显示单选按钮组名称(isshow3)和角色权限复选框组名称(qx3[])都包含模块编号值3,这样设置元素名称和值是为了方便表单处理页面提取数据。表单处理页面(admin/roleqx_save.php)的核心代码如下。

```php
<?php
include("../conn.php");
$rolebm_qx = $_POST["rolebm"];              //获取角色编码
$qx = array();                              //创建一个空的权限数组,用来存储角色权限
for($i=0;$i<count($_POST["mkindex"]);$i++)
{
    $mkindex = trim($_POST["mkindex"][$i]);  //获得模块编号,如1,2,3
    /*获得模块是否显示的值,这里单选按钮组的名称由字符串"isshow"和变量$mkindex组合得到。*/
    $isshow = trim($_POST["isshow".$mkindex]);
    /*利用二级循环获得本模块的权限,这里复选框组的名字由字符串"qx"和变量$mkindex组合得到。角色权限存储的字符串格式为"add|edit|delete|detail|chaxun"。*/
    for($j=0;$j<count($_POST["qx".$mkindex]);$j++)
    {
        if($j==0){
            $qx[$i].=trim($_POST["qx".$mkindex][$j]);
        }else{
            $qx[$i].="|".trim($_POST["qx".$mkindex][$j]);
        }
```

```php
        }
        $mk_level = trim($_POST["mk_level"][$i]);           //获得模块的级别
        $mkname = trim($_POST["mkname"][$i]);               //获得模块的名字
        $mkbm = trim($_POST["mkbm"][$i]);                    //获得模块的编码
        //如果$qxisexit == 0,说明该角色权限信息还没有插入数据库,此时就向数据库中插入该角色
        //权限信息;否则就修改数据库中已经存在的角色权限信息
        $qxisexit = get_roleqx_IsInsert_by_role_mkindex($rolebm_qx, $mkindex);
        if($qxisexit == 0){
            $myquery = "insert into roleqx(mkname, mkbm, isshow, mkqx, mkindex, rolebm, mk_level) values('{$mkname}','{$mkbm}','{$isshow}','". $qx[$i]."',{$mkindex},'{$rolebm_qx}',{$mk_level})";
            mysqli_query($link, $myquery) or die("插入失败:" . mysqli_error());
        }else{
            $myquery = "update roleqx set mkname = '{$mkname}', isshow = '{$isshow}', mkqx = '". $qx[$i]."' where rolebm = '{$rolebm_qx}' and mkindex = {$mkindex}";
            mysqli_query($link, $myquery) or die("更新失败:" . mysqli_error());
        }
    }
    echo "<script language = 'javascript'>";
    echo "alert('权限设置成功!');";
    echo "window.location.href = 'roleqx.php?rolebm = $rolebm_qx';";
    echo "</script>";
?>
```

通过以上代码即可将角色权限存储到角色权限表中,要获取已经设置的角色权限,可以使用 get_roleqx_by_mkbm_rolebm($mkbm, $rolebm) 函数,该函数通过角色编码和模块编号获得该角色对某模块的操作权限。函数的详细实现请参照 conn.php 页面,这里不再展开讲解。

各模块的角色权限设置完成后,可以在相应的模块提取角色权限来控制各角色对模块的操作权限。比如在 ht_index.php 页面可以使用角色权限表的"是否显示"(isshow)字段值来控制该模块是否显示,控制管理项目模块是否显示的代码如下。

```php
<?php
//通过模块编码和角色编码获取角色权限
$roleqx = get_roleqx_by_mkbm_rolebm("mk3", $rolebm);
?>
<tr id = "mk3" <?php echo_roleqx_display($roleqx -> isshow) ?> >
    <td height = "30"> - &gt;<a href = "admin_glxm.php" target = "myifm">管理项目</a></td>
</tr>
```

以上代码首先通过模块编码和角色编码获取该角色对该模块的操作权限,然后通过获取的"是否显示"字段值来控制该模块是否显示,echo_roleqx_display($roleqx-> isshow)函数的代码如下。

```php
function echo_roleqx_display($isshow){
    if($isshow == "是")
    {
        echo "";
    }else{
        echo "style = 'display:none;height:0px;'";
    }
}
```

该函数根据不同的参数值来输出不同的 CSS 样式,控制模块链接所在的行(<tr>)是否显示,从而达到控制模块显示的效果。

下面以已提交项目管理页面(admin/admin_glxm_ytj.php)为例讲述如何利用模块权限控制角色对模块的操作功能,核心代码如下。

```
<?php
session_start();
include_once ("../conn.php");
$rolebm = $_SESSION['rolebm'];
//通过模块编码和角色编码获取角色权限
$roleqx = get_roleqx_by_mkbm_rolebm("mk3", $rolebm);
?>
<input type = "button" id = "zsxmbh_btn" title = "指定正式项目编号" value = "正式" <?php echo_roleqx_btn_display( $roleqx -> mkqx,"zsxmbh") ?> data - type = "zsxmbh_btn"/>
<input type = "button" id = "danweitj_btn" title = "单位推荐" value = "单位推荐" <?php echo_roleqx_btn_display( $roleqx -> mkqx,"danweitj") ?> data - type = "danweitj_btn"/>
<input type = "button" id = "tuijian_btn" title = "学院学术委员会审查意见" value = "委员会推荐" <?php echo_roleqx_btn_display( $roleqx -> mkqx,"tuijian") ?> data - type = "tuijian_btn"/>
```

根据角色权限和按钮功能控制按钮是否显示的函数为 echo_roleqx_btn_display,其代码如下。

```
function echo_roleqx_btn_display( $roleqx, $btn_gongneng){
    if(strpos( $roleqx, $btn_gongneng) === false)
    {
        echo "style = 'display:none'";
    }else{
        echo "";
    }
}
```

以上代码在角色的模块权限字符串(例如:shenhe|qxshenhe|tuihui|tuijian|hetong|huopi)中查找按钮功能字符串(例如:tuijian),如果要查找的按钮功能字符串存在于角色的模块权限字符串中则显示该按钮;否则通过输出 CSS 样式(style= 'display:none')隐藏该按钮,这样就很好地通过角色权限实现了各角色对各模块的不同操作权限。

单击图 11-26 任意角色右侧的"克隆角色"链接即可在弹出层中打开"克隆角色"页面(admin/roleqx_clone.php),如图 11-28 所示。

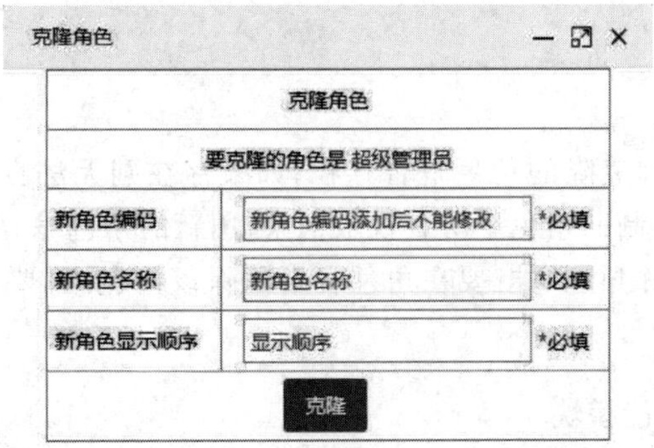

图 11-28 "克隆角色"页面

克隆角色的表单页比较简单，主要用来收集要克隆的角色编码、新角色编码、名称和显示顺序4项信息，克隆角色的表单处理页面(admin/roleqx_clone_save.php)的核心代码如下。

```php
<?php
session_start();
include("../conn.php");
$old_rolebm = trim($_POST["old_rolebm"]);        //要克隆的角色编码
$new_rolebm = trim($_POST["rolebm"]);            //新角色编码
$roleName = trim($_POST["roleName"]);            //新角色名称
$showorder = trim($_POST["showorder"]);          //显示顺序
$myquery1 = "Select * from role where rolebm = '{$new_rolebm}'";
$result1 = mysqli_query($link, $myquery1) or die("查询失败:".mysqli_error());
$recordCountxm = mysqli_num_rows($result1);      //获取记录数
if($recordCountxm == 0){                         //如果该角色不存在则插入该角色
    $myquery = "insert into role(rolebm, roleName, showorder) values ('{$new_rolebm}','{$roleName}',{$showorder})";
    mysqli_query($link, $myquery) or die("插入失败:" . mysqli_error());
    echo "<script language = 'javascript'>";
    echo "parent.layer.closeAll();";
    //获取旧角色的权限插入角色权限表
    $myquery2 = "Select * from roleqx where rolebm = '{$old_rolebm}' order by id";
    $result2 = mysqli_query($link, $myquery2) or die("查询失败:" . mysqli_error());
    while($row2 = mysqli_fetch_array($result2)){
        $mkname = $row2["mkname"];
        $mkbm = $row2["mkbm"];
        $isshow = $row2["isshow"];
        $mkqx = $row2["mkqx"];
        $mkindex = $row2["mkindex"];
        $mk_level = $row2["mk_level"];
$myquery3 = "insert into roleqx(mkname, mkbm, isshow, mkqx, mkindex, rolebm, mk_level) values ('{$mkname}','{$mkbm}','{$isshow}','$mkqx',{$mkindex},'{$new_rolebm}',{$mk_level})";
        mysqli_query($link, $myquery3) or die("插入失败:".mysqli_error());
    }
    echo "parent.location.href = 'roleqxset.php';";
    echo "</script>";
}else{                                           //否则提示角色已经存在
    echo "<script language = 'javascript'>";
    echo "parent.layer.closeAll();";
    echo "parent.layer.msg('该角色编码已经存在,无法克隆!',{icon: 0,time: 2000});";
    echo "</script>";
}
?>
```

以上代码首先判断要克隆的角色是否存在，如果存在则无法克隆；否则插入要克隆的角色到角色表中，同时复制旧角色中所有权限记录，用新的角色编码替换旧的角色编码并插入到角色权限表中。删除角色时既要在角色表中删除该角色，也要删除角色权限表中该角色的所有权限记录。

7. 专家在线评审功能模块

本系统将专家在线评审功能细分为以下4个步骤。

1）设置专家评审范围

单击图 11-27 左侧的"专家评审范围"链接打开专家评审范围页面（admin/zjpsfwset.php），如图 11-29 所示。

图 11-29　设置专家评审范围

单击图 11-29 专家右侧的"设置专家评审范围"链接可以打开如图 11-30 所示的指定专家评审项目类别页面（admin/zjpsfw.php）。

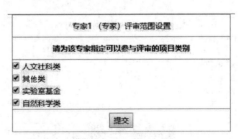

图 11-30　指定专家评审项目类别

在图 11-30 中勾选该专家可以评审的项目类别后单击下方的"提交"按钮即可保存专家的参评项目类别。从图 11-29 可以看出专家 1～专家 5 都被指定了具有评审自然科学类项目的资格。

2）指定评审专家

设置专家评审范围可以给不同类别项目指定多个备选评审专家，在实际的项目评审过程中还可以从备选专家中选择部分专家来评审该类项目。单击图 11-27 左侧的"指定评审专家、管理专家评分"链接打开相应页面(admin/admin_zj_pf.php),如图 11-31 所示。

图 11-31　指定评审专家

单击图 11-31 自然科学类项目右侧的"指定评审专家"链接即可打开如图 11-32 所示的页面(admin/admin_zj_zhiding.php),给该类项目从备选的专家中选择部分最终参评项目的专家。

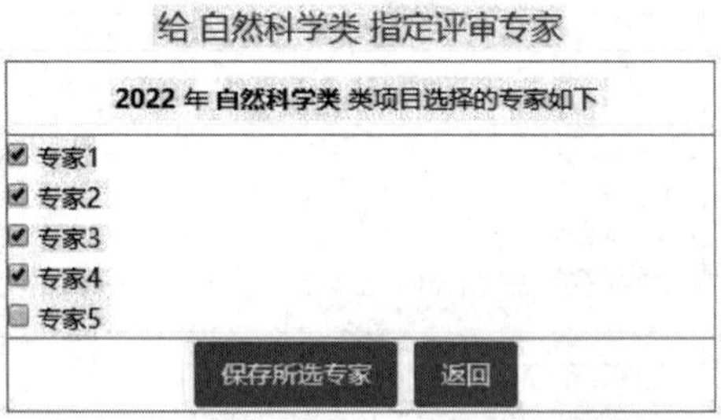

图 11-32　给某类项目指定评审专家

从图 11-32 中可以看出,具有"自然科学类"项目评审资格的专家有 5 位,勾选相应的专家后单击下方的"保存所选专家"按钮即可给该类项目指定最终评审专家。

3) 按项目类别和申报年份设定项目评审指标

在给每类项目指定最终评审专家后,还需要给每类项目按申报年份设定项目评审指标,这些评审指标可以从评审指标模板复制。单击图 11-27 左侧的"评审指标模板"链接打开评审指标模板页面(admin/xmps_zbmb_gl.php),如图 11-33 所示。

图 11-33 评审指标模板页

勾选评审指标模板中所有的评审指标,单击上方的"复制"按钮即可在弹出层中打开"复制项目评审指标"页(admin/xmps_zbmb_gl_copy.php),在项目类别中选择相应的项目类别,在项目年份中选择相应的项目申报年份,然后单击下方的"复制"按钮即可复制出某类项目某申报年的项目评审指标(图 11-33 复制的是自然科学类项目 2022 年的评审指标)。单击图 11-33 左侧的"评审指标"链接打开评审指标页面,即可看到刚才复制的评审指标。

4)专家在线评审

评审专家和评审指标设定好后即可用评审专家身份登录系统进行项目在线评审,专家在线评审页面(admin/xmps_zjps_lrfenshu.php)如图 11-34 所示。

该页面的核心代码如下。

```
<?php
session_start();
include('../conn.php');
$ zjuserid = $ _SESSION['userid'];          //专家的 id
$ pTypebm = $ _REQUEST["pTypebm"];          //项目类别
$ sbyear = $ _REQUEST["sbyear"];            //申报年
$ xmbh = $ _REQUEST["xmbh"];                //项目编号
$ psdate_start = $ _REQUEST["psdate_start"];//评审开始时间
$ psdate_end = $ _REQUEST["psdate_end"];    //评审结束时间
$ xmName = $ _REQUEST["xmName"];            //项目名
?>
< form name = "add_form" method = "post" action = "xmps_zjps_lrfenshu_save.php" >
< table width = "60 %" border = "1" align = "center">
  < tr height = "40">
    < th width = "10 %" height = "40">序号</th>
```

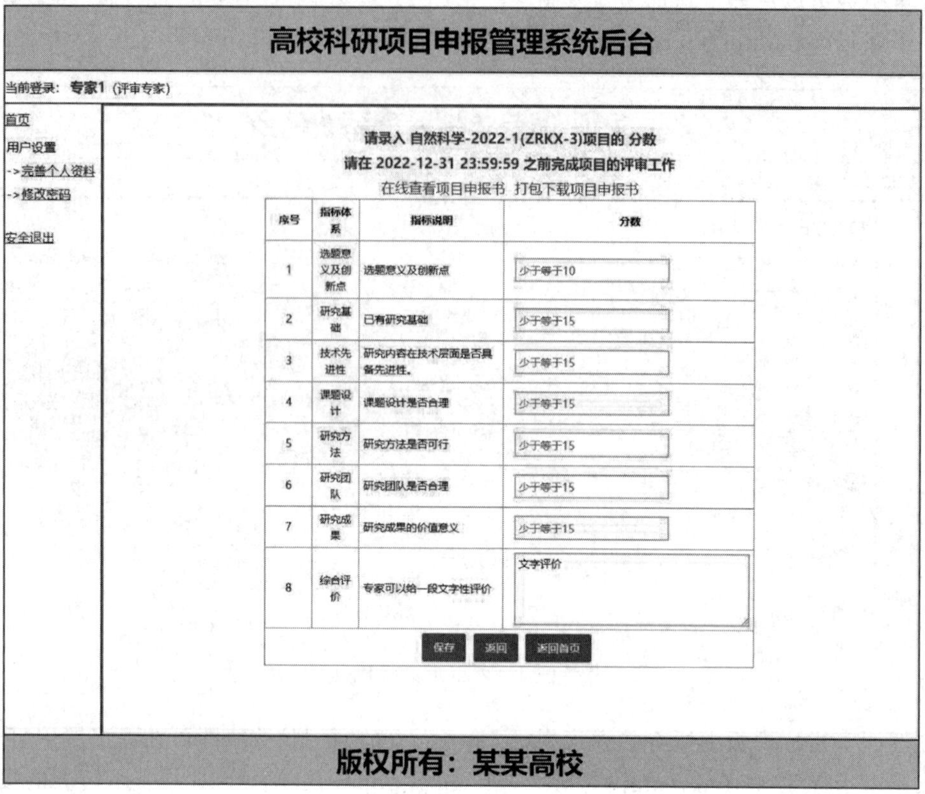

图 11-34 专家在线评审

```
    < th width = "10 % ">指标体系</th>
    < th width = "30 % ">指标说明</th>
    < th width = "50 % ">分数</th>
  </tr>
  <?php
$ myquery1 = "SELECT  *  from xmpszb where deleted = 0 and pTypebm = '{ $ pTypebm}' and sbyear =
'{ $ sbyear}' order by showorder desc ";
$ result1 = mysqli_query( $ link, $ myquery1) or die("查询表失败:".mysqli_error());
//获取总记录数
$ RecordCount1 = mysqli_num_rows( $ result1);
if( $ RecordCount1 == 0) echo "< tr >< td colspan = 6 height = 40 align = center >< font color =
♯ FF0000 size = 4 >< b >没有设定评审指标,请联系管理员!</b></font></td></tr>";
$ xuhao = 1;
while( $ row1 = mysqli_fetch_assoc( $ result1))
{
//通过指标编码、项目编号和专家 id 获取项目评审专家评分 xmps_zjps 表中已经插入的得分
$ zbbm = $ row1["zbbm"];
$ myquery2 = "Select  *  from xmps_zjps   where zbbm = '{ $ zbbm}' and xmbh = '{ $ xmbh}' and
zjuserid = '{ $ zjuserid}'";
$ result2 = mysqli_query( $ link, $ myquery2) or die("更新失败:" . mysqli_error());
$ row2 = mysqli_fetch_assoc( $ result2);
$ defen_exit = $ row2["defen"];   //获得已经插入的得分
?>
```

```php
<tr height="40">
    <td align="center"><?php echo $xuhao ?></td>
    <td align="center"><?php echo $row1["zbtx"] ?></td>
    <td align="left"><?php echo $row1["ps_sm"] ?></td>
    <td align="left">
    <?php
        if($row1["zbtype"]=="数字"){          //如果指标类型是数字值,用input输入框显示
            $fenzhi_str="少于等于".$row1["fenzhi"];
    ?>
        <input type="text" name="defen[]" id="defen[]" class="fn-tinput2" placeholder="<?php echo $fenzhi_str ?>" value="<?php echo $defen_exit ?>" title="<?php echo $row1["fenzhi"] ?>" alt="<?php echo $row1["ps_sm"] ?>"/>
    <?php
        }else{                                //如果指标类型是文字值,用textarea文本框显示
            $fenzhi_str=$row1["fenzhi"];
    ?>
        <textarea name="defen[]" cols="40" rows="5" id="defen[]" title="<? echo $fenzhi_str ?>">
        <?php
        //如果已经录入了值,则输出,否则输出参考值
        if(trim($defen_exit)==""){
            echo $fenzhi_str;
        }else{
            echo $defen_exit;
        }
        ?>
        </textarea>
    <?php
        }                                     //if结束
    ?>
        <input name="zbbm[]" type="checkbox" value="<?php echo $row1["zbbm"] ?>" checked class="ycys" />
        <input name="zbtx[]" type="checkbox" value="<?php echo $row1["zbtx"] ?>" checked class="ycys" />
        <input name="ps_sm[]" type="checkbox" value="<?php echo $row1["ps_sm"] ?>" checked class="ycys" />
        <input name="fenzhi[]" type="checkbox" value="<?php echo $row1["fenzhi"] ?>" checked class="ycys" />
        <input name="zbtype[]" type="checkbox" value="<?php echo $row1["zbtype"] ?>" checked class="ycys" />
        <input name="showorder[]" type="checkbox" value="<?php echo $row1["showorder"] ?>" checked class="ycys" />
    </td>
</tr>
<?PHP
$xuhao++;
}//while循环结束
?>
<tr height="40">
    <td align="center" colspan="4">
    <input name="pTypebm" type="hidden" value="<?php echo $pTypebm ?>" />
    <input name="sbyear" type="hidden" value="<?php echo $sbyear ?>" />
```

```
          <input name="xmbh" type="hidden" value="<?php echo $xmbh ?>" />
          <input name="psdate_start" type="hidden" value="<?php echo $psdate_start ?>" />
          <input name="psdate_end" type="hidden" value="<?php echo $psdate_end ?>" />
          <input name="xmName" type="hidden" value="<?php echo $xmName ?>" />
          <input type="submit" name="button" id="button" value="保存"  class="btn btn-primary radius"/>
        </td>
      </tr>
    </table>
</form>
```

以上代码主要用来生成一个专家在线评审表单,代码首先通过项目类别和申报年份从项目评审指标表(xmpszb)中提取该项目的所有评审指标,然后通过 while 循环显示所有指标。同时在 while 循环体中通过指标编码、项目编号和专家 id 获取专家评分表 xmps_zjps 中已经保存的得分,并将已经保存的得分显示在表单中供评审专家修改。

在设计专家在线评审表单时使用了一些复杂的表单设计技巧,专家评审表单通过将表单元素名设置为数组的形式把数据传递到表单处理页面,例如得分对应的文本框或多行文本框的名字为 defen[],代码如下。

```
<!-- 当要显示的分数为数字时使用 input 表单元素 -->
<input type="text" name="defen[]" id="defen[]" class="fn-tinput2" placeholder="<?php echo $fenzhi_str ?>" value="<?php echo $defen_exit ?>" title="<?php echo $row1["fenzhi"] ?>" alt="<?php echo $row1["ps_sm"] ?>"/>
<!-- 当要显示的分数为文本时使用 textarea 表单元素 -->
<textarea name="defen[]" cols="40" rows="5" id="defen[]" title="<? echo $fenzhi_str ?>">
</textarea>
```

指标编码对应的复选框名字为 zbbm[],代码如下。

```
<input name="zbbm[]" type="checkbox" value="<?php echo $row1["zbbm"] ?>" checked class="ycys" />
```

指标体系和指标说明等对应的复选框代码与指标编码基本类似。这样设计后在表单处理页面(admin/xmps_zjps_lrfenshu_save.php)就可以用 for 循环快速获得各表单元素的值。表单处理页面的核心代码如下。

```
<?php
session_start();
include('../conn.php');
$zjuserid = $_SESSION['userid'];                    //专家的 id
$pTypebm = $_REQUEST["pTypebm"];                    //项目类别
$sbyear = $_REQUEST["sbyear"];                      //申报年
$xmbh = $_REQUEST["xmbh"];                          //项目编号
$psdate_start = $_REQUEST["psdate_start"];          //评审开始时间
$psdate_end = $_REQUEST["psdate_end"];              //评审结束时间
$xmName = $_REQUEST["xmName"];                      //项目名称
$errorcw = 0;
//使用 for 循环获取各表单元素的值
```

```php
for($i=0;$i<count($_POST["zbbm"]);$i++){                //for 循环开始
    $zbbm = $_POST["zbbm"][$i];                         //指标编码
    $zbtx = $_POST["zbtx"][$i];                         //指标体系
    $ps_sm = $_POST["ps_sm"][$i];                       //指标说明
    $fenzhi = $_POST["fenzhi"][$i];                     //指标分值
    $zbtype = $_POST["zbtype"][$i];                     //指标类型
    $showorder = $_POST["showorder"][$i];               //显示顺序
    $defen = trim($_POST["defen"][$i]);                 //得分
    //如果输入值大于该项最大分值,则提示错误
    if((float)$defen > (float)$fenzhi and $zbtype == "数字"){
        $errorcw++;
        $msgstr = $ps_sm."输入值大于该项最大分值,请重新输入!";
        echo "<script language='javascript'>";
        echo "alert('$msgstr');";
        echo "history.go(-1);";
        echo "</script>";
    }else{
        //查询该项指标得分是否已经插入
        $myquery0 = "Select * from xmps_zjps where zbbm='{$zbbm}' and xmbh='{$xmbh}' and zjuserid='{$zjuserid}'";
        $result0 = mysqli_query($link,$myquery0) or die("查询失败:".mysqli_error());
        $recordCountxm = mysqli_num_rows($result0);     //获取记录数
        //如果$recordCountxm 等于 0,说明该指标得分没有插入
        if($recordCountxm == 0){
            $myquery = "insert into xmps_zjps(zbbm,pTypebm,sbyear,xmbh,zjuserid,zbtx,ps_sm,fenzhi,zbtype,defen,showorder) values('{$zbbm}','{$pTypebm}','{$sbyear}','{$xmbh}','{$zjuserid}','{$zbtx}','{$ps_sm}','{$fenzhi}','{$zbtype}','{$defen}',{$showorder})";
            mysqli_query($link,$myquery) or die("插入失败:".mysqli_error());
        }else{                                          //否则更新该指标得分
            $myquery = "update xmps_zjps set defen='{$defen}' where zbbm='{$zbbm}' and xmbh='{$xmbh}' and zjuserid='{$zjuserid}'";
            mysqli_query($link,$myquery) or die("更新失败:".mysqli_error());
        }//if 语句结束
    }//if 语句结束
}//for 循环结束
if($errorcw == 0){                                      //没有错误就输出保存成功
echo "<script language='javascript'>";
    echo "alert('保存成功!');";
    echo "window.location.href='xmps_zjps_lrfenshu.php?xmbh=$xmbh&sbyear=$sbyear&pTypebm=$pTypebm&psdate_start=$psdate_start&psdate_end=$psdate_end&xmName=$xmName';";
echo "</script>";
}
?>
```

以上代码首先使用 for 循环获取表单中的各项数据,然后在 for 循环体中通过指标编码、项目编号和专家 id 获得该专家对该指标的评分,如果评分不存在则插入,否则更新专家对该指标的评分。

5）管理专家评分

单击如图 11-31 右侧的"查看专家在线评分"链接即可看到专家的在线评分，如果专家是在线下集体讨论给各项目进行评分，需要将专家线下评分录入系统，可以单击"查看录入专家评分"链接。

至此，高校科研项目的在线申报以及项目获批、评审、验收和结题等过程管理内容基本介绍完毕，还有部分未详细介绍的模块请查考书籍源代码，这里不再详细展开。

实训总结

本实训从系统需求分析、数据库设计、系统基础功能模块、项目申报功能模块、项目管理功能模块、角色管理功能模块和专家在线评审功能模块等内容模块设计、开发了一个高校科研项目申报管理系统，详细介绍了高校科研项目申报管理系统的设计开发过程，设计、开发的管理信息系统具有一定的典型性和参考借鉴价值，读者可以设计、开发类似的管理信息系统，从而达到举一反三的学习效果。

职业技能知识点考核

1．填空题

（1）TCPDF 是用 PHP 语言编写的 API，它的主要功能是快速创建_____格式的文档。

（2）TCPDF 使用 AddPage 创建新的横版 PDF 文件时，第一个参数应该设置为_____。

（3）TCPDF 使用 AddPage 创建新的竖版 PDF 文件时，第一个参数应该设置为_____。

（4）TCPDF 要输出 HTML 代码需要调用_____方法。

（5）TCPDF 在使用 Output()方法输出 PDF 文件时，如果需要将输出的 PDF 文件保存到服务器的某个目录中，则 Output()方法的第二个参数应该设置为_____。

（6）TCPDF 在使用 Output()方法输出 PDF 文件时，如果需要将输出的 PDF 文件直接在浏览器中打开，则 Output()方法的第二个参数应该设置为_____。

（7）TCPDF 设置页眉的方法是_____。

（8）TCPDF 设置页脚的方法是_____。

（9）TCPDF 设置自动换页的方法是_____。

（10）TCPDF 设置字体的方法是_____。

2．简答题

（1）TCPDF 具有哪些特性？

（2）高校科研项目申报管理系统的主要流程有哪些？

（3）项目表同项目类别表和用户表之间存在什么样的表间关联？为什么要这样设计这些数据表？

练习与实践

1. 从 https://github.com/tecnickcom/tcpdf 下载 TCPDF 并在 PHP 环境下运行其所有实例。

2. 参照 lt11-1.php 实例代码设计一个简单的 PHP 页面用来输出本学科课表。

3. 在研读高校科研项目申报管理系统源代码并熟悉开发流程之后，请尝试在参考该系统的基础上设计开发类似的管理信息系统（例如图书管理系统、学生管理系统和车辆管理系统等）。

模块 12 网站测试发布与宣传推广

网站系统制作完成以后,并不能直接投入运行,而必须进行全面、完整的测试,包括本地测试、网络测试等多个环节。本模块主要介绍网页测试、网站发布管理和网站宣传推广等方面的内容,通过学习使读者掌握本地站点的测试上传和宣传推广等内容。

能力目标

(1) 能对网页进行浏览器兼容性测试。
(2) 能对网页和网站进行链接测试。
(3) 能使用 CuteFTP 进行网站的发布和上传。

知识目标

(1) 常用的网页测试方法。
(2) 常见搜索引擎网站的登录入口。

知识储备

知识1 网站测试内容及方法

网站系统的设计开发人员一旦完成网站的设计开发工作之后,都必须保证所有网站系统的组成部分能够配合起来,协调有序地正常工作。因此,网站系统的测试工作十分重要。

1. 测试的内容

(1) 浏览器的兼容性测试。对不同浏览器的测试,就是在不同的浏览器和不同的版本下,测试网页的运行和显示状况。在实际工作中,用户会使用不同的浏览器登录互联网,通过此项测试和修改,可以保证网页在大多数的浏览器中都能正确显示,既给出网页在浏览器下的显示报告,也详细统计了网页中哪些 HTML 语法不被浏览器支持以及改善的建议。

(2) 操作系统测试。在不同的操作系统下,网页显示效果是否一致。

(3) 分辨率测试。显示器在 1280×800 像素与 1024×768 像素情况下网页有哪些变化。

(4) HTML 语法检查。不正确的 HTML 语法会影响浏览器的编译速度,而且可能会导致页面在容错性较差的浏览器中出错。

(5) 链接情况检查。帮助检查页面上所有链接是否正确,有没有死链接。当页面创建了很多链接时,用它来帮助检查链接的正确性。

(6) 下载时间测试。测试网页在不同连接速度下的下载时间,并且指出被测试页面所链接的文件(图片文件、框架页面、样式表文件及脚本文件等)中哪些过于庞大。

(7) 拼写检查。检查网页上的中英文文法错误。

2. 测试的方法

常用的网页测试方法见表 12-1。

表 12-1 网页测试方法

测 试 类 型	测 试 方 法
浏览器测试	用 Dreamweaver 中的"结果"面板
操作系统测试	在不同操作系统下测试
分辨率测试	在操作系统中调整分辨率
HTML 语法检查	用 Dreamweaver 中的"命令"|"清理 HTML"
链接情况检查	用 Dreamweaver 中的"结果"面板
下载时间测试	将网页上传、下载测试
拼写检查	用 Dreamweaver 中的"文本"|"检查拼写"

知识 2 不同浏览器的测试

在不同的浏览器和相同浏览器的不同版本下,测试页面的运行和显示情况。在 Dreamweaver 中能将测试出来的错误或可能出现错误的地方列出一个报告单,根据报告单的提示进行网页的修改和处理,以免在浏览页面时出现错误。

(1) 选择菜单"窗口"|"结果"|"浏览器兼容性"命令,打开"浏览器兼容性"面板,如图 12-1 所示。

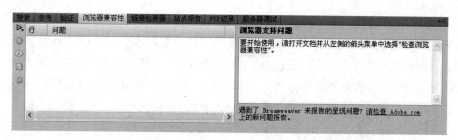

图 12-1 "浏览器兼容性"面板

(2) 单击左侧的绿色三角符号,在弹出的菜单下选择"设置",弹出"目标浏览器"对话框,该对话框设置的是选择什么样的浏览器和哪个版本作为最低的标准,如图 12-2 所示。原则是选择版本较低的浏览器进行测试,因为新版本的浏览器一般都支持旧版本的浏览器。

(3) 单击"确定"按钮,返回到如图 12-1 所示的"浏览器兼容性"面板。打开需要检查浏

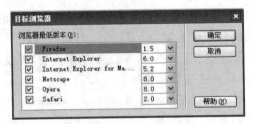

图 12-2　目标浏览器设置

览器兼容性的网页,单击左侧的绿色三角符号,在弹出的菜单下选择"检查浏览器兼容性"命令。Dreamweaver 随即对该网页的浏览器兼容性进行检查。

(4) 检查完成后,会在"浏览器兼容性"面板中列出一个报告单,如图 12-3 所示。该报告单中列出了错误项、警告项和有可能出现的错误项,并在该报告的后面列出了出现错误的具体位置和原因。

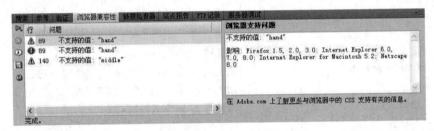

图 12-3　"浏览器兼容性"检查结果

知识 3　链接测试

链接测试主要是看网页中是否有文件名不正确或路径名有误等错误的超级链接,包括页面、图片、服务器端程序等。该测试可分为三方面:测试所有链接是否按指示正确链接到了应该链接的页面;测试所链接的页面是否存在;保证 Web 应用系统上没有孤立的页面,所谓孤立页面是指没有链接指向该页面,只有知道正确的 URL 地址才能访问。链接测试的方法如下。

(1) 打开"结果"面板组中的"链接检查器"面板。在"显示"下拉列表框中可以选择要检查的链接方式,如图 12-4 所示。选择"断掉的链接"则会在站点或文档中检查是否存在断掉的链接。"外部链接"则会显示站点或文档中的外部链接。"孤立的文件"只在检查整个站点链接的操作中才有效,检查站点中是否存在孤立的文件,即没有被任何链接所引用的文件。

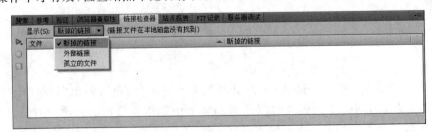

图 12-4　检查链接方式的选择

(2)单击面板左侧的绿色三角符号,在下拉菜单中选择要检查的范围,如图 12-5 所示。选择"检查当前文档中的链接",则弹出显示当前文档中链接检查的报告单。"检查整个当前本地站点的链接"对整个站点进行检查。"检查站点中所选文件的链接"则是可以针对部分文档进行检查。

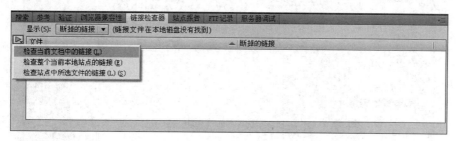

图 12-5　检查范围的选择

(3)若检查的链接方式设置为"孤立的文件",选择检查的范围是"检查整个当前本地站点的链接",则在面板中显示的报告单如图 12-6 所示。

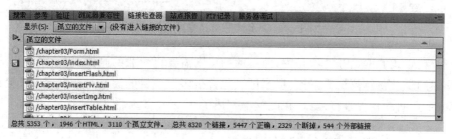

图 12-6　链接检查的报告单

一般的链接检查主要是检查"孤立的文件"和"断掉的链接"。孤立的文件只在检查整个站点时才能被查出。一般情况下,它是没用的文件(首页以及库和模板文件除外),最好删除,方法是在孤立文件列表中选中想要删除的孤立文件,按 Delete 键即可。如果想要修改外部链接,可先在"链接检查器"面板中选中该外部链接,再输入一个新的链接即可。

知识 4　网页下载时间测试

同一个页面在不同数据传输率的 Modem[1] 下其下载速度是不同的,在 Dreamweaver 中可以选择不同数据传输率的 Modem 对页面进行测试,了解其下载速度,看是否需要对页面进行修改。具体测试方法如下。

(1)打开需要测试的页面,选择"编辑"菜单下的"首选参数"子菜单,在左侧的"分类"中选择"状态栏",在右侧的"连接速度"下拉列表框中选择 Modem 的速度,分别有 14.4、28.8、33.6、56、64、128 和 1500 七个参数供选择,如图 12-7 所示。

(2)单击"确定"按钮返回到页面编辑状态。在状态栏右侧就会出现一个数值"91K/15s"。该数值表示当前文档大小为 91KB,大概需要 15s 的时间可以下载完成。修改一下 Modem 的速度,设置为 128,则状态栏数值变为"91K/12s",表示该文档只需要大概 12s 的时间就可下载完成。

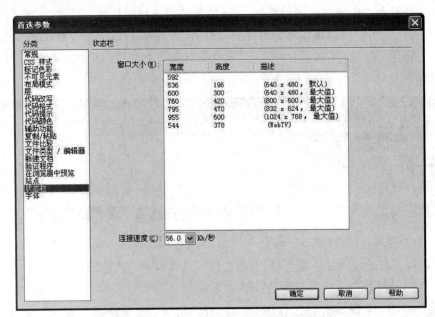

图 12-7　状态栏首选参数设置

当然,在正式的网站开发项目中,网站的测试则需要更专业的测试,包括需求测试、概要测试、详细测试及整体测试等,每一项测试又包含很多子项目的测试。在测试中还会借助于其他相关专业测试软件进行测试,在此就不赘述了。

知识 5　空间申请和网站发布

1. 空间申请

网页设计与制作完成之后,只能在本地计算机上用浏览器浏览。若要让更多的人浏览,就必须放到因特网的 Web 服务器上。如果本地计算机就是一个 Web 服务器,则可以将网站通过本地开设的 Web 服务器进行发布。但是对于大多数用户来说,在本地开设 Web 服务器,不仅成本较高,而且维护比较麻烦,所以大多数用户都是到网上寻找主页空间。网络上提供的主页空间有两种形式:收费的主页空间和免费的主页空间。目前,有很多网络公司免费为用户提供个人主页空间,而且有的服务非常周到。当用户向该公司填写好包含个人信息和网站内容介绍的申请后,一般都能在一定时期内收到回复,获得公司提供给用户预先设置的密码。这样,用户便拥有了该公司服务器上的账户,可以上传网页了。

2. 网站发布

当网页制作与测试完成并拥有网页空间后,就可以将网站传送到远程的服务器上了。通常网页上传有三种方式。

1) 直接复制文件

使用磁盘、网络共享文件的形式将网页直接复制到服务器上的相应目录下,或直接在服务器上制作完成。这种方式不适合远程管理。

2）使用 Dreamweaver 上传文件

Dreamweaver 本身附带有文件传输协议的上传和下载功能，可以方便地进行网站的上传、下载和文件管理。具体操作步骤如下。

（1）在 Dreamweaver 中编辑需要上传的站点，在打开的编辑站点对话框中，选择"高级"选项卡，在左侧的"分类"中选择"远程信息"。

（2）在对话框的右侧进行远程信息的设置。在"访问"下拉列表中选择 FTP 模式；在"FTP 主机"文本框中输入上传网站文件的 FTP 主机名；在"登录"文本框中输入申请空间时的用户名；在"密码"框中输入申请空间时的密码，如图 12-8 所示。

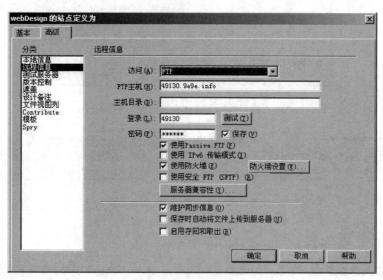

图 12-8　远程信息设置

（3）单击"确定"按钮完成"远程信息"的配置。

（4）完成远程信息设置后，单击"测试"按钮，可测试是否能连接到服务器。

（5）单击"文件"面板中的"上传"按钮，即可上传网站，根据连接的速度和文件大小的不同，上传网站需要经过一段时间，上传的这些文件将构成远程站点。上传后，单击站点管理器上方的"展开以显示本地和远端站点"按钮，就可以看到站点文件已被上传到服务器主机目录中了。

3）使用 CuteFTP 上传文件

CuteFTP 是一款非常优秀的商业级 FTP 客户端程序。在目前众多的 FTP 软件中，CuteFTP 因为其使用方便、操作简单而备受网站建设者的青睐。

国内许多软件下载网站上都有 CuteFTP 软件的下载，在搜索引擎中使用关键词"CuteFTP 下载"进行检索，就会出现很多提供下载的网址。当下载安装该软件之后，首先要进行简单的设置，其中包括服务商提供的服务器 IP 地址、网站服务器用户名称以及密码等，如图 12-9 所示。当设置完成后，单击"连接"按钮即可接通到服务器。这样，只需按照该软件提供的"向导"操作即可将设计好的本地计算机硬盘上的网站文件上传到网站空间，如图 12-10 所示。

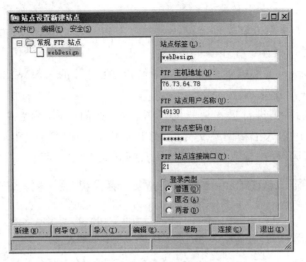

图 12-9 CuteFTP 站点设置

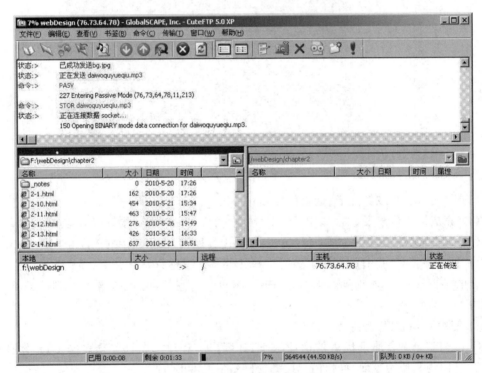

图 12-10 CuteFTP 上传文件

知识 6 网站的宣传与推广

1. 注册到搜索引擎

搜索引擎就是为用户提供搜索功能的网站。用户通过搜索引擎查找自己所需要的网站或信息，然后根据搜索到的结果选择所需要的网站。所以，网站如果可以出现在搜索引擎的结果中,就可以使大量的浏览者访问自己的个人网站。

搜索引擎一般有自动收录功能,网站运行一段时间以后,搜索引擎可能根据网站的域名搜索到自己的个人网站,并且遍历网站中所有的网页。对网站中的网页进行分析,当用户查找相关的关键字时,自己的个人网站就可以出现在搜索的结果中。

谷歌、百度、搜狗和 360 搜索等搜索引擎都可以给网站带来大量的流量。一些较小的搜索引擎,例如,蚂蚁搜索和孙悟空网站等也可以给自己的个人网站带来一定的流量。

但搜索引擎并不一定能自动搜索并添加自己的个人网站,搜索引擎都有网站手动添加功能,需要把网站的域名和相关信息手动添加到搜索引擎中。图 12-11 所示为百度的搜索引擎登录入口。在搜索引擎的网站登录网页中提交自己的个人网站以后,搜索引擎会在很短时间内收录自己的个人网站。

图 12-11　在百度网站登录网页添加网站

2. 登录到导航网站

导航网站是一种专门用来为访问用户提供访问链接的网站。在这种网站上,有很多网站按照一定的分类排列在一起,用户可以很方便地根据网页上的分类查找自己所需要的网站。导航网站的访问量常常很大,可以给网站带来很大的访问流量。著名的网址导航网站有百度网址大全、360 网址导航、hao123 和谷歌 265。可以向这些网站提交链接申请,申请加入自己网站的名称和链接。

用户可以在不同的导航网站登录自己的个人网站。图 12-12 所示为在谷歌 265 上注册自己的个人网站。

3. 友情链接

在网站上有一些链接是指向其他网站的,单击这些链接会打开其他网站的网页,这种链接就是友情链接。图 12-13 所示为"中国传媒大学"网站首页底部中的文字导航链接,这种友情链接就是在网页的底部用表格的方式排列出需要链接的网页名称。

当然,网页中除了文字链接之外,还可以使用 LOGO 图片导航链接。这种友情链接通

图 12-12　在谷歌 265 中注册自己的网站

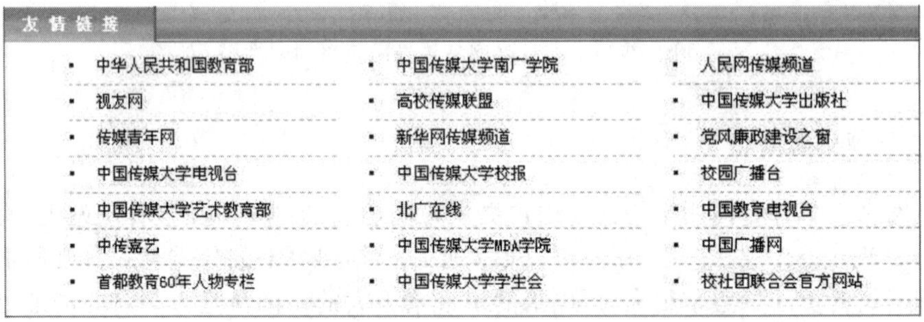

图 12-13　网页中的文字友情链接

过网站的 LOGO 链接到其他网站上。制作精美的 LOGO 图片可以吸引用户的单击访问。

4．网络广告

为了使自己的个人网站在短期内被大量用户知道和访问，可以在某些网站上发布网络广告。用户在访问这些网站时，可以通过单击将这些网络广告链接到自己的个人网站上。

网络广告可能是文字链接、图片广告、动画广告和弹出式广告等形式。如果是图片、动画等形式的广告，就需要有较好的广告创意，能给用户留下很深的印象，以此吸引用户单击广告链接。

大型门户网站的访问量大,在大型门户网站上投放网络广告会对自己的个人网站有很好的推广效果。这些网络广告的收费标准可能是按计时或计次结算的。如果是计次的网络广告,广告服务器会统计广告的有效点击次数,然后根据这些有效点击次数进行广告费用结算。

5. 发布信息推广

网络中有很多免费自由发布信息的空间,如留言板、论坛和博客等,都可以自由发布各种信息。用户在查看这些信息时,可能打开这些信息中留下的链接或网站。

在进行网站推广时,可以到相关网站留言板中留言,留下网站的相关信息。对于供求类网站,可以在网站上发布自己个人网站的产品信息和供求信息,并添加自己个人网站的链接。用户在查看这些信息时就可能会浏览自己的个人网站。

论坛和博客常常拥有大量的用户,而且有很多用户访问发布的信息,所以,论坛和博客对网站推广有很大的作用。可以在博客的网站上开设一个和网站信息相关的博客,经常发布一些与网站信息相关的产品和图片等内容,并积极参与博客或论坛的交流,在发布的内容中加入自己个人网站的信息,这样可以带来一定的网站点击量。

例如可以到天涯论坛发布一些自己网站的推广信息,或者使用新浪、网易和搜狐等博客发布网站推广信息。如果网站的用户群体有一部分是学生,可以考虑到一些重点高校的论坛发布网站推广信息。这些论坛有上海交通大学的饮水思源 BBS、华中科技大学的白云黄鹤 BBS 和西安电子科技大学的好网等。

6. 传统广告和户外广告

传统广告和户外广告的形式已经被绝大多数群体所接受,广告的覆盖面广,影响力大,能对网站的推广起到很好的效果。网站完成后,可以选择报纸广告、电视广告、公交车体广告、公交移动电视广告、公交站牌广告和户外墙体广告等形式,对自己的个人网站进行有针对性的宣传和推广。如果是针对电子商务网站和公司产品推广网站,这种有针对性的广告可以在短时间内取得较好的广告回报收益。

知识 7　网页维护和更新

网站正常运营以后,每隔一段时间需要对网站内容进行更新。网站中的网页通常有静态网页和动态网页。静态网页的更新就是增加新的网页内容,动态网页的更新可以在网站后台直接进行操作。

1. 静态网页的维护和更新

静态网页制作完成后,维护和更新需要重新设计制作新的网页;或者在原有网页的基础之上进行修改,添加相应的网页内容。设计制作新的网页时应该注意和网站的风格保持一致。最后,将新建的网页和已经更新的网页上传到网站的服务器覆盖原网页即可。

- 网页更新:如果需要更新网页的具体内容和网页效果,就需要重新设计网页。这时可以重新设计网页效果图和网页的布局,更新后重新上传到网站的服务器空间即可。

- 资源文件更新：网页如果只更新资源文件而不更新其他内容，如只更新图片、动画和视频文件等。可以将修改后的资源文件重命名为原来的文件名，然后上传到网站的服务器覆盖以前的文件即可。

2．动态网页的更新

动态网页的更新可分为数据库内容更新和网站功能的更新。

动态网站设计完成之后，一般都有比较完整的网站内容管理功能。网站的后台可以方便地对数据库的内容进行管理和更新。而前台网页的内容通常是从后台数据库提取的，这样只要更新了后台数据库的内容，前台网页的内容就自动更新了。如图 12-14 即为本书所设计制作的"易购商城"网站后台商品管理页面。通过本页面可以实现对商品信息的发布、修改和删除等常用功能。

图 12-14 "易购商城"后台商品管理页面

但当需要修改或添加动态网站的功能时，就需要修改网站功能代码或编写新的功能代码以修改或添加新的网站功能。这些修改或新添加的网站功能还需要进行一定的测试，测试通过后把这些修改或新添加的网页上传到网站的服务器即可。

知识点拓展

［1］Modem 其实是 Modulator（调制器）与 Demodulator（解调器）的简称，中文称为调制解调器。根据 Modem 的谐音，亲昵地称之为"猫"。

所谓调制，就是把数字信号转换成电话线上传输的模拟信号；解调，即把模拟信号转换成数字信号。合称调制解调器。

调制解调器的作用是模拟信号和数字信号的"翻译员"。电子信号分为两种：一种是"模拟信号"；另一种是"数字信号"。人们使用的电话线路传输的是模拟信号，而 PC 之间传输的是数字信号。所以当你想通过电话线把自己的计算机连接 Internet 时，就必须使用调制解调器来"翻译"两种不同的信号。连接 Internet 后，当 PC 向 Internet 发送信息时，由于电话线传输的是模拟信号，所以必须要用调制解调器把数字信号"翻译"成模拟信号，才能传送到 Internet 上，这个过程叫作"调制"。当 PC 从 Internet 获取信息时，由于通过电话线从 Internet 传来的信息都是模拟信号，所以 PC 想要"看懂"它们，必须借助调制解调器这个"翻译"，这个过程叫作"解调"。总体就称为"调制解调"。

职业技能知识点考核

简答题

（1）简述网站测试的内容。
（2）简述网站宣传和推广的常用方法。

练习与实践

1. 使用"浏览器兼容性"对自己的个人网站进行兼容性测试。
2. 使用"链接检查器"对自己的个人网站进行链接检查。
3. 在网上申请免费空间并使用 CuteFTP 上传自己的个人网站。
4. 尝试把已经发布的个人网站注册到搜索引擎和导航网站。

职业技能知识点考核答案

01 模块 绪论

1. 填空题

（1）指由若干网页按一定方式组织在一起,放在服务器上,提供相关信息资源的网络空间

（2）用 HTML 编写的文本文件,网页可以包含文字、表格、图像、链接、声音、动画和视频等内容

（3）超文本传输协议；域名；端口号；网页文件目录；网页文件名

2. 简答题

（1）PHP 具有性能优良、跨平台和免费等特点,使用 PHP＋MySQL 搭建企业网站是最为经济的一种解决方案,而且 PHP 也适合大型网站开发,有很成熟的框架和社区的支持。ASP 简单易学,比较适合作为网站开发入门语言,适合小型网站的开发；JSP 在国外网站中用得比较多；.NET 一般用于信息系统开发。

（2）门户网站；普及型网站；电子商务类网站；媒体信息服务类网站；办公事务管理网站；商务管理网站。

02 模块 PHP 开发环境搭建

填空题

（1）Apache；PHP；MySQL

（2）AppServ；APMServ；EasyPHP

（3）Internet Information Service（互联网信息服务）

（4）0；1023；1024；65 535

03 模块 静态网页基础

1. 填空题

（1）Src

（2）Title

(3) 6

(4) selector(选择器);property(属性);value(属性的取值)

(5) 类选择器;ID选择器;标签选择器;关联选择器

2．简答题

(1) _blank：将被链接对象载入到新的浏览器窗口中；
_parent：将被链接对象载入到父框架集或包含该链接的框架窗口中；
_self：将被链接对象载入到与该链接相同的框架或窗口中(本选项也是默认打开方式)；
_top：将被链接对象载入到整个浏览器窗口并取消所有框架。

(2) Table：表格标签；Tr：行标签；Td：单元格标签；Th：表头标签。

(3) 行内样式(Inline Style Sheet)、内嵌样式(Internal Style Sheet)和外部样式表(External Style Sheet)。

04 模块　网页的排版布局

1．填空题

(1) 标题；网站标志；页眉；导航栏；内容板块；页脚

(2) 同字型；匡字型；吕字型；自由式布局

(3) 表格布局；层布局；框架布局

2．简答题

构思构图,绘制草图,草图细化和方案确定,量化描述,方案实施。

05 模块　PHP语言轻松入门

1．填空题

(1) 在一行的开始处,前面不能有任何空格或者任何其他多余的字符

(2) __FILE__；__LINE__

(3) trim();explode()

(4) asort();ksort()

(5) imagesx();imagesy()

(6) imagerectangle()

(7) class

(8) ->

(9) 构造函数

(10) extends

(11) static

(12) final

2. 简答题

(1) <?php…?>；<?…?>；<script language＝php>…</script>；<%…%>。

(2) require()函数的用法和include()函数基本一样。这两种结构除了在如何处理失败之外完全一样。include()产生一个警告而require()则导致一个致命错误。换句话说,如果想在遇到丢失文件时停止处理页面就用require()。include()就不是这样,脚本会继续运行。

(3) imagecreatetruecolor()需要用imagefill()来填充颜色,不填充时为黑色。而imagecreate()必须用imagecolorallocate()添加背景色。

3. 编程题

(1)

```
<?php
$student = array("Adam" => 22,"James" => 23,"Simon" => 24,"Tommy" => 25);
foreach( $student as $key => $value){            //以 student 数组做循环,输出键和值
    echo $key ." 的年龄为 " . $value ."<br>";
}
?>
```

(2)

```
echo date('Y-m-d H:i:s',date('U') - 86400)."<br>";
或者 echo date('Y-m-d H:i:s', strtotime('-1 day'));
```

(3) 参见教材源代码。

06 模块　PHP 与 Web 页面交互

1. 填空题

(1) action；method

(2) Text；Password

(3) $_POST[]；$_GET[]；$_REQUEST[]

(4) 20

2. 简答题

(1) 联系：POST 和 GET 都是表单提交的方式。

区别：POST 方式可以没有限制地传递数据到服务器端,所有信息都是在后台传输的,用户在浏览器中看不到这一过程,安全性高。

GET 方式提交表单数据时数据被附加到 URL 后,并作为 URL 的一部分发送到服务器。另外在使用 GET 方式发送表单数据时,URL 的长度应该限制在 1m 以内。如果发送的数据量太大,数据将被截断,从而导致意外或失败的处理结果。

因此在传递小数据量和非敏感信息时可以使用 GET 方式提交表单,反之则应该使用 POST 方式提交表单。

(2) 联系：Cookie 和 Session 都是在 HTTP 下网页间传递信息的一种方式。

区别：Cookie 的信息保存在客户端，不会占用服务器资源，不会给服务器带来压力；每个 Cookie 文件支持最大容量为 4KB，每个域名最多支持 20 个 Cookie；Cookie 的安全性较差，容易被窥视和篡改；Cookie 如果被浏览器禁用后就不能再使用了。

Session 的信息存储在服务器端，占用了服务器资源，会给服务器带来一定的压力；Session 存储容量不受限制；Session 中的内容相对安全；Session 不会受到客户端的限制，比如被浏览器禁用等。

总之，Session 和 Cookie 都是结合使用，例如登录状态和一些重要的信息通常在 Session 中存放，而浏览记录等信息则优先考虑在 Cookie 中存储。

07 模块　PHP 数据库编程

1. 填空题

(1) 3306；localhost；127.0.0.1
(2) select * from students；delete from students
(3) SQLyog；Navicat；phpMyAdmin
(4) PHP；B/S
(5) mysqli_query()
(6) mysqli_fetch_array()
(7) mysqli_num_rows()
(8) NewADOConnection()
(9) 'mysql'

2. 简答题

(1)

```
insert into students(stuNum,stuName,stuSex,stuAge,stuMajor,stuGrade) values('03060010','李芳','女',21,'网络工程','11级')
select * from students where stuNum = '03060010'
update students set stuAge = stuAge + 1 where stuNum = '03060010'
delete from students where stuNum = '03060010'
```

(2) 略，请参照 07 模块知识点拓展。
(3) 略。
(4) 略。

10 模块　前端开发 layui 框架和 jqGrid 组件

1. 填空题

(1) area
(2) shadeClose
(3) time

(4) layer.full(index); layer.min(index)

(5) layer.closeAll()

(6) open

(7) year

(8) en

(9) range

(10) calendar

(11) datatype

(12) sortname

2．编程题

略。

11模块　高校科研项目申报管理系统设计开发

1．填空题

(1) PDF

(2) L

(3) P

(4) writeHTML

(5) F

(6) I

(7) setPrintHeader

(8) setPrintFooter

(9) SetAutoPageBreak

(10) SetFont

2．简答题

(1) TCPDF 具有以下特性：

① 支持页眉页脚；

② 支持 HTML 标签代码；

③ 支持 jpg/png/gif/svg 图形图像；

④ 支持表格；

⑤ 支持中文字符；

⑥ 自动分页，自动页码。

(2) 高校科研项目申报管理系统的主要流程如下：

① 首先是用户注册，获得有效的用户名和密码后才有资格申报项目。

② 用户在线填写申报书，提交后将生成初稿 PDF 版申报书。

③ 二级学院推荐该项目后将生成正式稿 PDF 版申报书。

④ 被推荐的项目将接受专家评审，根据评审结果决定项目是否获批，项目获批后项目即进入在研获批阶段。

⑤ 在研获批项目在完成项目研究成果后，可提交验收申请，项目随即进入待验收阶段。

⑥ 待验收项目如果不符合结题要求则需要继续修改完善，如果符合结题要求则可通过结题，此时项目整个流程结束。

（3）项目表同项目类别表和用户表之间存在一定的表间关联，项目表的 pTypebm 字段值来自项目类别表的相同字段，通过 pTypebm 字段管理人员可以对项目进行分类管理，当有新的一类项目需要申报时，可通过管理项目类别模块添加新的项目类别。项目表的 gonghao、szxueyuan、szxibu 和 szzhuanye 四个字段值来自用户表的相同字段。教职工登录系统后通过 gonghao 字段可筛选出自己创建的项目，二级学院管理员登录系统后通过 szxueyuan 字段可筛选出该学院所有的项目。

12 模块　网站测试发布与宣传推广

简答题

（1）浏览器的兼容性测试；操作系统测试；分辨率测试；HTML 语法检查；链接情况检查；下载时间测试；拼写检查。

（2）注册到搜索引擎；登录到导航网站；友情链接；网络广告；发布信息推广；传统广告和户外广告。

参 考 文 献

[1] 吴代文,郭军军,刘静,等.网站建设与管理基础及实训(ASP版)[M].2版.北京:清华大学出版社,2015.
[2] 吴代文,贾晓强,冯文博,等.网页设计基础与实训[M].2版.北京:清华大学出版社,2014.
[3] 潘凯华,刘中华.PHP从入门到精通[M].2版.北京:清华大学出版社,2012.
[4] 曹衍龙,赵斯思,汪杰,等.PHP网络编程技术与实例[M].北京:人民邮电出版社,2006.
[5] 莫治雄,李捷,沈丽贤,等.网页设计实训教程[M].2版.北京:清华大学出版社,2007.
[6] 曾顺.精通DIV+CSS网页设计与布局[M].北京:人民邮电出版社,2007.
[7] 喻钧,田喜群,唐俊勇,等.ASP程序设计循序渐进教程[M].北京:清华大学出版社,2009.
[8] http://www.w3school.com.cn/php/index.asp.PHP Tutorial.
[9] http://www.php.net/manual/zh/index.php.PHP手册.
[10] http://www.runoob.com/.菜鸟教程.
[11] https://github.com/sentsin/layui或https://gitee.com/sentsin/layui/.Layui前端框架.
[12] https://github.com/sentsin/layer或https://gitee.com/sentsin/layer/.layer独立版.
[13] https://github.com/sentsin/laydate或https://gitee.com/sentsin/laydate/.layDate独立版.